普通高等教育"十二五"规划教材

复合矿与二次资源综合利用

孟繁明 编

北 京

冶金工业出版社

2013

内 容 提 要

　　本书主要讲述了复合矿与二次资源综合利用的原理及工艺,内容侧重于我国典型的复合矿产资源及二次冶金资源综合利用相关方面,还简要介绍了冶金领域的环境保护、节能减排、循环经济等基础知识,对典型冶金废弃物综合治理的原理及工艺也进行了阐述和探讨。书中每章后均设有复习思考题,以供读者练习。

　　本书可作为高等院校冶金工程专业本科生、研究生的教学用书,也可供冶金相关企事业单位的工程技术人员阅读参考。

图书在版编目(CIP)数据

复合矿与二次资源综合利用 / 孟繁明编 . —北京:冶金工业出版社,2013.1

普通高等教育"十二五"规划教材

ISBN 978-7-5024-6097-6

Ⅰ.①复…　Ⅱ.①孟…　Ⅲ.①共生矿物—综合利用—高等学校—教材　②伴生矿物—综合利用—高等学校—教材　③冶金工业废物—再生资源—资源利用—高等学校—教材　Ⅳ.①P618　②P578　③X756

中国版本图书馆 CIP 数据核字(2012)第 282454 号

出 版 人　谭学余
地　　址　北京北河沿大街嵩祝院北巷 39 号,邮编 100009
电　　话　(010)64027926　电子信箱　yjcbs@cnmip.com.cn
责任编辑　王　优　美术编辑　李　新　版式设计　孙跃红
责任校对　卿文春　责任印制　李玉山
ISBN 978-7-5024-6097-6
冶金工业出版社出版发行;各地新华书店经销;北京印刷一厂印刷
2013 年 1 月第 1 版,2013 年 1 月第 1 次印刷
787mm×1092mm　1/16;17.25 印张;414 千字;260 页
36.00 元
冶金工业出版社投稿电话:(010)64027932　投稿信箱:tougao@cnmip.com.cn
冶金工业出版社发行部　电话:(010)64044283　传真:(010)64027893
冶金书店　地址:北京东四西大街 46 号(100010)　电话:(010)65289081(兼传真)
(本书如有印装质量问题,本社发行部负责退换)

前　言

目前，多数高等院校冶金专业开设了冶金资源综合利用、冶金环保等相关内容的课程。有关此领域的书籍较多，但由于受学时的限制，教师与学生在选择教材时还是感到茫然，有时需要选择多本参考书籍，从中选择重点内容，结合专业实际进行相关内容的学习。此外，由于新技术、新工艺的迅猛发展，有些教材的相关内容已不适应实际需要。因此，急需一本既能够反映此领域重点内容、满足实际教学要求，又能够反映最新相关领域发展变化的新教材。基于这一考虑，编者结合多年的教学实践编写了本书。

全书分为上、下两篇，共14章。上篇为复合矿综合利用部分，共6章；下篇为二次资源综合利用部分，包括第7~14章。第1章为理论基础，主要介绍提取冶金过程中必备的基础热力学知识，教学时可根据实际需要进行取舍。第2章概述了复合矿综合利用，对复合矿资源的分类、特点以及相关的基本概念等进行了论述。第3~6章介绍了我国典型的复合矿资源，主要以我国复合矿资源综合利用的三大基地，即攀西钒钛磁铁矿、包头白云鄂博矿以及金川镍铜复合矿为例，对其特点、综合利用原理及工艺进行了较为详细的论述。第7章之后为冶金二次资源综合利用及环保方面的内容，以黑色冶金过程为主，对典型钢铁冶金过程的排放（炉渣、废气、废水）特点、危害、治理及利用方法等进行了论述和示例总结。此外，书中还介绍了循环经济、节能减排的相关概念和技术措施，对硫酸渣、冶金煤气及废旧金属的综合利用也做了较详细的介绍和分析。

本书力求介绍复合矿与二次资源综合利用的国内外最新技术和工艺流程，力争反映国内外该领域的新近状态及发展趋势。通过本书的学习，以期能够丰富和扩展读者的专业知识，使其具备必要的资源和环保基础知识以及解决实际问题的基本能力，为从事冶金工程领域的相关工作打下坚实基础。

本书由东北大学孟繁明编写。在编写过程中，参考和引用了大量的相关文献。此外，东北大学王文忠和施月循、鞍钢集团技术中心车玉满、攀钢集团钢铁钒钛股份有限公司供应分公司徐存粮为本书的编写提供了宝贵资料和建议，在此向相关人员表示衷心感谢。

由于编者水平所限，加之成稿时间仓促，书中不妥之处，敬请读者批评指正。

编　者
2012 年 9 月

目　录

上篇　复合矿综合利用

下篇　二次资源综合利用

目　录

复合矿综合利用

1 提取冶金基础

自然界中大多数金属都是以氧化物（如 Fe_2O_3、TiO_2、Cu_2O、SnO_2 等）、硫化物（如 PbS、ZnS、Ni_2S、HgS 等）和含氧盐类（如硅酸盐、硫酸盐、钛酸盐、碳酸盐等）等形态存在于矿石之中，将金属从这些矿石或二次原料中提取出来的过程称为提取冶金。提取冶金是复杂的多相物理化学反应过程，根据矿石的种类和性质不同，金属的提取需采用不同的过程来完成，如火法冶金、湿法冶金及电冶金等。

1.1 火法冶金

1.1.1 氧势及氧势图

火法冶金是指在高温下，使矿石或精矿中的有用矿物进行一系列物理化学反应，使金属与脉石及其他杂质分离，达到提取、提纯金属目的的工艺过程。

冶金过程涉及的反应都可利用反应的自由能变化 ΔG 判定反应进行的方向。若 $\Delta G < 0$，反应自发进行，即反应的产物稳定存在；若 $\Delta G > 0$，反应逆向进行，则反应产物不能稳定存在。当任一元素（纯物质）与 1mol 氧（101325Pa）反应生成氧化物（$2x M + y O_2 \rightarrow 2M_xO_y$）时，其反应的标准自由能变化为 $\Delta G^{\ominus} = RT \ln p_{O_2}$。式中，$\Delta G^{\ominus}$ 称为氧势，T 为热力学温度，p_{O_2} 为氧的分压（Pa），R 为摩尔气体常数。

在火法冶金中，为了便于更加直观地分析和比较各种化合物的稳定顺序、氧化或还原的可能性以及冶金反应进行的条件，常将金属氧化物生成反应的 $\Delta G^{\ominus}$ 与温度（T）的关系作图，即氧化物标准生成吉布斯自由能图（又称氧势图），如图 1-1 所示。同样，硫化物生成自由能图称为硫势图，氯化物生成自由能图称为氯势图。此外，还有金属硫化物的氧化自由能图、金属氧化物的氯化自由能图以及金属硫化物的氯化自由能图等。各种化合物自由能图的绘制、分析和使用方法都是相似的。

在图 1-1 中，纵坐标是 $\Delta G^{\ominus}$，横坐标是温度 T。$\Delta G^{\ominus} - T$ 关系为一直线，即 $\Delta G^{\ominus} = A + BT$。在关系式 $\Delta G^{\ominus} = \Delta H^{\ominus} - T \Delta S^{\ominus}$ 中，$\Delta H^{\ominus}$、$\Delta S^{\ominus}$ 是温度的函数，不是常数。A、B 可

以认为是在一定温度范围内 $\Delta H^{\ominus}$、$\Delta S^{\ominus}$ 的平均值，即 $A = \Delta H^{\ominus}$，$B = -\Delta S^{\ominus}$。因此，直线的斜率是氧化物生成反应熵的负值（$-\Delta S^{\ominus}$），截距是氧化物生成反应焓 $\Delta H^{\ominus}$。由于 $(\mathrm{d}\Delta G^{\ominus}/\mathrm{d}T) = -\Delta S^{\ominus}$，温度对氧化物稳定性的影响取决于 $\Delta S^{\ominus}$ 的数值和符号。当反应的 $\Delta S^{\ominus}$ 为负值时，直线的斜率为正，表明氧化物的稳定性随温度的升高而降低，大多数金属氧化物的 $\Delta G^{\ominus} - T$ 直线都有这种特征；当反应的 $\Delta S^{\ominus}$ 为正值时，直线的斜率为负，表明氧化物的稳定性随温度的升高而增大；当反应的 $\Delta S^{\ominus}$ 接近于零时，$\Delta G^{\ominus} - T$ 直线近似呈一水平直线，氧化物的稳定性几乎不随温度而变化。

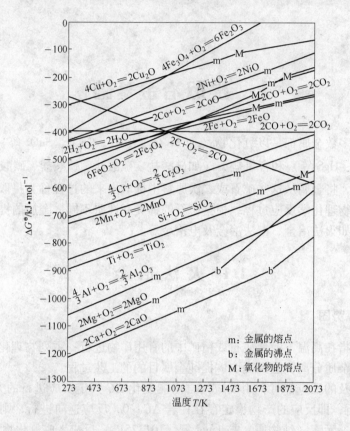

图 1-1　各种氧化物的氧势图

在火法冶金过程中，常利用自由能图来分析和确定化合物的基本热力学性质。特别是在分析元素的氧化和氧化物的还原过程中，自由能图具有广泛的应用。

1.1.1.1　氧化物的稳定性

氧势图中 $\Delta G^{\ominus} - T$ 直线位置越低，则该氧化物越稳定。温度增加，则氧化物的稳定性降低。所以，理论上只要有足够高的温度，就能实现氧化物的热分解。

1.1.1.2　氧化物之间稳定性的比较

在某一温度下，几种元素同时与 O_2 相遇时，其氧化顺序可根据氧势图中 $\Delta G^{\ominus} - T$ 直线位置的高低进行判断。位置最低的元素最先氧化，低位置的元素可以将高位置的氧化物中的元素还原。

1.1.1.3 还原剂的选择

火法冶金中用得最多的还原剂为 CO、H_2 和 C。氧势图中 $2CO + O_2 = 2CO_2$ 和 $2H_2 + O_2 = 2H_2O$ 两条直线的位置较高，因此，CO、H_2 只能用来还原位置比其更高的氧化物，如 Cu_2O、NiO、Fe_2O_3 等。用 C 作还原剂时，由于反应 $2C + O_2 = 2CO$ 的 $\Delta G^\ominus$ 值随温度的升高而减小，因而升高温度时其能够还原较多的氧化物。例如，当 $T < 1273K$ 时，可还原 NiO、Cu_2O、FeO 等；当 $T = 1273 \sim 1873K$ 时，可还原 MnO、Cr_2O_3 等；当 $T = 1873 \sim 2273K$ 时，可还原 TiO_2、SiO_2 等；当 $T > 2273K$ 时，可还原 CaO、MgO、Al_2O_3 等。

由于 C 和 O_2 生成 CO 的 $\Delta G^\ominus - T$ 直线向右下方倾斜，而绝大多数金属氧化物的 $\Delta G^\ominus - T$ 直线却向右上方倾斜，两者必然相交，因此碳以万能还原剂著称。此外，可用与氧亲和力强的金属还原另一种金属氧化物，制取不含碳的金属或合金。例如用 Al 还原 Cr_2O_3 时，反应为：

$$Cr_2O_3 + 2Al = 2Cr + Al_2O_3 \qquad \Delta G^\ominus = 0.0795T - 568 \ (kJ/mol)$$

当 $T = 1573K$ 时，$\Delta G^\ominus = -443.637kJ/mol$，这就是所谓的铝热法制取铬的化学反应过程。还可利用金属化合物还原同种金属的另一种化合物，例如：

$$Cu_2S + 2Cu_2O = 6Cu + SO_2$$

1.1.1.4 开始还原温度的确定

在氧势图中，不同元素 $\Delta G^\ominus - T$ 直线的交点即为某一元素氧化物开始还原的温度。现以 C 还原 Cr_2O_3 为例，相关反应的 $\Delta G^\ominus - T$ 关系式如下：

$$\frac{4}{3}Cr + O_2 = \frac{2}{3}Cr_2O_3 \qquad \Delta G^\ominus = 0.1668T - 747.73 \ (kJ/mol)$$

$$2C + O_2 = 2CO \qquad \Delta G^\ominus = -0.1715T - 229.7 \ (kJ/mol)$$

以上两式对应的 $\Delta G^\ominus - T$ 直线在某一温度处相交，交点所对应的温度即为标准状态下 Cr_2O_3 的开始还原温度，经计算可知，其交点温度 $T_交 = 1531K$。由以上两式可得到用 C 还原 Cr_2O_3 的反应式：

$$2C + \frac{2}{3}Cr_2O_3 = \frac{4}{3}Cr + 2CO \qquad \Delta G^\ominus = -0.3383T + 518.03 \ (kJ/mol)$$

从图 1-2 中可以看到，在 $T_交$ 下，上式的 $\Delta G^\ominus = 0$，反应达到平衡。$T_交$ 为 Cr_2O_3 被 C 还原的最低还原温度。若温度低于 $T_交$，则 $\Delta G^\ominus > 0$，Cr 将被 CO 氧化。

1.1.2 选择性还原

控制适当的还原条件(温度、压力、气氛、浓度等)，使一部分金属氧化物还原，而保持另一部分金属氧化物不被还原，从而实现元素的分离，此过程称为选择性还原。

复合矿中除 Fe 元素外，还含有数量不等的其他元素，如 V、Ti、Ni、Cr 等，这些元素都是有用元素。如将这种矿石作为铁矿使用，必须考虑有用元素的综合提取问题。采用高炉冶炼这种复合矿时，Ni、Co、Cr 等都将进入铁水，大部分 Ti 则进入炉渣。在炼钢时，大部分 Cr 又将被氧化进入渣中，而 Ni、Co 则被留在钢液内。这样得到的既不是普通的碳素钢，也不是合格的合金钢。因为钢液中的 Ni、Co 含量将随矿石的 Ni、Co 品位而波动，镍钴合金成分很难得到控制。因此，冶炼这种复合矿时，必须先将 Ni、Co 分离出去，常

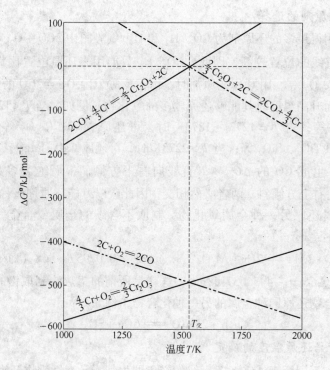

图 1-2 标准状态下用 C 还原 Cr_2O_3 的最低还原温度

采用的方法就是选择性还原工艺。

　　这种复合矿所含金属元素的还原顺序是：Co、Ni、Fe、Cr。当进行选择性还原时，首先使 Ni、Co 全部还原，Fe_2O_3 还原为 Fe_3O_4，大部分 Fe_3O_4 还原为 FeO，但必须控制 FeO 不能进而还原为 Fe。可以通过控制还原温度和气相成分来实现这一过程。例如，在沸腾炉中用 CO 作为还原剂还原复合矿时，可能的反应如下：

$$CoO + CO = Co + CO_2$$

$$NiO + CO = Ni + CO_2$$

$$\frac{1}{3}Cr_2O_3 + CO = \frac{2}{3}Cr + CO_2$$

　　从图 1-3 可以看到，CoO 及 NiO 非常容易还原，而 Cr_2O_3 则不能被 CO 还原，它只能用一条最上端的横线来表示。为了避免生成金属铁，防止沸腾床筛板及管道钢件烧损，还原温度不能过高或过低，一般控制为 500 ~ 700℃，CO 含量控制为不超过 FeO + CO = Fe + CO_2 的平衡反应线。

1.1.3 选择性氯化

1.1.3.1 选择性氯化依据

　　金属氯化物与相应的氧化物或硫化物相比，具有低熔点、高挥发性和易溶于水等特点。利用氯化剂（Cl_2、NaCl、CaCl 等）焙烧含有多种金属元素的低品位矿或难处理氧化矿，根据不同金属元素的氯化顺序以及生成氯化物的熔点、沸点和蒸气压等性质的差异，将金属与金属或金属与脉石分离，这就是所谓的选择性氯化。因此，比较

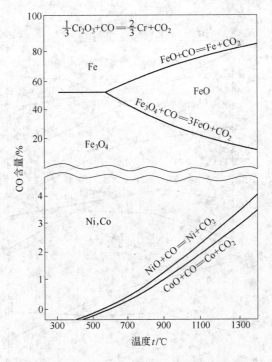

图 1-3　CoO、NiO 及 Cr₂O₃ 还原平衡图

金属氧化物、硫化物及氯化物之间的相对稳定性，对研究氧化物和硫化物的氯化作用具有实际意义。

金属氧化物被氯化的反应为：

$$MO + Cl_2 \Longrightarrow MCl_2 + \frac{1}{2}O_2$$

$$\Delta G^{\ominus} = \Delta G^{\ominus}_{MCl_2} - \Delta G^{\ominus}_{MO}$$

金属氧化物与氯的反应能力由 $\Delta G^{\ominus}_{MCl_2}$ 与 $\Delta G^{\ominus}_{MO}$ 之差决定。从图 1-4 可知，在标准状态下，PbO、Ag_2O、HgO、CaO、Cu_2O 等可以被氯化，即这些金属的氯化物比其氧化物稳定。

金属硫化物被氯化的反应为：

$$MS + Cl_2 \Longrightarrow MCl_2 + \frac{1}{2}S_2$$

$$\Delta G^{\ominus} = \Delta G^{\ominus}_{MCl_2} - \Delta G^{\ominus}_{MS}$$

比较金属硫化物与其氯化物之间的稳定性，仍由 $\Delta G^{\ominus}_{MCl_2}$ 与 $\Delta G^{\ominus}_{MS}$ 之差而定。从图 1-5 可知，许多金属硫化物都能被氯化，即其氯化物比硫化物稳定。

对于同一种金属，在相同条件下，其硫化物比氧化物容易被氯化。金属与硫的亲和力不如金属与氧的亲和力大，因此，氯从金属硫化物中取代硫比从金属氧化物中取代氧容易。

1.1.3.2　选择性氯化实例

工业上制造硫酸时常用黄铁矿作为原料。黄铁矿经焙烧后剩下的烧渣中除了含有

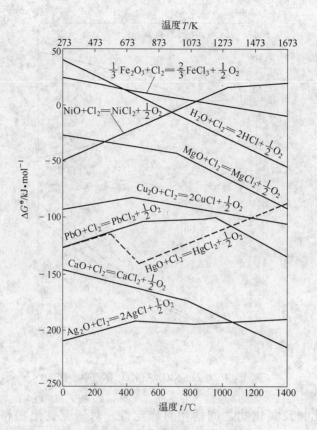

图 1-4　金属氧化物的氯化自由能图

Fe_2O_3 外，还常含有少量的 Cu、Pb、Zn、Co 及贵金属 Ag 等有用金属元素的氧化物。但是，这些少量的有色金属元素对钢铁性能却有较坏的影响。因此，在将烧渣作为炼铁原料进行综合利用前必须对其进行处理。一方面要去除有害元素，使之符合炼铁工艺的要求；另一方面要综合回收有价金属，以达到综合利用的目的。

　　工业上常采用高温氯化挥发法处理烧渣。这种方法是利用 $CaCl_2$ 作为氯化剂，将烧渣中 Cu、Pb、Zn 等元素的氧化物转变为氯化物挥发出来，而 Fe 氧化物则残留在残渣内作为炼铁原料。烧渣中各种氧化物被 $CaCl_2$ 氯化的反应可利用 $\Delta G^{\ominus} - T$ 图（见图 1-4）分析。例如，在 1273K 时考虑以下氯化反应：

$$Ag_2O + CaCl_2 =\!=\!= 2AgCl + CaO$$

　　此反应能否向右进行可从以下计算得知：

$$Ag_2O + Cl_2 =\!=\!= 2AgCl + \frac{1}{2}O_2 \qquad \Delta G^{\ominus} = -193.42kJ/mol$$

$$CaO + Cl_2 =\!=\!= CaCl_2 + \frac{1}{2}O_2 \qquad \Delta G^{\ominus} = -111.11kJ/mol$$

两式相减，得：

$$Ag_2O + CaCl_2 =\!=\!= 2AgCl + CaO \qquad \Delta G^{\ominus} = -82.31kJ/mol$$

　　$\Delta G^{\ominus}$ 为负值，表明该反应在标准状态下、温度为 1273K 时，Ag_2O 可以被 $CaCl_2$ 氯化。

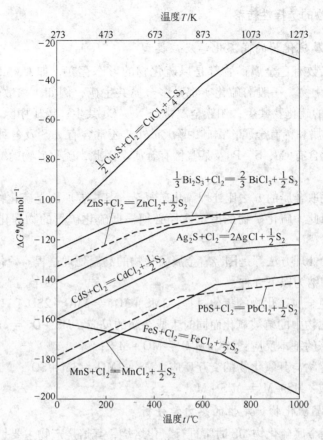

图 1-5 金属硫化物的氯化自由能图

由此可知，在标准状态下，凡在 CaO 氯化线以下的氧化物均可被 $CaCl_2$ 氯化，而在 CaO 氯化线以上的氧化物不能被 $CaCl_2$ 氯化。因为 Fe_2O_3 的氯化线在 CaO 线之上，所以其不能被 $CaCl_2$ 氯化，相关反应如下：

$$\frac{1}{3}Fe_2O_3 + Cl_2 =\!\!=\!\!= \frac{2}{3}FeCl_3 + \frac{1}{2}O_2 \qquad \Delta G^{\ominus} = +31.87kJ/mol$$

$$CaO + Cl_2 =\!\!=\!\!= CaCl_2 + \frac{1}{2}O_2 \qquad \Delta G^{\ominus} = -111.11kJ/mol$$

两式相减，得：

$$\frac{1}{3}Fe_2O_3 + CaCl_2 =\!\!=\!\!= \frac{2}{3}FeCl_3 + CaO \qquad \Delta G^{\ominus} = +142.98kJ/mol$$

计算结果表明，在标准状态下、温度为 1273K 时，Fe_2O_3 不能被 $CaCl_2$ 所氯化。因此，在 CaO 线以下或以上且距离 CaO 线不太远的各种元素氧化物，如 PbO、Bi_2O_5、CuO、CoO、NiO、ZnO、MnO 等，在工业氯化条件下完全可以用 $CaCl_2$ 氯化；而位于 CaO 线以上太远的氧化物，如 Fe_2O_3、TiO_2、Cr_2O_3、Al_2O_3、SiO_2 等，则不能被 $CaCl_2$ 所氯化。所以，通过选择性氯化，烧渣中有色金属元素以氯化物挥发方式得到回收，而 Fe 氧化物则残留在残渣中，可作为炼铁原料利用。

1.1.4　金属硫化物的选择性转移

1.1.4.1　金属硫化物的高温化学反应类型

自然界中大多数有色金属矿物都是以硫化物的形态存在，如 Cu、Pb、Zn、Ni、Co、Ag、Mo 等多为硫化物。一般的硫化矿都是多金属共生矿，例如，稀散金属铟、锗、镓、铊等常与 Pb、Zn 的硫化物共生；铂族金属常与 Ni、Co 共生；铅矿中除 Pb 外，还常含有 Zn、S 及各种贵金属和稀有金属；铜矿中除 Cu 外，还常含有 ZnS 及各种贵金属和稀有金属；在铜镍矿中常含有 Co、S、Pt 及某些稀有金属。因此，硫化矿物的综合利用更加显得重要和复杂。

从硫化物中提取金属的方法比处理氧化矿复杂，其主要原因是硫化物不能直接用碳把金属还原出来。因此，硫化矿物的冶炼途径必须根据硫化矿石的物理化学特性及成分来选择。

硫化矿的现代处理方法都是围绕着金属硫化物的高温处理过程。硫化物在高温下的化学反应类型可以归纳为以下五种：

（1）各种有色金属硫化物的氧化过程：$2MS + 3O_2 = 2MO + 2SO_2$；

（2）金属硫化物中的硫被氧化而同时生成金属的反应：$MS + O_2 = M + SO_2$；

（3）造锍熔炼的基本反应：$MS + M'O = MO + M'S$；

（4）金属硫化物与其氧化物的交互反应：$MS + 2MO = 3M + SO_2$；

（5）硫化反应：$MS + M' = M'S + M$。

1.1.4.2　金属硫化物稳定性的热力学分析

采用火法处理金属硫化物 MS 时常进行氧化焙烧，其焙烧产物主要是 MO、MSO_4 及气相 SO_2、SO_3、O_2。究竟形成哪种化合物，可根据金属、硫、氧三元素的平衡关系，绘制出各种金属硫化物氧化过程中所包含的各种凝聚相物质的热力学稳定区图来判断。

M−S−O 系等温平衡图是根据热力学数据绘制的，见图 1−6。从 M−S−O 系等温平衡图上可以看出，在该体系中存在两种类型的反应：一种是只随 lgp_{O_2} 变化而与 lgp_{SO_2} 无关的 M 和 MS 的氧化反应，在图中以垂直于 lgp_{O_2} 轴的直线表示；另一种是与 lgp_{O_2} 和 lgp_{SO_2} 变

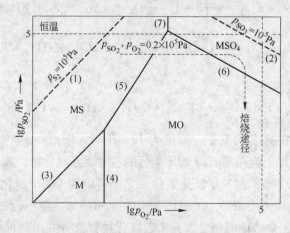

图 1−6　M−S−O 系等温平衡图

化都有关的反应，在图中以斜线表示其平衡位置。一般 M－S－O 系中的反应及平衡关系式见表 1－1，其中，$K_1 \sim K_7$ 为各个反应的平衡常数，$p^\ominus$ 为标准大气压(101325Pa)。

表 1－1 一般 M－S－O 系中的反应及平衡关系式

编号	反 应 式	平衡关系式	斜 率
(1)	$S_2 + 2O_2 = 2SO_2$	$\lg p_{SO_2} = \lg p_{O_2} + \dfrac{1}{2}\lg K_1 + \dfrac{1}{2}\lg p_{S_2} - \dfrac{1}{2}\lg p^\ominus$	1
(2)	$2SO_2 + O_2 = 2SO_3$	$\lg p_{SO_2} = -\dfrac{1}{2}\lg p_{O_2} - \dfrac{1}{2}\lg K_2 + \lg p_{SO_3} + \dfrac{1}{2}\lg p^\ominus$	$-\dfrac{1}{2}$
(3)	$M + SO_2 = MS + O_2$	$\lg p_{SO_2} = \lg p_{O_2} - \lg K_3$	1
(4)	$2M + O_2 = 2MO$	$\lg p_{O_2} = -\lg K_4 + \lg p^\ominus$	
(5)	$2MS + 3O_2 = 2MO + 2SO_2$	$\lg p_{SO_2} = \dfrac{3}{2}\lg p_{O_2} + \dfrac{1}{2}\lg K_5 - \dfrac{1}{2}\lg p^\ominus$	$\dfrac{3}{2}$
(6)	$2MO + 2SO_2 + O_2 = 2MSO_4$	$\lg p_{SO_2} = -\dfrac{1}{2}\lg p_{O_2} - \dfrac{1}{2}\lg K_6 + \dfrac{3}{2}\lg p^\ominus$	$-\dfrac{1}{2}$
(7)	$MS + 2O_2 = MSO_4$	$\lg p_{O_2} = -\dfrac{1}{2}\lg K_7 + \lg p^\ominus$	

图 1－6 中的每条线段为相应各个反应的二凝聚相共存的平衡线，自由度为 1。这些直线之间的区域是一个凝聚相稳定存在的区域，为二变量体系。三线的交点则为三个凝聚相的共存点，其自由度为零。

通过对 M－S－O 系等温平衡图的分析，能够全面地了解金属及其硫化物的热力学稳定区，从而确定在什么条件下哪些反应能够进行，或者采取哪些方法可改变热力学条件，促使反应进行。当一种金属能生成几种硫化物和氧化物以及硫酸盐时，只要通过作出不同金属硫化物的 M－S－O 系重叠等温平衡图，就可以得到复合硫化物选择性转移的热力学条件。如 Fe－S－O 系与 Cu－S－O 系组合的重叠等温平衡图(见图 1－7)，从硫化物的稳定区和平衡条件可看出其规律，即随着 p_{O_2} 的增大，氧化顺序为：$Cu \rightarrow Cu_2O \rightarrow CuO \rightarrow CuO \cdot CuSO_4 \rightarrow CuSO_4$，$Fe \rightarrow FeO \rightarrow Fe_3O_4 \rightarrow Fe_2O_3$；随着 p_{SO_2} 的增大，硫化顺序为：$Fe \rightarrow FeS \rightarrow FeS_2$。所以，只要控制硫位和氧位，就可以提取所需金属。

1.1.5 煅烧、焙烧及烧结

矿石在冶炼前的准备处理包括煅烧、焙烧及烧结等。

1.1.5.1 煅烧

煅烧主要用来排除矿物中的氢氧化物和碳酸盐中化学结合的水、CO_2 及其他气体。因为这些矿物具有较低的分解温度，只要加热到其分解温度以上或者在一定温度下将气态产物的分压(p_{H_2O}、p_{CO_2})降到其平衡分压以下，都可以达到煅烧的目的。例如，将碳酸盐煅烧可得到石灰和氧化镁，两者都是冶金工业的重要原料，可用作砌炉料和脱硫剂等。

煅烧石灰石的反应为：

$$CaCO_3 = CaO + CO_2$$

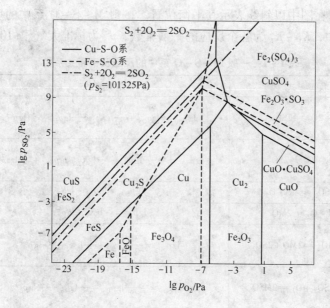

图1-7　Fe-S-O系与Cu-S-O系组合的重叠等温平衡图

其平衡常数为：

$$K = p_{CO_2}$$

分解反应的标准自由能变化为：

$$\Delta G^{\ominus} = -RT\ln K = -0.1506T + 174.04 \ (\text{kJ/mol})$$

煅烧石灰石多在回转窑、竖窑中进行。

1.1.5.2　焙烧

将矿石、精矿或金属氧化物在空气中（或配加一定的物料，如炭粉、氧化剂等）加热至低于炉料的熔点，发生氧化、还原或其他化学变化的冶金过程称为焙烧。

由于大多数金属硫化物不能用最普通和最易得到的还原剂（C、H_2）还原，往往需要通过焙烧的办法把这些硫化物转变成容易用碳或氢还原的氧化物。一些重要金属硫化物的焙烧反应举例如下：

（1）完全焙烧：$2MS + 3O_2 \Longrightarrow 2MO + 2SO_2$；

（2）硫酸化焙烧：$MS + 2O_2 \Longrightarrow MSO_4$；

（3）还原焙烧：$MS + O_2 \Longrightarrow M + SO_2$；

（4）挥发焙烧：$2MS + 3O_2 \Longrightarrow 2MO_{(g)} + 2SO_2$。

在以上焙烧过程中，氧化剂都是采用空气或富氧空气。因此，任何焙烧都是固相与气相间的多相反应过程。另外，硫化物的焙烧是放热反应，焙烧可以在不加外热或加很少外热的条件下进行。

几乎所有金属硫化物的氧化焙烧反应和硫酸化焙烧反应的 $\Delta G^{\ominus}$ 都是一个很大的负值。因此，在工业焙烧条件下，金属硫化物的这些反应都能自动进行。对于同一种金属硫化物的焙烧过程，除了 $\Delta G^{\ominus}$ 负值大的反应优先进行外，还与焙烧过程中的气相组成和凝聚相的活度有关。此外，动力学因素，如焙烧时间和方式、气流分布、物料透气性以及物料间的接触情况等都会对焙烧过程产生影响。

目前有多种可供选择的焙烧方式，最常用的是部分焙烧，主要用来处理惰性较大的金属硫化矿。当金属的氧化物要用 C 或 H_2 还原时，就采用完全焙烧。完全焙烧一般在 1073 ~ 1173K 并有过量空气的条件下进行，即采用较高的 p_{O_2}/p_{SO_2} 值。如果采用在焙烧后用稀硫酸溶液浸出金属硫酸盐的工艺，则可采用硫酸化焙烧，这种焙烧可在 873 ~ 1073K、有限量空气的条件下进行。

为了把极稳定的活性金属(如钛、锆和铀)氧化物转化成为稳定性较差的氯化物或其他卤化物，可采用氯化焙烧。此外，为了除去挥发性杂质和氧化物(如 CdO、As_2O_3、Sb_2O_3、ZnO 等)，可采用挥发焙烧；为了把赤铁矿还原为磁铁矿，便于磁选，可采用磁化焙烧等。

上述各种焙烧根据所用设备不同，可分为炉膛焙烧、飘悬焙烧和沸腾焙烧。

(1) 炉膛焙烧。图 1 - 8 示出一种多膛焙烧炉。矿石从顶部加入，并在炉膛内一层层地向下降落。此时，硫化矿粒与上升气流接触并进行焙烧。这种炉子日焙烧炉料量可达 100 ~ 200t。

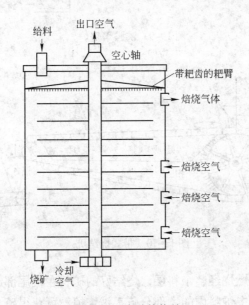

图 1 - 8 多膛焙烧炉

(2) 飘悬焙烧。飘悬焙烧在类似于拆除了中间几层的多膛焙烧炉中进行。湿的精矿经上部一层或两层干燥后，穿过燃烧室下落，经过焙烧后的精矿下落并汇集于底层，从炉内排出。焙烧中需加辅助燃料，以维持一定的焙烧温度。

(3) 沸腾焙烧。沸腾焙烧炉如图 1 - 9 所示，沸腾焙烧多用于焙烧硫铁矿。细小的矿粒在气流的作用下，在炉内呈悬浮状态。调节加料量和送风量的比例，能够控制沸腾层温度。

1.1.5.3 烧结

将各种粉状原料配入适量的燃料和熔剂，加入适量的水，经混合和造球后在烧结设备上使物料发生一系列物理化学变化、烧结成块的过程称为烧结。这是精矿造块的一种方法。图 1 - 10 示出一种烧结铁矿或铅矿的带式烧结机。矿料加到连续运行的小台车上，表

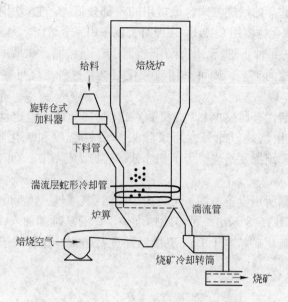

图 1-9　沸腾焙烧炉

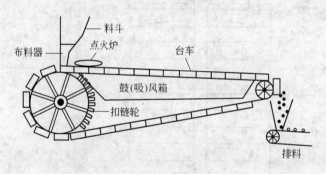

图 1-10　带式烧结机

面起燃,从上向下抽风,燃烧经整个料层,烧结好的矿料在机尾部卸下,冷却后可得到均匀粒度的产品。烧结过程中炉料内的大部分硫都被烧掉,可获得硫含量很低的产品。

例如,高炉炼铁所需的烧结矿就是采用带式抽风烧结机进行烧结生产的。烧结矿的质量好坏直接影响着高炉冶炼的进程,因此对它的化学性质(品位、碱度、硫及其他有害杂质含量、还原性等)、物理性质(强度、粒度组成及孔隙率等)以及还原粉化率(在高温还原条件下的机械强度)等都有一定的要求。

1.1.6　熔炼与精炼

熔炼主要是指将炉料熔化并使之分离成两层互不混溶的液态层,即液态炉渣和液态金属或液态冰铜的一种过程。

金属的氧化物精矿是在高温条件下,用碳或某种其他合适的还原剂进行熔炼,实现液态渣与液态金属的分离;对于金属的硫化物精矿,通常是在中性或弱还原性条件下熔炼,实现液态渣与熔融混合硫化物的分离。在这两种情况下,熔炼都是液相(渣)与液相(金属)的分离过程。这个过程可以控制，以便使大量杂质分离并聚集于炉渣中，从而富集所需要提取的金属或冰铜。所以，金属氧化物熔炼是生产粗金属的主要提取过程，而冰铜熔炼则是金属从硫化矿开始的总提取过程中的一个富集阶段。粗金属随后需要进行精炼，以便获得纯度较高的金属。在熔炼过程中正确地选择炉渣成分，对最大限度地除去杂质是极其重要的。金属硫化物的熔点比金属氧化物低，因此，冰铜熔炼可以在比金属氧化物熔炼温度低的温度下进行。

1.1.6.1　金属氧化物的还原熔炼

金属氧化物在高温下还原为金属是火法冶金中最重要的一个冶炼过程，广泛应用于黑色、有色及稀有金属的冶炼。火法冶金还原过程可以按还原剂的种类进行分类，如气体还原、固体碳还原、金属热还原等。此外，还可按原料、产品的特点分类如下：

(1) 氧化矿或精矿直接还原为金属，如锡精矿的还原熔炼；

(2) 氧化矿经处理后的人造富矿还原为金属，如铁矿石还原熔炼；

(3) 湿法冶金制取的纯氧化物还原为金属，如二氧化钨粉的氢还原、四氯化钛的镁热还原；

(4) 含两种氧化物的氧化矿选择性还原其中的一种氧化物，另一种氧化物则富集在半成品中，如钛铁矿还原出铁后可得到二氧化钛含量较高的高钛渣等。

金属氧化物还原时，可根据生成氧化物的 $\Delta G^{\ominus} - T$ 图上的反应线来确定各种还原剂。当反应温度足够高时，任何金属氧化物都可以按下式进行固体碳的直接还原：

$$MO + C = M + CO$$

一般当温度高于 1273K 时，固体碳的直接还原实际上是通过碳的气化反应及气体还原进行的：

$$CO_2 + C = 2CO$$
$$MO + CO = M + CO_2$$

后两式相加即得第一个反应式。此时，反应的自由度为 1，即在影响反应的平衡因素中只有温度或气相中 CO 的分压是独立变动的，平衡温度仅是压力的函数。

当温度低于 1273K 时，碳的气化反应的平衡成分中 CO、CO_2 共存，这时 MO 的还原将取决于以下两反应的平衡：

$$MO + CO = M + CO_2$$
$$CO_2 + C = 2CO$$

使用气体还原剂 CO 或 H_2 还原金属氧化物时，只要控制温度、气相中 CO 或 H_2 的浓度，就可以使 MO 的还原反应按预期的方向进行：

$$MO + CO = M + CO_2$$
$$MO + H_2 = M + H_2O$$

在某些情况下，一种金属氧化物可用能形成更稳定氧化物的另一种金属进行还原，这类还原反应称为金属热还原。除氧化物外，硫化物、氯化物也可以用金属来还原。金属热还原可以在常压下进行，也可以在真空中进行。

例如，对被还原的氧化物：

$$2M + O_2 = 2MO$$

对还原剂氧化物：

$$2M' + O_2 \Longrightarrow 2M'O$$

上两式相减可得金属热还原式：

$$MO + M' \Longrightarrow M'O + M$$

当该金属热还原反应的 $\Delta G^{\ominus} < 0$ 时，反应能够自发地进行，通常为放热反应。还原剂越强，反应放热量越多。

还原剂一般可采用易氧化的 Si、Al、Mg 等：

$$3MO + 2Al \Longrightarrow 3M + Al_2O_3$$

$$2MO + Si \Longrightarrow 2M + SiO_2$$

一些贵金属(如金、银、铂等)氧化物在常压下具有很低的分解温度，可通过热分解获得金属：

$$Ag_2O \Longrightarrow 2Ag + \frac{1}{2}O_2 \quad (温度高于493K)$$

$$PtO_2 \Longrightarrow Pt + O_2 \quad (温度高于1173K)$$

1.1.6.2　金属硫化物的造锍熔炼

将硫化物精矿，部分氧化焙烧的焙砂、返料及适量熔剂等物料在一定温度下熔炼，产生两种不相混溶的液相(即熔锍和熔渣)的过程称为造锍熔炼。所谓熔锍，即指含有多种低价金属硫化物的液态溶液或各种金属硫化物的互溶体。

造锍熔炼主要包括两个过程，即造渣和造锍过程。

氧化反应：　　　　　$2FeS_{(1)} + 3O_2 \Longrightarrow 2FeO_{(1)} + 2SO_{2(g)}$

造渣反应：　　　　　$2FeO_{(1)} + SiO_{2(s)} \Longrightarrow 2FeO \cdot SiO_{2(1)}$

造锍反应：　　　　　$xFeS_{(1)} + yMS_{(1)} \Longrightarrow <yMS \cdot xFeS>_{(1)}$

通过 FeS 氧化反应的进行可以达到部分脱硫的目的。而造渣反应的主要作用是部分脱除炉料中的铁和降低渣中 FeO 的活度，这里也包括其他脉石和杂质通过造渣除去的过程。造锍反应的主要作用是将炉料中待提取的有色金属富集于熔锍中。

图 1-11 示出一些金属硫化物进行氧化反应的自由能图。例如，FeS 氧化的 $\Delta G^{\ominus}$ 比 Cu_2S 氧化的 $\Delta G^{\ominus}$ 更负，于是，下列反应将向右进行：

$$Cu_2O + FeS \Longrightarrow Cu_2S + FeO$$

这是因为铁与氧的亲和力大于铜与氧的亲和力，故铁优先被氧化。所以，对于如下所示的 Cu_2S 的氧化反应：

$$2Cu_2S + O_2 \Longrightarrow 2Cu_2O + S_2$$

当有 FeS 存在时，生成的 Cu_2O 将按下式进行反应，生成 Cu_2S：

$$Cu_2O + FeS \Longrightarrow Cu_2S + FeO$$

生产上利用铜、镍、钴与硫的亲和力近似于铁，而与氧的亲和力远小于铁的性质特点，在氧化程度不同的造锍熔炼过程中，使铁的硫化物不断氧化成氧化物，随后与脉石造渣而被除去；而主金属得到富集，品位逐渐提高。

对铜的硫化物原料进行造锍熔炼，只要氧化气氛控制得当，保证有足够的 FeS 存在，就可以使铜以 Cu_2S 的形态进入冰铜。冰铜是铜与硫的化合物，有白冰铜(Cu_2S，含铜80% 左右)、高冰铜(含铜60% 左右)、低冰铜(含铜40% 以下)之分。含铜、含硫的炉料在火法冶炼中很容易生成硫化铜，如果炉料中含有铁且硫含量富余，则会同时生成硫化

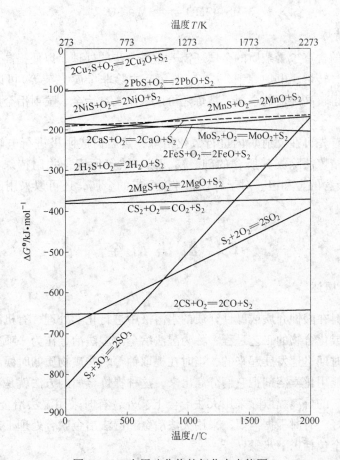

图 1-11　金属硫化物的氧化自由能图

铁。一般得到的冰铜都是硫化铜和硫化铁的混溶物，属于 Cu_2S-FeS 系，并且基本属于低冰铜。此外，镍、金等与硫容易亲和，而且其硫化物能够与硫化铜互溶的元素容易进入冰铜而得到富集，因此，造锍熔炼产出铜锍或冰铜是富集这些元素的有效手段。

熔锍需要进一步进行精炼，以便实现以下目的：

（1）除去铁和硫。因为熔锍中含有数量不等的铁和硫，故需要在高温和氧化气氛下，经过转炉吹炼除去其中的铁和硫，以得到粗金属或有色金属含量较高的熔锍。

（2）除去有害杂质。通过造渣和挥发进一步降低熔锍中的有害杂质，以减少和防止这些杂质进入粗金属中。

（3）富集有价元素。使金、银等贵金属进一步富集，以便在电解熔炼中回收。

将空气或氧吹入液态熔锍中，使活性更大的杂质金属硫化物优先氧化成各自的氧化物，这些氧化物聚集在相应的熔渣中：

$$2MS(杂质硫化物)+3O_2 \Longrightarrow 2MO(杂质氧化物)+2SO_2$$

通过控制空气量（或氧量）再把剩下的惰性更大的金属吹炼成为所需的金属：

$$MS+O_2 \Longrightarrow M+SO_2$$

由于 MS 量比杂质金属硫化物多，在发生 MS 被氧化为 MO 反应的同时，MS 与 MO 之间也可进行还原反应：

$$MS + 2MO = 3M + SO_2$$

1.1.6.3　精炼

由冶炼得到的含有少量杂质的金属还需要做进一步的处理，以便提高其纯度，此过程称为精炼。例如，转炉、电炉炼钢（去气、脱氧、去除非金属夹杂等）可以认为是对生铁的精炼。为了获得较高纯度的金属，精炼还可以采用真空冶金、喷射冶金以及电渣重熔等特殊方法进行。

对于粗铜，首先可在反射炉内进行氧化精炼，然后铸成阴极进行电解精炼。对于粗铅，可采用氧化精炼法除去其所含的砷、锑、锡、铁等元素，并用特殊方法（如派克斯法）回收粗铅中所含的金和银。对于有较高纯度要求的金属，还可以采用区域熔炼方法做进一步提纯。

1.2　湿法冶金

1.2.1　湿法冶金概述

金属矿物原料在酸性介质或碱性介质的水溶液中进行化学处理、有机溶剂萃取、分离杂质、提取金属或化合物的工艺过程，称为湿法冶金。湿法冶金作为一项独立的技术是在第二次世界大战时期迅速发展起来的，当时在提取铀等一些矿物质的时候不能采用传统的火法冶金，而只能用化学溶剂把它们分离出来，这种提炼金属的方法就是湿法冶金。

多金属复杂矿的分离提取除采用火法冶金工艺外，有时采用湿法冶金处理会更经济，综合回收效果更好。有时根据需要，采用火法冶金和湿法冶金联合处理工艺更为合理。

一般湿法冶金包括以下步骤：

（1）将原料中的有用成分转入溶液中，即浸取。

（2）分离浸取溶液与残渣，同时将夹带于残渣中的冶金溶剂和金属离子洗涤回收。

（3）对浸取溶液进行净化和富集。常采用离子交换、溶剂萃取及其他化学沉淀方法。

（4）从净化液中提取金属或化合物。在生产中常采用电解提取法从净化液中制取金、银、铜、锌、镍、钴等纯金属。铝、钨、钼、钒等多数以含氧酸的形式存在于水溶液中，一般先以氧化物析出，然后再还原得到金属。

20世纪50年代发展起来的加压湿法冶金技术可自铜、镍、钴的氨性溶液中，直接用氢还原得到金属铜、镍、钴粉，并能生产出多种性能优异的复合金属粉末。许多金属或化合物都可以用湿法冶金生产。湿法冶金在锌、铝、铜、铀等工业中占有重要地位，目前世界上全部的氧化铝、氧化铀以及约74%的锌、近12%的铜都是用湿法冶金生产的。

1.2.2　电位 – pH图及其应用

1.2.2.1　电位 – pH图概述

湿法冶金是在水溶液中进行分离和提取金属的，因此它与物质在水溶液中的稳定性密切相关，而此稳定性又与溶液中的电位、pH值、组分浓度、温度和压力等影响因素有关。

现代湿法冶金理论广泛应用电位 – pH图来分析湿法冶金过程的热力学条件。这种热力学参数图把抽象的热力学平衡关系用图解方法表示出来，非常直观地展示出物质的平衡系及存在的条件，其已成为研究化学、冶金、地质等学科的有利工具，在湿法冶金中的应用不断扩大。

电位－pH图是把水溶液中的基本反应作为电位、pH值、活度的函数，在指定温度和压力下，将电位与pH的关系表示在平面图上，表明反应自动进行的条件，指明物质在水溶液中稳定存在的区域和范围，为湿法冶金的浸出、净化、沉积等过程提供热力学依据。电位－pH图一般是根据热力学数据进行计算和绘制的。常见的电位－pH图有金属－水系、金属－络合物－水系、硫化物－水系等。20世纪70年代以来，由于高温、高压技术在湿法冶金中的应用，又出现了高温电位－pH图。

1.2.2.2 电位－pH图原理

电位－pH图是以元素的电极电位 φ 为纵坐标、水溶液的pH值为横坐标，描绘元素－水系中各种反应的平衡条件图。在湿法冶金和金属腐蚀等研究中经常应用这种图。电位－pH图是在20世纪40年代末由比利时人普巴（M. Pourbaix）所首创的，有关文献常称其为普巴图。

物质－水系中发生的反应可分为有电子得失的还原－氧化反应和无电子得失的非还原－氧化反应两类。

（1）有电子得失的还原－氧化反应。其可表示为：

$$p\mathrm{O} + n\mathrm{H}^+ + z e \Longrightarrow q\mathrm{R} + c\mathrm{H}_2\mathrm{O} \tag{1-1}$$

式中　O，R——分别为物质的氧化态和还原态；

　p，n，q，c——化学计量系数；

　　　　z——电子 e 的迁移数。

式（1－1）所示的半电池反应的平衡电极电位值 φ 可按能斯特（Nernst）公式计算（水的活度取为1），即：

$$\varphi = \varphi^{\ominus} - \frac{2.303nRT}{zF}\mathrm{pH} + \frac{2.303nRT}{zF}\lg\frac{a_{\mathrm{O}}^{p}}{a_{\mathrm{R}}^{q}}$$

式中　$\varphi^{\ominus}$——标准电极电位，可由参与反应的各物质的标准化学势计算，其值与温度及
　　　　　压力有关；

　　R——摩尔气体常数，其值为 8.314J/(mol·K)；

　　F——法拉第常数，其值为 96490C/mol；

　　T——热力学温度；

a_{O}，a_{R}——分别为物质氧化态活度及物质还原态活度。

将反应（1－1）的平衡条件描绘在电位－pH图上时，可得到一条直线。此直线的位置只有在已知压力、温度以及物质的氧化态和还原态活度的条件下才能够确定。所以，任何电位－pH图的绘制都是以指定的压力、温度以及除 H^+ 以外的其他物质的活度为前提。

如果没有 H^+ 参与半电池反应，则还原－氧化反应可写成：

$$p\mathrm{O} + z e \Longrightarrow q\mathrm{R} \tag{1-2}$$

这是反应（1－1）在 n 和 c 皆为零时的特例。此半电池反应的平衡电极电位为：

$$\varphi = \varphi^{\ominus} + \frac{2.303nRT}{zF}\lg\frac{a_{\mathrm{O}}^{p}}{a_{\mathrm{R}}^{q}}$$

即在指定压力、温度以及物质的氧化态和还原态活度的条件下，反应($1-2$)的平衡仅取决于电位而与 pH 值无关，所以描绘在电位 - pH 图上的线应为一条水平直线。

（2）无电子得失的非还原 - 氧化反应。其可表示为：

$$pA + nH^+ \Longrightarrow qB + cH_2O \tag{1-3}$$

式中　A，B——分别为反应物与生成物；

　p，n，q，c——化学计量系数。

在指定压力、温度以及 A、B 活度一定的情况下，反应($1-3$)的平衡条件仅取决于 pH 值（水的活度为 1）。反应平衡时，描绘在电位 - pH 图上是一条垂直线。此时 pH 值可由下式决定：

$$pH = \frac{\Delta G^{\ominus}}{2.303nRT} + \frac{1}{n}\lg\frac{a_A^p}{a_B^q}$$

式中　$\Delta G^{\ominus}$——化学反应的标准吉布斯自由能变化，在压力和温度恒定时为常数；

　a_A，a_B——分别为物质 A、B 的活度。

将上述两类共三种反应的平衡条件（直线）绘于一个图上，便构成了电位 - pH 图。对反应($1-1$)和($1-2$)而言，若电位高于其平衡电极电位，则反应平衡被破坏，反应向生成物质氧化态的方向移动，有利于物质氧化态的稳定存在；相反，若电位低于反应平衡电极电位，则有利于物质还原态的稳定存在。也就是说，电位 - pH 图中斜线与水平线的上方为物质氧化态的稳定区（或优势区），而下方为物质还原态的稳定区。同理，对反应($1-3$)而言，若溶液的 pH 值低于反应平衡 pH 值，将有利于 B 的稳定存在；相反，若溶液的 pH 值高于反应平衡 pH 值，则有利于 A 的稳定存在。因此，电位 - pH 图中垂直线以左的区域为 B 的稳定区，而垂直线以右的区域则为 A 的稳定区。可见，电位 - pH 图不仅以三种不同的线段反映了三种反应的平衡条件，而且由这些线段围成的区域也反映了物质各种形态稳定存在或相对优势的条件范围。从这个意义上来讲，有些文献又称这种图为物质优势范围图或优势区图。

1.2.2.3　溶液 pH 值及电位对反应的作用举例

物质在水溶液中的稳定程度主要取决于溶液的 pH 值、电位及反应物的活度。以 $Fe(OH)_3 \Longrightarrow Fe^{3+} + 3OH^-$ 为例，可以推导出该反应的平衡条件是：

$$pH = 1.6 - \frac{1}{3}\lg a_{Fe^{3+}}$$

式中　$a_{Fe^{3+}}$——Fe^{3+} 的活度。

物质在水溶液中的溶解度也称为稳定性程度。对于同种物质，其稳定性程度随溶液的 pH 值不同而变化；对于不同种物质，即使在同样的 pH 值下，其稳定性程度也不一样。所以，可以通过控制溶液的 pH 值，使同一物质或不同物质的反应向预定方向进行，从而实现使某些物质在溶液中稳定，而另一些物质在溶液中不稳定而发生沉淀，达到分离的目的。

在湿法冶金过程中存在着许多氧化 - 还原反应。一般来讲，存在如下两类氧化 - 还原反应：

（1）单离子的电极反应，如 $Fe^{2+} + 2e \Longrightarrow Fe$；

（2）溶液中离子间的反应，如 $Fe^{3+} + e \Longrightarrow Fe^{2+}$。

　　对以上反应，只要控制溶液中的电位，即可控制反应进行的方向和限度。当控制电位高于溶液的平衡电极电位时，溶液中的元素就向氧化方向进行，直到控制电位与溶液的平衡电极电位相等时为止；相反，溶液中的元素则向还原方向进行，直至两电位相等时为止。

1.2.2.4　电位–pH 图应用举例

　　水既可作氧化剂，又可作还原剂。当它与强还原性物质作用时，可以放出 H_2；当它与强氧化性物质作用时，又可以放出 O_2。水的稳定性与电位、pH 值有关，图 1–12 为 $Fe–H_2O$ 系电位–pH 图。图中位于上方的斜线（ⓑ线）称为"氧线"，位于下方的斜线（ⓐ线）称为"氢线"。氧线上方为 O_2 的稳定区，氢线下方为 H_2 的稳定区，两线之间为 H_2O 的稳定区。由于 H_2 和 O_2 的超电位较大，实践证明水的稳定区要比理论值向外扩展 0.5V 左右。

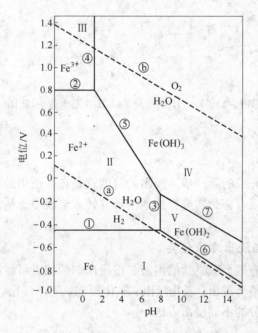

图 1–12　$Fe–H_2O$ 系电位–pH 图(298K，101325Pa)

　　根据水的电位–pH 图，可以推断出氧化剂或还原剂在水溶液中的稳定区域。电位在氢线和氧线之间的氧化剂和还原剂在水溶液中可以稳定存在；电位在氧线以上的氧化剂可以将水氧化，析出氧气；电位在氢线以下的还原剂可以将水还原，析出氢气。

　　对湿法冶金而言，图中的 Ⅰ 区是金属沉淀区，Ⅱ、Ⅲ 区是浸出区，Ⅳ、Ⅴ 区是净化区。从浸出观点来看，金属稳定区域越大则越难浸出，离子稳定区域越大则越易浸出。

　　电位–pH 图广泛应用于湿法冶金的浸出、净化及沉积过程中。例如，湿法冶金中常把不同的金属–H_2O 系的电位–pH 图重叠起来以讨论工艺条件。例如，将 $Fe–H_2O$ 系和 $Zn–H_2O$ 系的电位–pH 图重叠在一起来讨论锌溶液中将铁以 $Fe(OH)_3$ 沉淀除去的条件。为此，必须将 Fe^{2+} 氧化成 Fe^{3+}（生产中常选用 MnO_2 作氧化剂），Fe 以 $Fe(OH)_3$ 沉淀除去，如图 1–13 中阴影区所示。

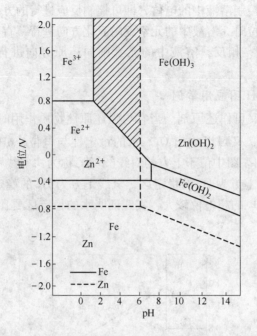

图 1-13　Fe-H$_2$O 系及 Zn-H$_2$O 系电位-pH 图

1.2.3　浸出

浸出是湿法冶金流程中的第一步。浸出的目的就是选择适当的溶剂，使矿石、精矿或其他物料中的有价成分或有害杂质选择性地溶解并转入溶液中，从而达到有价成分与有害杂质或脉石分离的目的。

1.2.3.1　浸出剂与浸出方法分类

生产中常用浸出剂有酸、碱、盐的溶液，按浸出剂的特点可将浸出分为水浸出、酸浸出、碱浸出、盐浸出、络合浸出、氯化浸出、氧化浸出、还原浸出、细菌浸出等。表 1-2 所示为按浸出剂特点划分的不同浸出方法。

表 1-2　浸出方法分类

浸出方法	常用浸出剂
水浸出	水
酸浸出	硫酸，盐酸，硝酸，高氯酸，亚硫酸，王水
碱浸出	苛性钠，碳酸钠，硫化钠，氰化钠，氨水
盐浸出	氯化铁，硫酸铁，氯化铜，氯化钠，次氯酸钠
细菌浸出	菌种，硫酸，硫酸铁
电化浸出	适当浸出剂通以直流电

按浸出的原料类别，一般可将浸出分为金属浸出、氧化物浸出、氯化物浸出、硫化物浸出和其他盐类的浸出等。按浸出时的压力和温度不同，可将浸出分为高温高压浸出和常温常压浸出。若在高压下还通以氧气，则称为高压氧浸出。浸出剂的选择原则应是热力学

上可行、反应速度快、经济合理、来源容易。在实际浸出过程中，由于矿石成分复杂，只用一种浸出剂一般不能达到要求，这时往往需要多种浸出剂联合使用才行。工业上常用的浸出剂及其应用范围列于表 1-3 中。

表 1-3　工业上常用的浸出剂及其应用范围

浸出剂	浸出矿物类型	适用范围
H_2SO_4	铜、镍、钴的氧化物与硫化物，铬、钽、铌的氧化物	处理含酸性脉石的矿石
HCl	黄铜矿，烧绿石，钛铁矿，锰结核，复合硫化矿	
HNO_3	铜、镍、铅、钼硫化矿	
HF	钽、铌矿	
NH_3	铜、镍、钴、铅、锌硫化物，镍、铀氧化物，锰结核	处理含碱性脉石矿石
Na_2CO_3	白钨矿，铀、铅矿	
Na_2S	锑、汞硫化矿	处理砷、汞、锑硫化矿
NaOH	铝土矿，铬、钨氧化矿，钼硫化矿	
NaCN	金、银矿	
NaCl	$PbSO_4$，$PbCl_2$	
$Fe_2(SO_4)_3$	硫化铁矿，黄铜矿，铅、锌、镍硫化矿	兼作氧化剂使用
$FeCl_3$		
$CuCl_2$	铜硫化矿，复杂硫化矿	兼作氧化剂使用
细菌浸出	铜、钴、锰等矿	
H_2O	直接溶于水的硫酸铜等	水溶性矿物

1.2.3.2　酸浸出

硫酸、盐酸、硝酸是常用的浸出剂，有时也用氢氟酸、亚硫酸、王水等。

硫酸是弱氧化酸，由于沸点高（330℃），常压下可采用高温浸出以使过程强化，设备也易解决，是处理氧化矿的主要溶剂，也能溶解碳酸盐、磷酸盐及硫化物等。

硝酸是强氧化剂，反应能力强，但易挥发且价格昂贵，一般不单独作浸出剂，有时仅作氧化剂使用。

盐酸能与金属、金属氧化物、碱类及某些金属硫化物作用生成可溶性氯化物，常用于浸出镍锍（镍、铜、铁的硫化物混合物）。

王水多用来浸出铂族金属精矿，使铂、钯、金进入溶液转为相应的氯络酸盐，如 H_2PtCl_6、H_2PdCl_6、$HAuCl_4$ 等，而银及铑、铱、锇、钌等进入残渣，然后再分别回收处理。

1.2.3.3　碱浸出

氢氧化钠、碳酸钠、氨水、硫化物、氰化钠等是碱浸出常采用的溶剂。碱性浸出剂一般比酸性浸出剂反应能力弱，但选择性明显，且浸出液中杂质含量少，对设备腐蚀小。一般来讲，碱浸出的浸出率比酸浸出的浸出率低。

1.2.3.4　盐浸出

根据浸出过程，盐的作用可分为两类：一类是作添加剂，目的是提高浸出液中某组分的溶解度，其本身并不参与反应，如 NaCl、CaCl$_2$、MgCl$_2$ 等；另一类是作氧化剂，如 FeCl$_3$、Fe$_2$(SO$_4$)$_3$、CuCl$_2$、NaClO 等。Fe^{3+}、Cu^{2+} 在浸出时本身被还原为 Fe^{2+}、Cu$^+$，所以必须使其氧化再生后才能使用。

1.2.3.5　氯化浸出

氯化浸出就是在水溶液中进行的氯化过程。它可以分为盐酸浸出、氯盐浸出、氯气浸出以及电氯化浸出等。氯化浸出过程中除 pH 外，Cl$^-$ 离子也是一个主要影响因素，因此，常绘出一定温度和 pH 值条件下的电位 – pCl 图（pCl 值为氯离子活度的负对数，与 pH 值相对应），用来分析氯化过程，如图 1 – 14 所示。当然也可以用 Cl – H$_2$O 系的电位 – pH 图来分析。从图 1 – 14 中可以看出，铜在溶液中的形态与 Cl$^-$ 有关。当 Cl$^-$ 浓度达到一定值时，可生成不溶物 CuCl；当 Cl$^-$ 浓度进一步提高时，CuCl 溶解生成可溶的 CuCl$_2^-$ 络离子。

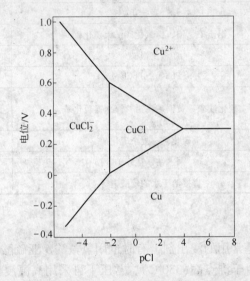

图 1 – 14　Cu – Cl$^-$ – H$_2$O 系电位 – pCl 图（25℃）

1.2.3.6　热压浸出

热压浸出最早应用在碱提取氧化铝的工艺中。近几十年来，其在工业上已经应用到铀、钨、钼、铜、镍、钴、锌、锰、钒等的提取工艺中。该法在高温高压下能够提高反应速度，使通常在普通压力和温度下不能进行的过程得以进行。此外，还有富氧条件下的热压浸出等。

1.2.3.7　细菌浸出

细菌浸出是最近 20 多年来发展起来的技术。它是利用微生物及其代谢产物的氧化性，使矿石中的有价组分进入到溶液中。细菌浸出早期主要用于铜和铀的工业生产，是一种处理低品位矿较有前途的方法。它可用于处理某些贫矿、老矿坑中的残余氧化矿、尾矿、量少且分散的富矿等，是采掘工业和冶金工业扩大资源和综合利用的有效途径之一。世界上从数量巨大的低品位尾矿及废矿石中生产的铜每年达 35 万吨，采用的主要方法就是细菌冶金方法。湿法冶金中常用的细菌分类及作用如表 1 – 4 所示。

表 1-4　湿法冶金中常用的细菌分类及作用

菌　种	作　用
氧化铁硫杆菌	使 Fe^{2+}、$S_2O_3^{2-}$ 氧化
氧化硫杆菌	使 S、SO_2、$S_2O_3^{2-}$ 氧化
氧化铁杆菌	使 Fe^{2+} 氧化
氧化硫铁杆菌	使 S、Fe^{2+} 氧化

这些细菌分布在金属硫化矿、硫黄及煤矿的酸性坑中，以空气中的 CO_2、O_2 及水中的微量元素为养料，习惯生活在强酸性($pH=1.3\sim3.0$，35℃)和多种重金属离子存在的溶液中。在酸性条件下，这些细菌将 Fe^{2+} 氧化成 Fe^{3+} 的速度比自然条件下高 $110\sim120$ 倍，且能够将低价硫氧化成高价硫。

1.2.3.8　就地浸出和堆浸

就地浸出是用溶剂浸出地下被坚固和不透水的岩石包住的矿石以及常规采矿的采空区废矿和矿柱，使有价金属进入溶液的过程。堆浸实质也是一种就地浸出，使溶剂连续通过废矿石堆，从中浸出有价金属来。这两种浸出主要用来处理废矿堆和贫矿，从而回收金属。

1.2.4　浸出液的净化

矿物浸出时不可避免地有许多杂质进入溶液，其中有些杂质是有价金属，应作为副产品回收，而其他杂质则必须除去。欲使主体金属与杂质分离，常采用两种方法：一种是使主体金属从溶液中析出，将杂质留在溶液中；另一种是分别除去杂质后，将主体金属留在溶液中。工业上净化溶液的方法很多，究竟采用什么方法应视具体情况来确定，有时需要几种方法联合使用才能奏效。

常用的净化方法有离子沉淀法(包括水解沉淀法和硫化沉淀法)、置换沉淀法、溶剂萃取法、离子交换法、吸附及结晶法等。

1.2.4.1　水解沉淀法

水解沉淀法是根据金属氢氧化物沉淀的 pH 值或氢氧化物的活度积不同来分离金属。例如，锌浸出液中要使铁以 $Fe(OH)_3$ 沉淀除去，需将溶液中的 Fe^{2+} 氧化成 Fe^{3+}，否则不但不能将铁除去，反而会使 $Zn(OH)_2$ 先沉淀出来。锌浸出液净化除铁原理如图 1-13 所示，$Fe(OH)_3$、$Zn(OH)_2$ 及 $Fe(OH)_2$ 开始沉淀的 pH 值分别为 1.53、5.85、6.57，图中阴影线区域就是理论除铁条件。在该区域内铁以 $Fe(OH)_3$ 沉淀除去，而锌则以 Zn^{2+} 稳定存在。生产中常用 MnO_2 作氧化剂进行氧化除铁。

现代湿法冶炼厂常采用新的除铁法，使铁分别以针铁矿($FeOOH$)、铁矾($MFe(SO_4)_2(OH)_6$)、赤铁矿(Fe_2O_3)的形式沉淀除去。需要指出的是，此赤铁矿因铁含量高，可以直接作为炼铁原料。

1.2.4.2　硫化沉淀法

硫化沉淀法是利用金属硫化物溶度积的差别来分离金属的传统方法。除碱金属外，一般金属硫化物的溶度积都较小。常用的硫化剂有 Na_2S、H_2S、$NaHS$ 和 $Na_2S_2O_3$ 等。例如，

要从 $1mol/L$ 的 Mn^{2+} 溶液中分离钴，将 pH 值调至 $0.3 \sim 4.2$ 之间，即可将钴除至 $10^{-4}mol/L$ 以下，而锰仍留在溶液中。

现代湿法冶金中除了利用 H_2S 等在常压下沉淀外，还常采用高温高压 H_2S 沉淀。常压下 H_2S 在水溶液中的溶解度只有 $0.1mol/L$，而在密闭容器中增大硫化氢的分压，可以提高 H_2S 在溶液中的浓度。提高温度，则可以加速反应。

1.2.4.3　置换沉淀法

置换沉淀法是用更负电性的金属从溶液中将较正电性的金属离子置换出来，如用锌粉置换铜：$Cu^{2+} + Zn = Zn^{2+} + Cu$。

置换沉淀法可以用于溶液净化，也可以用于金属提取，如硫酸锌溶液的净化采用锌粉置换除铜、除镉，利用锌粉从氰化液中置换提取金、银等。

1.2.4.4　溶剂萃取法

溶剂萃取法主要是利用金属离子在水和有机试剂中分配不同，同时水溶液与有机液形成两层不相混溶的液体相的性质，可用稀释剂从有机相中将金属离子分离出来的过程。萃取广泛应用于从浸出液中提取金属和从浸出液中除去有害杂质。

1.2.4.5　离子交换法

早在 1906 年，人们就用天然和合成硅酸盐进行离子交换以软化水。随着合成树脂性能(稳定性和交换容量)的改善，离子交换技术的应用范围不断扩大。在湿法冶金中最初使用离子交换的是从浸出液中提取铀。随后，此技术大量应用在提取其他金属的研究中。

离子交换过程特别适用于从很稀的溶液($10\mu g/L$ 或更低)中提取金属，而不适用于高于 1% 的浓溶液。

离子交换过程通常包括如下两个阶段：

(1) 吸附。含金属离子的水溶液通过离子交换树脂柱时，金属离子即从水相转入树脂相。当金属离子被吸附到饱和时便停止供液，转入解吸阶段。

(2) 解吸。向树脂柱内引入适当溶液以除去前面被吸附的金属离子，可得到一种浓的金属离子水溶液，用于提取金属。同时，树脂也得到再生，可返回使用。

离子交换过程可进行至平衡。在该平衡条件下，树脂上吸附金属离子量的程度可以用下列分配系数来表示：

$$D = \frac{树脂中金属离子浓度}{水相中金属离子浓度}$$

D 值越大，表示树脂与这种金属离子的亲和力越大，分离提取效果越好。

1.2.5　金属沉积提取

浸出液经净化处理后就可进行沉积提取金属，常用的方法有金属置换沉积、气体还原、电解沉积等。通过金属沉积过程可获得纯金属或金属粉末。置换沉积原理与前面所述相同，电解沉积提取详见后面 1.4 节。此处只讨论气体还原，包括高压氢还原。

用气体还原剂从净化后的溶液中还原金属既可以制取高纯金属，也可以直接制取适用于粉末冶金的金属粉末。常用的气体还原剂有氢气、二氧化硫、一氧化碳等。

用氢使金属从溶液中还原析出的反应可表示如下：

$$M^{z+} + \frac{1}{2}zH_2 \overline{} M + zH^+$$

为了使反应正向进行，反应的 ΔG 必须是负值。

利用电位 – pH 图可简明地分析氢还原过程所需的热力学条件（见图 1 – 15）。很明显，只有当金属线高于氢线时，还原过程在热力学上才是可能的。从图 1 – 15 中可以看出，强化还原程度有两个途径：第一个途径是依靠增大氢的压力或提高溶液的 pH 值来降低氢的电极电位，而后者比前者更为有效，因为氢的压力增大 100 倍对电位移动的效果只相当于 pH 值增加一个单位的效果；第二个途径是依靠增加溶液中金属离子的浓度来提高金属的电极电位。

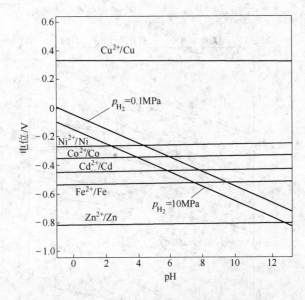

图 1 – 15　氢还原的电位 – pH 图（金属离子的活度为 1，25℃）

对于负电性大的金属（如 Zn^{2+}、Fe^{2+}），由于要求的 pH 值比其水解的 pH 值还要高，用氢还原 Zn^{2+}、Fe^{2+} 是不可能的。

在还原过程中，随着溶液中金属离子浓度的减小，其电位将向更负的方向移动。因此，为了还原过程的正常进行，除了在溶液中保持一定的金属离子最终浓度以外，还必须在溶液中造成相应的氢电位，也就是必须在溶液中保持相应的 pH 值。这个条件对标准电位比氢标准电位更低的金属的还原来说具有特别重要的意义。

1.3　卤 化 冶 金

1.3.1　卤化冶金与氯化冶金

金属卤化物与该金属的其他化合物相比，大都具有熔点低、挥发性高和易溶于水等性质，因此可将矿石中的金属氧化物或金属硫化物转变为卤化物，并利用上述性质将金属卤化物与一些其他化合物和脉石分离。所谓卤化冶金，就是将矿石（或冶金半成品）与卤化剂混合，在一定条件下使其发生化学反应，使金属变为卤化物，然后再进一步将金属提取出来的方法。由于生产中常用的卤化物是氯及氯化物，卤化冶金常称为氯化冶金。

氯化冶金主要包括氯化、氯化物的分离、从氯化物中提取金属三个基本过程。氯化冶金对于处理复杂多金属矿石或低品位矿石以及难选矿石，从中综合分离提取各种有用金属是特别适宜的，故此法在综合利用各种矿物资源方面占有重要的地位。

1.3.2　金属氯化反应

氯的化学性质活泼，所有金属氯化物生成的吉布斯自由能在一般冶金温度下均为负值，所以绝大多数金属很容易被氯气氯化，生成金属氯化物。图 1-16 示出金属氯化物标准生成吉布斯自由能变化与温度的关系，即氯势图。

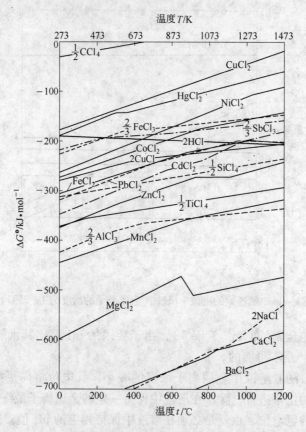

图 1-16　金属氯化物标准生成吉布斯自由能变化与温度的关系

金属氯化物标准生成吉布斯自由能曲线在图 1-16 中的位置越低，表示该金属氯化物的标准生成吉布斯自由能越负，则该金属氯化物越稳定而难以分解。在一定温度下，曲线位置在下面的金属可以将曲线位置在上面的金属氯化物中的金属置换出来。

例如，$MgCl_2$ 的标准生成吉布斯自由能曲线在下面，而 $TiCl_4$ 的标准生成吉布斯自由能曲线在上面，所以镁可以把 $TiCl_4$ 中的钛置换出来。工业上生产金属钛正是利用了这种方法。

在冶金过程中需要氯化处理的物料，如黄铁矿烧渣、低品位的贫矿等，其中的金属往往是以氧化物或硫化物的形态存在，因此有必要研究氧化物和硫化物的氯化作用。

1.3.3 金属氧化物与氯的反应

金属氧化物被氯气氯化的反应通式如下：

$$MO + Cl_2 = MCl_2 + \frac{1}{2}O_2$$

相关热力学关系见图 1-4、图 1-16。

（1）由热力学数据计算结果可知，SiO_2、TiO_2、Al_2O_3、Fe_2O_3、MgO 等在标准状态下不能被氯气氯化，而许多金属的氧化物，如 PbO、Cu_2O、CdO、NiO、ZnO、CoO、BiO 等可以被氯气所氯化。

（2）提高氯气分压、降低产物浓度、降低氧气分压等，均有利于氯化反应的进行。

当有还原剂存在时，由于还原剂能降低氧的分压，能够使本来不能进行的氯化反应变得可行。碳是很有效的还原剂，有碳存在时，进行氯化反应的氧化物将发生如下反应：

$$MO + Cl_2 = MCl_2 + \frac{1}{2}O_2$$

$$C + O_2 = CO_2$$

$$C + \frac{1}{2}O_2 = CO$$

$$2MO + C + 2Cl_2 = 2MCl_2 + CO_2$$

$$MO + C + Cl_2 = MCl_2 + CO$$

当温度低于 900K 时，加碳氯化反应主要是按生成 CO_2 的反应式进行；当温度高于 1000K 时，则按生成 CO 的反应式进行。

1.3.4 金属硫化物与氯的反应

金属硫化物在中性或还原性气氛中能与氯气反应生成金属氯化物。氯化反应进行的难易程度由氯化物和硫化物的标准生成吉布斯自由能之差来决定。某些金属硫化物氯化反应的 $\Delta G^{\ominus} - T$ 关系如图 1-5 所示，从图中可以看出，许多金属硫化物一般都能被氯化。

对同一种金属来说，在相同条件下，硫化物通常比氧化物容易氯化，因为金属与硫的亲和力不如金属与氧的亲和力大，所以氯从金属中取代硫比取代氧容易。金属硫化物与氯的反应通式如下：

$$MS + Cl_2 = MCl_2 + \frac{1}{2}S_2$$

从上述反应式可以看出，硫化物与氯反应的产物是金属氯化物和元素硫。硫可能与氯发生反应，但硫的氯化物是不稳定的，在一般焙烧温度下它们会分解，最后仍为元素硫。因此，硫化矿氯化焙烧可得到纯度高且易于储存的元素硫和不易挥发的有价金属氯化物。采用氯化焙烧，然后通过湿法冶金加以分离，是处理有色重金属硫化精矿的一种可行方法。

1.3.5 氯化剂的选择

常见的氯化剂可分为固体和液体两大类。液体有 HCl，固体有 NaCl、$CaCl_2$ 等。由于氯气不易保存和运输，且使用过程涉及环境保护和成本问题等，在生产实践中经常采用氯化钙、氯化钠等固体氯化物作为氯化剂。$CaCl_2$ 常是化工原料的副产品，并且无毒、腐蚀性小、易于操作，因此国内外一些工厂广泛采用 $CaCl_2$、$NaCl$ 作为氯化剂。

用氯化钙作氯化剂，其与氧化物反应的通式为：

$$MO + CaCl_2 === MCl_2 + CaO$$

工业上的烧渣高温氯化挥发法就是用 $CaCl_2$ 作为氯化剂，对烧渣中各种金属进行选择氯化，铜、铅、锌等氧化物转变为氯化物挥发出来。对于中温氯化焙烧，因温度较低，上述氯化物不挥发，仍然留在焙砂中，可用水或稀酸浸出。氯化过程中 Fe_2O_3 不被氯化，可用作炼铁原料，这样即可达到有色金属与铁分离的目的。

1.4　电 解 提 取

1.4.1　电解提取的分类

从溶液中提取金属的方法除金属置换法和气体还原法之外，还可以采用电解法。它可以分为水溶液电解法和熔盐电解法。两者均是利用溶液（水溶液或熔体）中的金属离子在直流电作用下，在阴极放电沉积出金属。在水溶液中的电解过程又可以分为电解精炼和电解沉积。

电解精炼是用粗金属或其化合物作为阳极，在直流电作用下不断溶解为离子进入溶液，然后金属离子又在阴极上放电变成金属。此种方法一般用来将火法精炼的金属进一步提纯，如铜电解精炼，铅电解精炼，金、银电解精炼等。电解过程中阳极不断溶解，所以也称其为可溶阳极电解。

电解沉积或电解提取是采用惰性物质作阳极，在经过净化的溶液中电解沉积金属的方法，如锌电解沉积。此种方法因为阳极是不溶解的，故又称为不溶阳极电解。熔盐电解实质上也是不溶阳极电解。

1.4.2　电解精炼

下面以铜的电解精炼为例说明电解精炼过程。其他粗金属的电解精炼原理基本相似，差别仅在于采用不同的工艺条件和不同的电解液。例如，铜电解精炼的电解液是 $CuSO_4$ + H_2SO_4 的混合液，铅电解精炼是 $PbSiF_6$ + H_2SiF_6 的混合液，银电解精炼是 $AgNO_3$ + HNO_3 的混合液。

铜电解精炼时，电解槽属于下列化学系统：

$$Cu(纯) \mid CuSO_4, H_2SO_4, H_2O \mid Cu(粗铜)$$

在阳极和阴极之间施加电压，两电极处将发生不同的得失电子反应。

1.4.2.1　阳极反应

在阳极上进行失去电子的可能氧化反应为：

$$Cu - 2e === Cu^{2+} \qquad (\varphi^\ominus = 0.34V) \qquad (1-4)$$

$$M - 2e === M^{2+} \qquad (\varphi^\ominus < 0.34V) \qquad (1-5)$$

$$H_2O - 2e === 2H^+ + \frac{1}{2}O_2 \qquad (\varphi^\ominus = 1.229V) \qquad (1-6)$$

$$SO_4^{2-} - 2e = SO_3 + \frac{1}{2}O_2 \qquad (\varphi^\ominus = 2.42V) \qquad (1-7)$$

在以上反应式中,右侧括弧中的数据表示标准电极电位,M 表示 Fe、Ni、Pb、As、Sb 等比铜更具有负电性的金属。由于 M 的标准电极电位比铜负且浓度很小,从而使其电位进一步降低。因此,电位比铜负的金属将在阳极上优先溶解。但是,杂质在阳极上的含量很少,因此在阳极上进行的主要反应是按式(1-4)进行的形成 Cu^{2+} 的反应。按式(1-6)进行的反应,根据近似计算,其电极电位约为 1.875V,远比铜的电位正,在正常情况下是不能进行的。至于按式(1-7)进行的反应,其电极电位更正,则不能进行。粗铜中比铜更具正电性的金属(如 Au、Ag 等)在阳极不能溶解,而是呈金属粒子状态以阳极泥形式沉到槽底。

1.4.2.2 阴极反应

在阴极上进行的是正离子得到电子的还原反应,可能进行的反应如下:

$$Cu^{2+} + 2e = Cu \qquad (\varphi^\ominus = 0.34V) \qquad (1-8)$$
$$2H^+ + 2e = H_2 \qquad (\varphi^\ominus = 0V) \qquad (1-9)$$
$$M^{2+} + 2e = M \qquad (\varphi^\ominus < 0.34V) \qquad (1-10)$$

氢的标准电极电位比铜负,但由于过电位的存在,氢的析出电位会比铜更负,因而在正常条件下反应(1-9)不能进行。同样,电极电位比铜更负的杂质 M^{2+} 因其浓度较低,反应(1-10)也是不能进行的。但是当 Cu^{2+} 浓度降低到 10g/L 以下时,标准电极电位与铜相近的杂质(如 As、Sb、Bi 等)将以一定比例与铜一起还原。可见,电解过程就是按金属的标准电极电位不同而将金属选择性地分离的过程。

铜电解精炼的主要技术条件是:电流密度为 220~260A/m²,电解液成分为 Cu^{2+} 40~45g/L、H_2SO_4 190~210g/L,电解液温度为 58~62℃,电解液每槽循环速度为 18~22L/min,电流效率为 95%~97%,槽电压为 0.2~0.25V,直流电单耗为 220~230 kW·h/t。

1.4.3 电解沉积

就电化学反应而言,电解精炼与电解沉积并无本质差别,均是在阳极发生氧化反应,在阴极发生还原反应。两者所不同的是,电解沉积一般是采用惰性的不溶阳极,如石墨或铅合金阳极,在阳极上析出氧气或氯气,在阴极上沉积得到金属。

现以硫酸锌水溶液的电解沉积为例说明电解沉积过程。锌电解沉积是以铝板为阴极、含 Ag 1% 的铅板为阳极,电解液是硫酸和硫酸锌,一般含 H_2SO_4 160g/L、Zn^{2+} 50g/L。电解沉积锌的电化学系统为:

$$Al(Zn) | ZnSO_4, H_2SO_4, H_2O | Pb + Ag(O_2)$$

锌电解沉积过程是将净化好的硫酸锌溶液连续不断地加入到电解槽内,当直流电通过时,在阴极铝板上析出锌,在阳极铅板上析出氧气,总的反应如下:

$$ZnSO_4 + H_2O = Zn + H_2SO_4 + \frac{1}{2}O_{2(g)}$$

随着电解过程的不断进行,电解液锌含量不断减少,硫酸含量不断增加,因此要不断补充已净化的锌含量较高的中性液,酸含量高的废液返回浸出使用。对于阴极析出的锌要每隔一定时期剥下，送去熔化铸锭。铝板经清洗处理后返回电解。锌电解沉积过程的阴极和阳极反应介绍如下。

1.4.3.1　阴极反应

锌及氢在阴极上析出的反应为：

$$2H^+ + 2e = H_2$$
$$Zn^{2+} + 2e = Zn$$

在工业条件下，实际氢的析出电位（$-1.139V$）要比锌的析出电位（$-0.855V$）更负，故在阴极上优先析出的是锌而不是氢。

在工业生产中，电解液除了含有 H^+、Zn^{2+} 外还有许多阳离子，且其电位比锌还正，它们也可能在阴极上析出。因此，为了保证电解锌的质量必须净液，以便将杂质离子浓度降到较低水平。

1.4.3.2　阳极反应

锌电解的阳极过程有两个结果：一是析出氧气；二是电解液酸度增加。这是因为发生如下反应：

$$2H_2O - 4e = O_{2(g)} + 4H^+ \qquad (\varphi^{\ominus} = 1.229V)$$

通电后，在发生以上反应之前还会发生其他一些副反应。例如，发生铅溶解，并在阳极表面形成 PbO_2 保护铅阳极，接着又在其上形成一层 MnO_2 膜以进一步保护 PbO_2 膜，反应如下：

$$Pb - 2e = Pb^{2+} \qquad (\varphi^{\ominus} = 0.126V)$$
$$Pb + 2H_2O - 4e = PbO_2 + 4H^+ \qquad (\varphi^{\ominus} = -0.655V)$$
$$Pb^{2+} + 2H_2O - 2e = PbO_2 + 4H^+ \qquad (\varphi^{\ominus} = -1.45V)$$

由于 Pb - Ag 阳极的电位较低，形成的 PbO_2 较细而致密，且耐腐蚀性强，故在工业生产中普遍采用此种阳极。电解液中如含有 Mn^{2+}，还会发生如下反应：

$$Mn^{2+} + 2H_2O - 2e = MnO_{2(s)} + 4H^+ \qquad (\varphi^{\ominus} = -1.25V)$$
$$Mn^{2+} + 4H_2O - 5e = MnO_4^- + 8H^+ \qquad (\varphi^{\ominus} = 1.50V)$$
$$MnO_2 + 2H_2O - 3e = MnO_4^- + 4H^+ \qquad (\varphi^{\ominus} = 1.70V)$$

为了保证阳极的寿命，电解液中要控制 Cl^- 含量。因为若 Cl^- 过多，则在阳极易发生氧化反应析出 Cl_2，使阳极腐蚀，并造成环境污染。

1.4.4　熔盐电解

在现代冶金中，熔盐电解是生产有色金属的重要方法之一，尤其对轻金属冶金更有特别意义。熔盐电解不仅是基本的工业生产方法，而且有时是唯一的方法。例如，铝、镁、钛、铍、锂、钾、钠等轻金属都是采用熔盐电解法制得的。

各种轻金属都是属于电性负值较大的金属，不能用电解法从其盐类的水溶液中使其析出。因为在水溶液电解中，在阴极只能析出氢，且只有相应金属的氧化水合物生成。因此，轻金属只能从不含有氢离子的电解质中以元素形态析出，这种电解质就是熔盐。

许多稀有金属（如钍、钽、铌、锆等）也是从熔盐中制得的。在重金属中，铅、锌等也可用熔盐电解制得。

现以铝电解为例来说明熔盐电解过程。

1.4.4.1　铝电解过程的电解质

熔盐电解法制取金属可以用各种单质纯盐作为电解质。但是，为了力求得到熔点较低、密度适宜、黏度小、电导率高、表面张力较大以及挥发性较低和金属溶解能力较小的电解质，现代冶金实践中常使用成分复杂的由 2~4 种组分组成的混合熔盐体系。工业铝电解的电解质就是由 80%~86% 冰晶石、8%~10% 氟化铝和 4% 氧化铝组成的。表 1-5 所示为铝电解电解质的典型组成。

表 1-5　铝电解电解质的典型组成

种　类	酸　度		添加剂/%	Al_2O_3/%	电解温度/℃
	过量 AlF_3/%	NaF/AlF_3			
传统电解质	3~7	2.8~2.5	CaF_2 6~9	5	970
弱酸性电解质	2~4	2.8~2.7	CaF_2 2~3 MgF_2 3~5 LiF 2~3	3~4	960~970
弱碱性电解质	7~14	2.5~2.1	CaF_2 2~4	2~4	950~960
低熔点电解质	15~40	2.1~1.1	CaF_2 2~3 MgF_2 3~5 LiF 1~2	2~4	800~900

目前，铝电解中普遍采用酸性电解质，一般冰晶石分子比 $n(NaF)/n(AlF_3) = 2.7 \sim 2.8$。碱性电解质中因 Na^+ 浓度过高，在阴极上析出钠，故不常采用。直流电流经过电解质使氧化铝分解。电解产物在阴极是液体铝，在阳极是氧，它使炭阳极氧化而析出气体 CO_2 和 CO。铝液用真空抬包抽出，经净化澄清后浇注成铝锭。

电解质中的冰晶石一般按下式离解：

$$Na_3AlF_6 =\!=\!= 3Na^+ + AlF_6^{3-}$$

AlF_6^{3-} 离子还会全部离解为氟离子和更简单的氟铝酸络阴离子：

$$AlF_6^{3-} =\!=\!= 2F^- + AlF_4^-$$

一般的研究者认为，溶解在冰晶石中的 Al_2O_3 分子与 AlF_6^{3-} 和 F^- 发生反应，生成铝氧氟络合离子：

$$4AlF_6^{3-} + Al_2O_3 =\!=\!= 3AlOF_5^{4-} + 3AlF_3$$

$$2AlF_6^{3-} + Al_2O_3 =\!=\!= 3AlOF_3^{2-} + AlF_3$$

还可能按以下反应生成 $Al_2OF_8^{4-}$ 和 $Al_2OF_{10}^{6-}$ 型络合离子：

$$4AlF_6^{3-} + Al_2O_3 =\!=\!= 3Al_2OF_8^{4-}$$

$$6F^- + Al_2O_3 + 4AlF_6^{3-} =\!=\!= 3Al_2OF_{10}^{6-}$$

表 1-6 所示为按照 Al_2O_3 浓度差别排列的冰晶石-氧化铝熔体的离子结构形式。可见，Al_2O_3 浓度不同，离子结构形式也有所不同。因此，冰晶石-氧化铝溶液中含有 Na^+、AlF_6^{3-}、AlF_4^-、F^- 以及 $Al-O-F$ 型络合阴离子。其中，Na^+ 是单体离子，Al^{3+} 结合在络合离子里。

表 1-6　冰晶石-氧化铝熔体的离子结构形式

Al$_2$O$_3$浓度/%	离子形式	工业电解特点
0	Na$^+$，AlF$_6^{3+}$，AlF$_4^-$，F$^-$	发生阳极效应
0~2	Na$^+$，AlF$_6^{3+}$，AlF$_4^-$，（F$^-$），Al$_2$OF$_{10}^{6-}$，Al$_2$OF$_8^{4-}$	临近发生阳极效应
2~5	Na$^+$，AlF$_6^{3+}$，AlF$_4^-$，（F$^-$），Al$_2$OF$_5^{4-}$，AlOF$_3^{2-}$	正常电解
5 直至电解温度 F 的溶解度极限	Na$^+$，AlF$_6^{3+}$，AlF$_4^-$，（F$^-$），AlOF$_3^{2-}$，（Al$_2$OF$_5^{4-}$），AlOF$_2^-$，AlO$_2^-$	正常电解，但熔体导电性变差，氧化铝溶解速度减慢

1.4.4.2　铝电解的电极过程

A　阴极过程

电解炼铝过程中，在阴极基本上是铝氧氟络合离子中的 Al^{3+} 离子放电析出；此外，在一定条件下也会有 Na 析出：

$$Al_{(络合)}^{3+} + 3e = Al$$
$$Na^+ + e = Na$$

在纯冰晶石熔体或冰晶石-氧化铝熔体中，940~1010℃下，铝都是比钠更具正电性的金属。因此，在阴极上发生的一次电极过程主要是 Al^{3+} 离子放电析出铝。但是，由于 Al 和 Na 的电位仅相差 0.1~0.2V，在一定条件下 Na 仍可能析出。在其他电解条件相同时，提高阴极电流密度，升高电解槽温度，Na 的析出可能性将增大。通常来讲，在电解质中保持过量的 AlF$_3$，即采用酸性电解质。当 AlF$_3$ 浓度增高时，Al^{3+} 离子的放电电位降低，而钠离子的放电电位升高，因此，提高电解质中 AlF$_3$ 浓度便减小了 Na 析出的可能性。此外，避免电解质过热也是防止 Na 析出的必要条件。

电解炼铝时，金属铝会部分地溶解在熔融电解质中，造成铝的损失，并使电流效率降低。在工业条件下，电解质并未与空气完全隔绝，铝在电解质表面上不断被空气和阳极析出的气体所氧化，使铝在熔体中的浓度总是低于平衡浓度。因此，铝不断地溶解进入熔体，增大了铝的损失。为降低此损失，需要在尽可能低的温度下电解。

B　阳极过程

因为炭阳极本身也参与电化学反应，故在阳极上的反应比较复杂。炭阳极上的一次反应是铝氧氟络合离子中的氧离子在炭极上放电，生成二氧化碳：

$$2O_{(络合)}^{2-} + C - 4e = CO_2$$

因此，阴、阳极总的反应式为：

$$2Al^{3+} + 3O^{2-} + \frac{3}{2}C = 2Al + \frac{3}{2}CO_2$$

实验表明，除了在极小的电流密度下电解，阳极一次气体的组成接近 100% CO$_2$ 以外，在阳极上还会发生一种特殊现象，称为阳极效应。此现象的外观特征是槽电压急剧升高，从正常的 4.5~5V 突然升高到 30~40V，在与电解质接触的阳极表面出现许多微小的电弧。当电解质中的 Al$_2$O$_3$ 浓度降低到 0.5%~1.0% 时，就易发生阳极效应。产生阳极效应会使电能消耗增加、电解质过热、挥发损失增大，故应尽量减少阳极效应。

复习思考题

1-1　由氧势图如何判断氧化物的相对稳定性?

1-2　为什么从理论上来讲碳可以还原所有金属氧化物?

1-3　金属氯化物与相应的氧化物或硫化物相比具有哪些特点,冶金过程中为什么常用氯化的方法处理黄铁矿残渣和低品位贫矿?

1-4　什么是选择性还原?根据氧势图举例说明。

1-5　什么是选择性氯化?举例说明。

1-6　从硫化矿物中提取金属比处理氧化矿复杂的原因是什么?写出一般处理硫化矿的五种高温化学反应类型。

1-7　什么是焙烧?写出典型金属硫化物的焙烧反应类型。

1-8　什么是熔炼?简述氧化矿物和硫化矿物熔炼条件的差异。

1-9　什么是造锍熔炼,什么是熔锍?

1-10　什么是精炼?举例说明有哪些主要的精炼方法。

1-11　湿法冶金与火法冶金有何区别,湿法冶金一般包括哪些过程?

1-12　矿物浸出的目的是什么,浸出方法按浸出剂分类有哪些,浸出剂的选择原则是什么?

1-13　什么是浸出液的净化,有哪些常用的浸出方法?

1-14　什么是有机溶剂萃取,它一般包括哪些步骤?

1-15　对于用氢使金属从溶液中还原析出的过程,促进反应进行的途径有哪些?

1-16　什么是卤化冶金,卤化冶金一般包括哪些过程?

1-17　金属氧化物的氯化过程中加入还原剂碳的目的是什么?

1-18　简述选择不同氯化剂的意义。常用的氯化剂有哪些?

1-19　采用电解法提取轻金属是选择水溶液电解法还是熔盐电解法,为什么?

1-20　试比较电解精炼与电解沉积的异同点。

2 复合矿综合利用

我国复合矿资源丰富，资源综合利用潜力巨大。例如，四川省攀枝花铁矿中除铁以外还含有钛、钒、钴、镍、镓、钪等多种有价元素，攀钢及全国的冶金科技工作者对其进行了创造性的研究工作，在钢铁生产及有价元素的综合提取方面都取得了很大成绩；内蒙古包头白云鄂博矿是一种含有铁、稀土和铌的复合矿，其中有几十种有用元素，经过几十年的努力，铁和稀土已经得到了较好的开发和利用，铌的选冶工艺也正在形成，包钢已经成为冶炼铁、稀土和铌的多金属综合冶金公司；甘肃省金川矿是一种多金属硫化矿，其中含有铜、镍、钴、钯、金、银、铂、锇、铑、钌、铱、硫、硒等多种有价元素，是仅次于加拿大硫化镍矿的大型镍矿。目前，攀枝花、包头、金川已经形成我国复合矿资源综合利用的三大基地，是我国矿产资源综合利用的典型。

在具体介绍我国复合矿资源及其综合利用的状况之前，有必要掌握矿产资源的分类、复合矿的成因、复合矿综合利用的意义等基础知识。

2.1 自然界中的矿产资源

2.1.1 矿物元素在地壳中的分布

地球诞生于大约60亿年前，由液态冷凝形成。其总体由三部分组成，即地心（高温液体）、地幔（高温塑体）及地壳（固体）。有史以来，用以支撑人类文明的全部无机物质均取自于地壳。地壳的厚度很不均匀，平均约为16km。地壳由岩石组成，岩石由矿物组成，而矿物是由一种或多种元素组成的。元素周期表中的化学元素在地壳中几乎都有，但所占的比重极不平衡，其中氧、硅、铝、铁、钙、钠、钾、镁、氢9种元素占地壳总量的98.13%，其余90多种元素只占1.87%。

各种元素在地壳岩石中的分布是不均匀的，它的平均含量以"克拉克值"（Clark value）或"丰度"表示，其单位有的采用%，有的采用g/t。在地质作用和成矿作用下，元素可相对富集，形成可资开采的矿产。各种矿产最低可采品位与其克拉克值的比值，称为该元素的"浓集系数"（concentration coefficient）。浓集系数用来表示金属在地壳中相对集中的程度，它不是一个固定不变的数值，而是随最低可采品位的变化而变化。部分元素的克拉克值和浓集系数见表2－1。

表2－1 部分元素的克拉克值和浓集系数

元　素	克拉克值/%	最低可采品位/%	浓集系数	元　素	克拉克值/%	最低可采品位/%	浓集系数
Ag	1×10^{-5}	0.02	2000	K	2.6	30	12
Al	8.8	25	约3	Li	6.5×10^{-3}	0.5	80

元 素	克拉克值 /%	最低可采品位 /%	浓集系数	元 素	克拉克值 /%	最低可采品位 /%	浓集系数
As	5×10^{-4}	2	4000	Mg	2.1	13	约6
Au, Pt	5×10^{-7}	0.0003	6000	Mn	9×10^{-2}	10	110
B	3×10^{-4}	5	17000	Mo	3×10^{-4}	0.04	130
Ba	5×10^{-2}	约30	600	Na	2.64	39	15
Be	6×10^{-4}	0.4	670	Ni	8×10^{-3}	0.6	70
Br	2×10^{-5}	0.5	25000	Pb	1.6×10^{-3}	1	600
Ca	3.6	40	11	Sb	4×10^{-5}	1	25000
Co	3×10^{-3}	0.1	30	Si	27.6	约46	1.5
Cr	2×10^{-2}	约8	400	Sn	4×10^{-3}	0.15	40
Cu	1×10^{-2}	0.5	50	Ti	6×10^{-1}	10	约7
Fe	5.1	30	约6	V	1.5×10^{-2}	0.5	30
Hg	7×10^{-5}	0.1	14000	Zn	5×10^{-3}	3	600

2.1.2 矿产资源分类

矿产资源的分类不仅反映出人类在一定历史时期内认矿、找矿以及采矿的生产实践水平，同时也标志着科技发展水平和认识水平。由于研究角度的不同，矿产资源的分类体系各异，不存在一成不变的分类体系。例如，矿产资源根据矿产的成因和形成条件，可分为内生、外生及变质矿产；根据矿产的物质组成和结构特点，可分为无机矿产和有机矿产；根据矿产的产出状态，可分为固体矿产、液体矿产及气体矿产；根据矿产特性及其主要用途，可分为能源矿产、金属矿产、非金属矿产和水气矿产。

（1）金属矿产。金属矿产是指通过采矿、选矿和冶炼等工序，可以从中提取一种或多种金属单质或化合物的矿产。金属矿产按工业用途及金属本身性质，还可进一步划分为黑色金属矿产（如铁、锰等）、有色金属矿产（如铜、铅、锌、钨等）、贵金属矿产（如铂、钯、铱、金、银等）、稀有金属矿产（如铌、钽、铍等）和稀土金属矿产（如镧、铈、镨、钕、钐等）等。

（2）能源矿产。能源矿产主要是矿物燃料或燃料矿产，它是指蕴含某种形式的能量并可以转化为人类生产和生活所必需的光、热、电、磁和机械能的一类矿产，是人类获取能量的重要物质资源，也是工农业发展的动力和现代生活的必需品。能源矿产包括煤、泥炭、石油、天然气等。尽管水力、太阳能、海洋能、风能等越来越广泛地被开发利用，但在我国的能源消费结构中，能源矿产仍占90%左右。因此，目前能源矿产仍然是人们取得能量的主要源泉。我国已发现的能源矿产可细分为如下三类：

1）燃料矿产，又称为可燃有机物矿产，主要包括煤、石煤、油页岩、天然沥青、石油、天然气和煤层气等；

2）放射性矿产，包括铀矿、钍矿等；

3）地热资源。

（3）非金属矿产。非金属矿产是指那些除能源矿产外，能提取某种非金属元素或可以直接利用其物化性质或工艺特性的岩石和矿物集合体。工业上只有少数非金属矿产是用来提取某一种元素（如磷、硫等），大多数则是利用其某种物理性质、化学性质或工艺性质。非金属矿产是人类使用历史最悠久、应用领域最广泛的矿产资源。一般非金属矿产可分为以下四类：

1）冶金辅助原料，如菱镁矿、萤石、耐火黏土等；

2）化工原料，如硫、磷、钾盐等；

3）建材及其他，如石灰岩、高岭土、长石等；

4）宝石，如玉石、玛瑙等。

（4）水气矿产。水气矿产主要指地下水、矿泉水、二氧化碳气体等矿产。

2.1.3 复合矿与二次资源

自然界中，特别是在我国，矿物以单生形式存在的少，大量以共生或伴生的形式出现。

（1）共生矿。共生矿是指在同一矿区（矿床）内，有两种或两种以上元素都达到各自单独的品位要求和储量要求，且各自达到矿床规模的矿产。共生矿中的成矿元素往往具有相似的地球化学性质，而且成矿地质条件相近，并在统一的成矿过程中形成。例如，沉积喷流型铅锌矿床中，铅和锌都达到独立矿床规模，它们就是共生矿。

（2）伴生矿。伴生矿是指在同一矿床（矿体）内，存在不具备单独开采价值，但能和与其伴生的主要矿产一起被开采利用的有用矿物或元素，如斑岩铜矿床中的钼、铼、金等。伴生矿相对主要矿产而言，伴生矿和与其伴生的主要矿产由于具有相似的地球化学性质和共同的物质来源，因而常伴生在同一矿床（矿体）内。我国著名的三大伴生矿分别是攀枝花铁矿（伴生钒钛矿）、白云鄂博铁矿（伴生稀土矿）以及金川镍矿（伴生多种金属）。同一成因、同一成矿阶段中形成的一组矿物，彼此互称为共生矿物。如果矿物之间形成时间和成因不同，则称为矿物的伴生。共生矿、伴生矿统称为复合矿。

（3）二次资源。二次资源是指工业废弃物中的有用组分和废旧工业品，它包括赋存和残留于采矿、选矿、冶炼、加工后的废石、废渣、废液、废气和尾矿中的有用矿物组分以及废旧金属等。二次资源开发利用就是对工业废物中有用组分的提取利用和对废旧工业品的再利用。

本书主要论述与冶金过程相关的复合矿产资源以及二次资源的综合利用问题。

2.2 复合矿的成因与评价

2.2.1 复合矿的成因

在成矿过程中，由于元素及其化合物的物理化学性质以及类质同象的作用，很容易生成多金属复合矿，特别是贵金属和稀有金属一般不能单独成矿。即使是那些容易密集成矿的金属，也难免伴生其他金属矿物。因此，地壳中复合矿的存在具有普遍性。

元素的富集与元素在各种地质条件作用下发生迁移有关。例如，地下深处的岩层局部熔化成岩浆，使组成岩层的元素活化，转移到硅酸盐熔体中，随硅酸盐熔体而迁移。最后，岩浆结晶，元素以各种新的独立矿物或类质同象等形式固定下来形成矿床。我国承德钒钛磁铁矿就属于此类矿床。又如，岩浆经历了不同的结晶阶段以后，剩下的是一种富含挥发性成分和各种金属物质的气水热溶液。由于热液作用，岩石被浸溶，以各种形式存在的元素遭受不同程度的淋失并随热液而迁移，在一定条件下以蚀变矿物或矿化结晶固定下来，形成气成热液矿床。我国的铅锌矿、钨矿、锑矿等大多属于此类。

影响元素共生的因素主要有以下两点。

2.2.1.1　元素的类质同象能力

两种或两种以上化学性质相近而晶体构造相似的物质，在一定的外界条件下结晶时，晶体中的部分构造单位（原子、离子、络离子、分子）发生相互置换或代替，替换后只引起晶格常数的微小改变，并不破坏原有的晶体构造，这种现象称为类质同象。形成类质同象的条件主要取决于相互替换的质点的离子半径、电价、晶格类型等，同时也受外界温度、压力、介质浓度等有关因素的影响。

例如，钨铁矿 $FeWO_4$ 晶体结构中一部分 Fe^{2+} 的结构位置可以被 Mn^{2+} 代替、占据，由此形成的黑钨矿 $(Fe,Mn)WO_4$ 晶体就是一种类质同象混晶。化学式中圆括号内用逗号分开的元素表示呈类质同象替代关系的一组元素，按所含原子百分数由高至低的排列顺序书写。

又如，铁族元素中 Ni^{2+}、Co^{2+} 可代替 Mg^{2+}、Fe^{2+} 进入硅酸盐晶格，往往使橄榄石和辉石含有较多的 Ni、Co。此外，Ni^{2+}、Co^{2+} 还能代替 Fe^{2+} 而进入铁的硫化物中，镍黄铁矿中的 Ni 和 Fe 之比可高达 1:1。在硫钴矿中，Ni 的最高含量可达 50%。

Au 和 Ag 同属 I B 族，原子半径相同，均为 0.144nm；单质晶体构造类型也相同，均为面心立方晶格，因此 Au、Ag 完全类质同象，形成自然金→银金矿→金银矿→自然银的矿物系列。

Ag 的离子半径与 Cu 的离子半径相近，自然铜里 Ag 含量可达 0.1%～4.0%。

铌、钽同属 V B 族，离子半径分别为 0.069nm、0.068nm。目前已知的 72 种铌钽矿物中，所有的铌矿物中都含有钽，钽矿物中也都含有铌，只是主次不同而已，因而铌钽矿孪生。

此外，类质同象也是矿物中微量元素的重要存在形式。例如，Ga、In、Ge、Tl、Cd、Se、Ra、Rb 等主要以类质同象方式存在于寄生矿物中。

2.2.1.2　元素及其化合物的物理化学性质

元素及其化合物的沸点、熔点、溶解度、结晶温度、化学亲和力等性质相近者，在成矿过程中易于生成共生矿。例如，Cu、Pb、Zn 在自然界中常常紧密共生，这是由于它们都具有铜型离子结构和强烈亲硫性的缘故。这些金属硫化物在硅酸盐的熔浆中，在高温高压下彼此混溶，当温度、压力降低时首先发生硫化物和硅酸盐的液态分离，金属硫化物的密度大，富集于岩浆的底部形成共生矿床。

由于元素、矿物、岩石、矿床在一定的环境里产出有其共生组合规律，自然界的矿产绝大部分都是综合性共生资源。常见矿产资源的可能共生矿产及其伴生有用组分、矿物举例列于表 2-2 中。

表 2 - 2　常见共生矿产及其伴生有用组分、矿物举例

矿产名称	共生矿产	伴生组分、矿物
铁	视类型不同而异	Co,Ni,V,Ti,Mn,Cu,Sn,Mo,Pb,Zn,Ge,Ca,P,稀土
铜	铁(热液型、火山岩型)	Fe,Mo,W,Sn,Bi,Pb,Zr,Ni,Co,Sb,Au,Ag,As,Cd
铅锌		Cu,Au,Ag,Ge,Cd,Ga,In,Sb,Bi,Sn,FeS,萤石
锡	钨,稀有金属,稀土金属,铅锌	W,Mo,Bi,Au,Ag,Cu,Pb,Zn,Sn,S,As,Fe,稀有金属
铝	铜	Re,W,Sn,Bi,Cu,P,Zn,Au,Ag,Li,Be,S
钨	锡,稀有金属,稀土金属	Sn,Mo,Bi,Au,Ag,Cu,Pb,Zn,Sb,Be,Li,Nb,Ta
锂	铌,钽,铍,铷,铯,云母,萤石,钾盐,镁盐,芒硝	Be,Nb,Ta,Rb,Cs,K,I,Br
钛	钒钛磁铁矿,独居石,锆石英,石榴石	V,Fe,P
钴	矽卡岩型铁矿热液多金属矿,硫化矿,镍矿,铜矿	Fe,Cu,Ni,Mn,稀有金属,稀散金属
锰	铁	Co,Ni,Fe,稀有元素
铬	石棉,滑石,菱镁矿	铂族,Co,Ni,V,Ti
铝	煤,硫铁矿,耐火黏土,铁	Ga,V,Ti,Se
镁	石灰岩,大理石,石棉,滑石	Ni,Co,Pt
镍	铬,石棉,滑石	Cu,Fe,Cr,Co,Mn,铂族,蛇纹岩
金	有色金属原生砂矿	Ag,Cu,Pb,Zn,Sb,金红石,独居石
铌钽	原生砂矿	Be,Sn,Zr,Hf,稀土,独居石,金红石
铍	铌,钽,铍,钨,锡,铅锌,云母	Li,Nb,Ta,W,Sn
硫	铜,铅,锌	Au,Co,Ni,Pt,稀有金属,稀散金属

　　元素在矿石中的存在形式对选别处理工艺影响极大。构成独立矿物的有用元素,当其结晶粒度大于 0.02mm 时,基本可用现行的机械分选工艺分别予以回收;如果粒度小于 $10\mu m$,则一般难以用现有的机械选矿方法回收,这些极其细微的独立矿物可以通过火法冶金或湿法冶金予以处理。对于以类质同象方式存在于载体中的有用元素,通常采取的方法是选取载体矿物,然后从载体矿物的精矿中进行回收处理。

2.2.2　综合勘探与评价

　　矿床勘探是指在矿区普查评价的基础上,选择具有工业远景的矿区,应用各种勘探技术全面研究矿床的成矿地质条件及矿体的赋存规律,从而为矿山建设和设计奠定基础。勘探内容包括矿石储量的空间分布、矿石的技术加工性能、矿床开采的技术条件以及矿区的水文地质条件等。自然界中绝大部分矿床除主元素外都伴生有若干有益组元,其中包括在高新技术应用方面发挥重要作用的稀有及稀散元素。因此,在矿床勘探中必须遵守综合勘探、综合评价的原则。

　　复合矿的综合勘探是指在对矿床的主要矿产进行勘探和评价的同时,查明矿石中伴生的有用组分,为综合开发和利用矿产资源提供储量和矿产资料。实行综合勘探和综合评价不仅可以提高矿床地质勘探工作的成效,而且可以大大提高矿床的工业价值,使单一开发的矿床变为可供综合开采利用的工业矿床。

　　在矿产勘探中,如果仅从单一矿产资源考虑,常常由于矿石品质低劣、矿物赋存形态

复杂等原因，很难经济、有效地进行开发利用；如果综合考虑回收利用伴生的有价元素，则可使弃置不用的"呆矿"变为有开采价值的资源。例如，广西贵港地区蕴藏着数千万吨高铁铝土矿，该矿床埋藏浅，大部分裸露于地面，开采极为方便；但由于矿石品质和赋存形态的原因，不论从铁还是铝单一资源考虑，都无法很好地利用，造成此"呆矿"长期搁置。近年来，随着铁、铝综合利用方案的深入研究，该矿已经成为具有一定经济效益的可资利用的资源，其开发利用工作获得了可喜成果。

在矿床勘探工作中，如果对伴生有益组分的综合勘探、综合评价和综合开发利用问题重视不够，将会给矿山设计及生产建设带来困难，造成重复勘探或矿山被迫改建等不良后果，使国家的宝贵资源得不到充分利用。例如，甘肃某铜矿是一个伴生铅、锌等多种金属的黄铁矿型铜矿，过去由于对铅锌矿石综合研究不够，做了否定的评价。在矿山投产以后，不但使有工业价值的铅、锌不能回收，而且由于铅锌矿石的存在，严重影响了主金属铜的选冶效果。为了改变这种不正常的生产状况，该矿山又根据原有的地质资料重新圈定了铅锌矿体，增设了铅锌选矿流程。结果，新投产企业不得不面对进行流程改造的被动局面。

由以上分析可知，根据资源条件、矿山建设设计需要以及一矿多用的原则，在勘探主要矿种的同时应该对伴生有益组分和共生矿产进行综合勘探和综合评价。在此过程中，应具体研究其含量、赋存状态和分布规律，并对具有综合利用价值的各个组分进行详细的储量计算。

2.3　复合矿综合利用概述

2.3.1　复合矿综合利用现状

2.3.1.1　有色金属矿产

虽然我国具有钨、锡、锑、稀土等优势矿种，铝、铜、铅、锌4种常用金属的产量也占全国有色金属产量的90%以上，但我国有色金属矿产资源综合利用率却相对较低，总体上来讲，综合利用率为35%左右。

随着采、选、冶技术的提高和对矿产资源综合利用政策的加强，我国有色金属矿产资源的综合利用率也得到了一定程度的提高。例如，金川有色金属公司除回收镍外，还综合回收了铜、铂、钯、金、锗、铱、锇等多种元素，成为我国有色金属矿产综合利用的典型。然而，我国综合利用水平与国外相比仍然较低。目前我国综合利用实施比较好的国有矿山仅占30%左右，部分进行综合利用的国有矿山占25%左右，完全没有进行综合利用的国有矿山占45%，全国20多万个集体、个体矿山基本上没有进行综合利用。

我国80%左右的有色矿床中都有共生、伴生元素，其中尤以铝、铜、铅、锌矿产为多。据不完全统计，我国有色矿山共生、伴生有价元素多达45种以上，目前能回收的有30余种，约占矿石中有价元素总数的70%。我国主要共生、伴生有价元素综合利用回收率的情况见表2-3。例如，湖南多数有色金属矿床共生、伴生矿种类较多，储量丰富，但目前全省已开展共生、伴生矿产综合回收利用的矿山仅占25%，已综合利用的矿种仅占40%，已利用矿种回收率也只有50%，资源总回收率低于国外矿业发达国家20个百分点。

表 2 - 3　我国主要共生、伴生有价元素综合利用回收率　　　　　　（%）

元　素	回　收　率	元　素	回　收　率
铜	56.58	钨	48.61
铅	45.61	金	61.59
锌	53.94	银	57.96
钼	48.03	硫	50.19
铋	43.47	锡	53.52

2.3.1.2　黑色金属矿产

黑色金属矿产中共生及伴生组分很丰富，有 30 多种，目前可回收利用的有 20 多种。在这些复合矿组分中，经济价值较高的有钒、钛、稀土、铌、铜、铬、钴、金、钪等；在大型或巨型复合矿床中，经济价值较高的共生、伴生组分可达 17 种之多。

目前，我国黑色金属矿产的综合利用率一般可达 30% ~40%，其中铁矿约为 36.7%。例如，攀枝花钒钛磁铁矿综合回收了铁、钒、钛等主要组分，包头白云鄂博矿综合利用了铁、稀土等多种组分。这两大矿山都获得了很好的技术经济指标，展示了黑色金属矿产资源综合利用的重大突破。然而，由于经济、技术等方面的原因，我国铁矿的综合利用水平仍然较低，但综合利用前景广阔，潜力巨大。

2.3.1.3　尾矿

尾矿是矿石经磨矿后进行选别，在当时条件下将有用矿物选出后不宜再分选回收利用的矿山固体废料，它具有量大、集中、颗粒小的特点。尾矿中蕴藏有大量有价组分，开发利用尾矿具有很大的经济价值。

我国一般采用荒地筑坝堆存的方法对尾矿进行处理，每年因维护管理需耗费大量资金并占用大量土地。我国的金属尾矿综合利用率不足 10%，有待进一步开发利用。

2.3.2　综合利用的经济评价

发展复合矿综合开发利用技术除了为国民经济提供原料外，更重要的是为了增加经济效益。没有好的经济效益，就没有企业的生命。在经济效益问题没有解决之前，应将复合矿有价元素加以保护，待技术过关后再行开发利用。

复合矿中组成部分之间的相互从属关系如图 2 - 1 所示。应当指出，图 2 - 1 只表示出各组成部分间的一般的从属关系。复合矿综合开发利用的实质是将其中的几种有价元素同时或逐一提取出来，或对某些元素加以利用，并将这些元素加工成本企业的半成品或最终产品。这类半成品又经后续加工过程，被转化为最终产品。

所谓"有价元素"，是指从提取到形成最终产品的过程中，可在经济上获利或国防工业必需、应国民经济要求及其他社会需要所提取的元素。要把某种元素划入"有价元素"的范畴，一般应按以下顺序做好判断和准备工作：

（1）复合矿中所含的元素可以用现代科学技术将其提取出来，并且对之已有明确的国民经济要求；

（2）确定把这些元素提取到最终产品中去的国民经济效益；

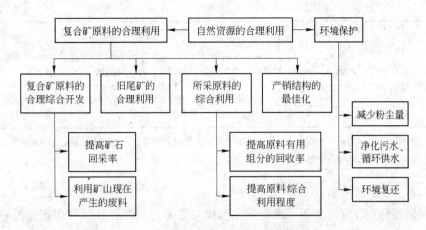

图 2 - 1　复合矿中组成部分之间的相互从属关系示意图

（3）对提取出各元素的技术可能性、必要性及经济效益进行对比，并以此为依据对其有价性做出结论。

当然，不能用固定的眼光看待某个元素的价值，其有可能随着社会的发展和科学的进步发生变化。复合矿综合开发利用评价的最终目标将集中在复合矿综合利用程度和经济效益两个方面，其评价体系可相应分为两大类。

2.3.2.1　综合品位

当复合矿中含有多种伴生组分时，有时可能所有组分都没有达到利用品位，似乎都没有利用价值；但是如果能够综合利用各种伴生组分，则整个矿石就具有了利用价值，这时就要用综合品位来圈定矿体。综合品位一般是将伴生组分的品位经过折算后再叠加到主成分上得到的一个品位值，可根据综合品位判断矿体是否具有利用价值，从而进行矿体圈定。综合品位（α_z）一般可由下式进行计算：

$$\alpha_z = \alpha_m + \sum_{i=1}^{n} f_i \cdot \alpha_i$$

式中　α_m——矿石中主要组分的品位；

　　　α_i——伴生组分 i 的品位；

　　　f_i——将组分 i 品位换算成主组分品位的品位换算系数。

综合品位的计算关键是确定品位换算系数，目前国内外有多种计算方法，表 2 - 4 中列出了常用的几种方法。应该指出，表 2 - 4 中所列公式的各个参数都是静态的，在实际工作中如能通过数理统计等方法将其改为能反映实际动态变化的函数式则更好。

表 2 - 4　品位换算系数（f_i）常用计算方法

计算方法	计算公式	意义及评价
价格法 （到选矿止）	$f_i = \dfrac{\varepsilon_i \lambda_i \beta_m}{\varepsilon_m \lambda_m \beta_i}$	每吨矿石中组分 i 单位品位的产值与每吨矿石中主组分单位品位的产值之比。此法未考虑成本，产值高，利润未必高
价格法 （到冶炼止）	$f_i = \dfrac{\varepsilon_i \kappa_i \eta_i \lambda_i}{\varepsilon_m \kappa_m \eta_m \lambda_m}$	每吨矿石中组分 i 单位品位的产值与每吨矿石中主组分单位品位的产值之比。因我国精矿调拨价格偏低，而且有的伴生组分没有单独精矿，要从冶炼中回收，故算到冶炼为止有更大的通用性

计算方法	计算公式	意 义 及 评 价
产值法	$f_i = \dfrac{\alpha_i \varepsilon_i \lambda_i \beta_m}{\alpha_m \varepsilon_m \lambda_m \beta_i}$	每吨矿石中组分i的产值与每吨矿石中主组分的产值之比。此法忽略了"单位品位"的概念，故不够准确
盈利法	$f_i = \dfrac{\varepsilon_i \kappa_i \eta_i (\lambda_i - C_i)}{\varepsilon_m \kappa_m \eta_m (\lambda_m - C_m)}$	与价格法相比，此法考虑了成本和价格的影响，比较合理，但却涉及如何分摊共用生产费用的问题

注：ε为选矿回收率；κ为采矿回收率；η为冶炼回收率；λ为组分价格；α为矿石品位；β为精矿品位；C为生产成本；下角标i、m分别为伴生组分及主要组分。

2.3.2.2　综合利用系数

综合利用系数(K)可用来表示综合利用程度，是复合矿综合开发利用程度的评价方法之一，其表示方法很多，下面对其主要的计算方法进行介绍分析。

(1) 开发总体的综合利用系数。此类计算方法可分为仅按实物量计算的方法和考虑经济因素的计算方法两类，各类中又可细分为若干具体的计算方法，开发总体的综合利用系数(K)的分类及特点如表2－5所示。

表2－5　开发总体的综合利用系数(K)的分类及特点

方法分类		特　　点
考虑实物量	产率法	该法以矿石中有用组分的最大限度的综合利用为原则，亦即在选冶过程中有价产品的产率之和。此方法只能说明在选矿环节上的选矿回收程度，不能代表资源的回收利用程度，因此仅适合于产品产率较大的非金属矿石
	回收率法	该法是以选矿或冶炼过程中有用共生、伴生矿产元素回收率的算术平均值来表示其综合利用系数。此方法的特点是计算简单、迅速，但往往会出现回收的组分少，且单个组分回收率越高时求出的K值越大的假象；另外，还会出现现有的单元素回收率低，但与回收率高的算术平均后反而综合利用系数高的现象，反之亦然，因此不能真正提示单个元素的回收利用程度
	金属量法	该法是以产品的金属量与原矿的金属量之比来表示综合利用系数。该法的优点是计算方法简单，能明显反映出矿石中有用金属的利用程度；缺点是不能揭示单个组分的回收利用情况，也不能反映回收率很低、价值很高的稀有、分散元素及贵金属的回收利用情况
	元素种类法	该法以矿石中实际回收有用组分的数目与全部有用组分的数目之比作为综合利用系数。该法可以定性说明矿石综合利用与回收组分的程度，但尚不能反映出每个组分能经济合理地回收
	组分量法	该法以选矿或冶炼过程中所得到的有用组分重量与原料中对应有用组分重量和之比来衡量矿产资源综合利用的程度。此法简便易行，可以反映已回收利用的有用组分的利用程度，但对那些可经济回收而生产中却未能利用的有用组分则无法反映
考虑经济因素	盈利法	该法是以矿石经选矿加工后所得到的净产值与入选矿石的理论产值之比来表示矿石的综合利用系数
	价值法	此法是由产品的金属(或有用组分)价值与矿石中金属(或有用组分)的潜在价值之比来表示综合利用系数

(2) 分阶段的综合利用系数。矿产资源的开发利用是一个包括采矿、选矿、冶炼的系统过程。有人将此系统过程的综合利用程度分解为采矿综合利用系数、选矿综合利用系数和冶炼综合利用系数，最后合成为采、选、冶总系统过程的综合利用系数，具体计算方法如表2－6所示。

表 2-6 分阶段的综合利用系数

过程	综合利用系数
采矿	$K_1 = \gamma = 100\% - \lambda$ 式中 K_1——采矿综合利用系数, %; γ——采矿回收率, %; λ——采矿损失率, %
选矿	$K_2 = (A - B)/A = \left(\sum_{i=1}^{n} \alpha_i \cdot Z_i - \gamma_x \cdot \sum_{i=1}^{n} Q_i \cdot Z_i \right) \bigg/ \left(\sum_{i=1}^{n} \alpha_i \cdot Z_i \right)$ 式中 K_2——选矿综合利用系数, %; A——单位原矿的潜在价值; B——单位尾矿的潜在价值; α_i——原矿中元素 i 的品位, %; Q_i——尾矿中元素 i 的品位, %; γ_x——尾矿产率, %; Z_i——选矿产品元素 i 的价格, 元/t
冶炼	$K_3 = \left(\sum_{i=1}^{n} P_i \cdot Z_i \right) \bigg/ \left(\sum_{i=1}^{n} P_{0i} \cdot Z_i \right)$ 式中 K_3——冶炼综合利用系数, %; P_i——冶炼产品元素 i 的金属量, t; P_{0i}——冶炼原料元素 i 的金属量, t; Z_i——冶炼产品元素 i 的价格, 元/t
总过程	$K = K_1 \cdot K_2 \cdot K_3$

综合利用系数的计算方法很多, 一般采用分阶段的综合利用系数比较符合实际。

2.3.2.3 评价计算方法

综合开发共生矿产及矿石中伴生有益组分的综合利用经济效益的评价, 是提高矿床经济价值和增加矿山企业盈利的一个重要方面, 也是广开矿源, 特别是获得稀有金属和分散元素的重要途径。矿石中伴生的有价组分能否在选冶加工过程中综合回收主要取决于矿石性质和选冶技术水平, 而值不值得回收则主要取决于经济效益。

(1) 共生矿产。在评价共生矿产开发的经济效益时, 可采用总利润法计算, 即全采期共生矿产开发利用的期望总利润:

$$I_{共} = k \sum_{i=1}^{n} Q_i \varepsilon_i (P_i - G_i) - R_{共}$$

式中 $I_{共}$——全采期共生矿产开发利用的期望总利润, 万元;

k——可采储量系数;

n——共生矿产种类;

Q_i——探明的各种共生矿产的储量, 万吨;

ε_i——不同共生矿产的采矿回收率, %;

P_i——不同共生矿产的单位售价, 元/t;

G_i——不同共生矿产的综合单位成本, 元/t;

$R_{共}$——开发共生矿产的投资, 万元。

期望总利润是一个绝对经济效益指标, 在评价共生矿产时很难制定一个评价标准, 因此起不到真正的评价作用，这是该方法的不足之处。

（2）伴生矿产。伴生有价组分综合利用经济评价可用表 2 – 7 所示的几种方法进行。

表 2 – 7　伴生有价组分综合利用经济评价方法

方　法	说　　明
期望总利润法	该法与共生矿产综合开发经济评价的计算方法相似，计算公式为： $$I_伴 = k \cdot Q \cdot \varepsilon_采 \cdot \sum_{i=1}^{n} \beta_i \varepsilon_i (P_i - G_i) - R_伴$$ 式中 $I_伴$——全采期综合利用获得的期望总利润，万元； 　　　k——可采储量系数； 　　　Q——地质探明主元素储量，万吨； 　　　$\varepsilon_采$——采矿回收率，%； 　　　n——伴生元素个数； 　　　β_i——伴生元素地质品位，%； 　　　ε_i——伴生元素选(冶)精矿回收率，%； 　　　P_i——伴生元素售价，元/t； 　　　G_i——伴生元素加工成本，元/t； 　　　$R_伴$——回收伴生元素增加的投资，万元
盈利法	此法只是给出一个评价原则，即当 $I_i \geqslant I$ 时，综合利用经济合理。其中，I_i 为计算综合利用时每吨原矿的盈利；I 为只生产单一产品时每吨原矿的盈利
费用法	此法是综合利用进行与否的效益费用差的相互比较，即当 $I_i - I \geqslant C_i - C$ 时，综合利用经济合理。其中，C_i 为综合利用某种元素每吨的原矿加工费；C 为只生产一种精矿（主要元素）时每吨原矿的加工费
投资收益率法	此法为是否综合利用投资收益率的比较，即当 $L_综 \geqslant L$ 时，综合利用经济合理。$L_综 = I_综 / R_综$，$L = I/R$，式中，L 为投资收益率，%；I 为盈利；R 为总投资；下角标"综"表示考虑综合利用

除以上方法外，在技术经济评价中还有诸如净现值、财务内部收益率等多种方法，由于篇幅所限，此处不再叙述。

2.3.3　我国矿产资源的特点及应对措施

为了合理开发利用和有效保护我国有限的矿产资源，以创造最大的经济效益和社会效益，必须清醒地认识我国矿产资源的形势，从而确定我国的矿产资源开发方针和政策。

2.3.3.1　我国矿产资源的特点

我国矿产资源主要有以下三个特点：

（1）"资源小国"，"人均穷国"。截至 2005 年，我国共发现 171 种矿产，其中有探明储量的矿产 159 种（能源矿产 10 种，黑色金属矿产 5 种，有色金属矿产 41 种，贵重金属矿产 8 种，非金属矿产 92 种，其他水气矿产 3 种），45 种主要矿产价值较大，25 种矿产储量居世界前三位，其中稀土、石膏、钒、钛、钽、钨、膨润土、石墨、芒硝、重晶石、菱镁矿、锑 12 种居世界首位，约占世界的 12%；已发现矿床、矿点 20 多万处，其中已查明资源储量的矿产地有 1.8 万余处。因此，我国矿产资源无论在数量上或质量上都具有明显优势，有较强的国际竞争能力。但是，我国人均矿产资源占有量不足，仅为世界人均占有量的 58%，居世界第 53 位。尤其是石油、天然气、铬、钴、金刚石、钾盐等不到世界人均占有量的 1/10，石油资源的人均占有量只有世界人均占有量的 11%，天然气不足

5%。因此，从人均占有资源量上来看，我国是一个"资源小国"、"人均穷国"，是一个矿产资源相对不足的国家。出路只有一条，就是积极采取"开源节流"的对策。我国现有矿产储量中只有约60%可被开发利用，其中仅约35%可以采出，因此，实际可利用的储量明显不足。我国45种主要矿产的可利用矿区可采储量对2010年经济建设的保证程度分析结果，如表2-8所示。

表2-8　我国2010年45种主要矿产的保证程度状况

保证程度状况	矿产数	矿产名称
完全保证	23	菱镁矿、钼、稀土、芒硝、钠盐、煤、钛、钒、水泥原料、玻璃原料、石材、钨、锡、锌、重晶石、锑、滑石、高岭土、硅灰石、硅藻土、石墨、膨润土、石膏
基本保证	7	铀、铝、铅、锶、耐火黏土、磷、石棉
不能保证	10	石油、天然气、铁、锰、铜、镍、金、银、硫、硼
资源短缺	5	铬、钴、铂、钾盐、金刚石

（2）贫矿多、富矿少。我国矿产资源中贫矿多、富矿少。例如，在我国铁矿探明的储量中，品位一般在30%～35%之间，而国外重要铁矿品位一般在60%以上；在铜矿探明的储量中，品位大于1%的不到30%，品位大于2%的只占储量的6%；磷矿品位大于30%的只占储量的7%；铝土矿中铝硅比大于7的只占储量的20%；其他矿种也是如此。贫矿多而富矿少，因此需要研究解决人工富集的问题。

（3）共生矿、伴生矿多，单一矿少。共生矿或伴生矿物在我国的矿床里相当普遍。例如，在铁矿中含有钛、钒、稀土、锡、铜等元素。我国的有色金属矿产多属于共生、伴生矿，如银矿储量的80%是伴生银矿，金矿储量的40%是伴生矿，钨、锡、钼和铅、锌等有色金属矿产常共生在一起。煤炭中共生有铝土矿、硫铁矿、耐火黏土、高岭土等。如果我国大中型矿山的伴生有益元素都能够实现综合利用，则可一矿变多矿，其价值相当于目标元素价值的30%～40%。

根据以上分析，我国复合矿资源的特点可用"贫"、"细"、"散"、"杂"来概括，加工处理难度较大，如表2-9所示。

表2-9　我国复合矿资源特点

"贫"	"贫"指贫资源多，品位普遍偏低，因此，矿石的采剥量大、运输量大、加工量大，选矿中尾矿量大，金属矿物回收率低，对经济效益影响很大
"细"	"细"指矿物的颗粒嵌布细。为实现有用矿物和脉石矿物的有效分离，需要将其磨得很细，造成较大的动力消耗。有些颗粒嵌布极细，根本无法利用物理方法进行分选，只能采用消耗较大的化学方法进行分离
"散"	"散"指有用矿物在矿石中的分布疏散，散布于数种不同性质的矿物中，给分离富集造成很大困难
"杂"	"杂"指矿物结构及组成复杂，很难分离。例如，白云鄂博矿中除含铁、稀土、铌等主要金属元素外，还包含有用元素和杂质元素70余种、矿物114余种

根据矿产资源人均占有量相对不足的特点，我国必须走资源节约型道路，逐步建立起"资源节约型经济发展战略模式"，有效保护和合理开发利用矿产资源，杜绝过度耗费、破坏、浪费现象。从贫矿多、富矿少的实际出发，在矿产开发中要坚持贫、富兼采，不能采富弃贫。要加强科学研究，提高选冶技术水平，走人造富矿的道路。根据共生、伴生复合矿多，单一矿少的特点，应该实行综合勘查、综合评价、综合开发、综合利用的方针。

2.3.3.2　应对措施

自新中国成立以来，尽管我国在矿产资源综合开发利用方面取得了可喜的成绩，但还存在着许多问题。为了改善我国复合矿资源综合开发利用的环境，促进我国复合矿综合开发利用的研究，应针对存在问题寻求解决对策。

（1）深化矿产资源国情教育。我国是一个矿产资源相对不足的国家，要改变"地大物博"的传统观念，树立起资源忧患意识，为子孙后代着想，为国家长远利益着想。要让广大企业干部、职工理解矿产资源是有限的、不可再生的道理。自觉地执行有关矿产资源的政策法规，合理开发利用和有效保护矿产资源，应该成为办好矿业的行动准则。应严格遵守自然规律和经济规律，做好矿产资源综合开发利用的统筹规划，使国内有限的矿产资源发挥最大的效益。

（2）完善矿产资源政策法规。综合开发利用矿产资源是我国一项重要的经济技术政策。国家对此十分重视，我国已基本建立了资源综合开发利用的法规体系，可用法律手段来解决复合矿的综合开发利用问题。但有些具体措施还很不完善，有些条文还有待进一步修改、补充。要开展综合利用，必须打破部门、行业界限，不搞一家独办。国家提倡和支持企业一业为主、多种经营，从而调动企业进行综合回收的积极性。

（3）加强矿产资源科研攻关。我国复合矿综合开发利用科研攻关虽然取得了像白云鄂博、金川、攀枝花矿综合回收利用这样一些重大的科研成果，但科研水平还有待进一步提高。如超细粒有用组分的回收技术、复杂难选贫矿的分离技术等，离工业应用还有相当差距。特别是在解决复合矿综合开发利用的新技术、新工艺、新设备方面，还必须深入开展科研工作。技术是复合矿开发利用的关键，如果没有先进、完善的技术，要很好地综合开发利用复合矿是不可能的。

（4）严格矿产资源监督管理。国家赋予地质矿产部对矿产资源开发利用实行监督管理的职能，这是深化改革的体现。根据《矿产资源法》，一是建立健全跨部门的各级管理机构，实行督察员制度，实行严格管理；二是加速《资源综合利用法》等的立法进程，完善各项规章制度；三是加强矿产资源保证程度和矿产品供需情况的预测研究。随着我国经济的发展，矿业开发规模不断扩大，因而进行综合利用也越来越重要。但直到目前为止，还有很多有价组分没有达到应有的回收水平，这不仅浪费了宝贵的矿产资源，还造成了严重的环境污染。尤其要解决有法不依、执法不严和违法不追究的严重现象。

加强复合矿综合开发利用是我国一项重要的经济技术政策。根据我国矿产资源日趋紧张的实际情况，我国复合矿资源综合利用必须向"高"、"大"、"自"、"综"的方向发展。"高"是指要求对矿产储量综合开发利用程度高，有用组分的回收率高，产品质量高；"大"是指矿山的开采规模与加工企业规模向大型化发展；"自"是指采、选、冶等加工过程自动化程度要不断提高；"综"是指对矿产实行综合开发、综合利用，并且向采、选、冶联合企业发展，由产品的单一化逐渐发展为多样化，甚至将行业性的工业（冶金、机械、化工、建筑等）发展成为综合工业体系。

2.3.4　复合矿综合利用的意义

随着工业化的不断发展，对矿产原料需求量不断增加，单一富矿逐年减少，复合矿（共生矿、伴生矿）的综合开发利用已经成为当前重大科技课题之一，一直受到世界各国政府的重视。复合矿综合开发利用的重要意义主要体现在以下几点：

（1）扩大矿物原材料来源。复合矿综合利用是扩大矿物原材料来源的唯一方法。在各种自然资源中,矿产资源是不能再生的,属于不可再生资源。处在地球表面开放系统的某些自然资源可以吸收外部能源而得以恢复,而矿产资源处在封闭系统中,开发后不能恢复。因此,在提高主元素回收率的同时,应全面充分地利用共生、伴生元素,以扩大矿物原材料供应数量和品种,缓解我国矿产资源日趋严峻的局面。例如,生产 1t 铜需要加工 120~200t 的矿石,生产 1t 锡、钼或钨则需要 1700~2500t 的矿石,若只回收主要元素,矿石中其他有价元素得不到利用,则将造成资源的大量流失和浪费。

(2) 解决国民经济供需矛盾。复合矿综合开发利用是解决国民经济供需矛盾的重要途径。据预测,世界人口每年增加 2%~2.5%,而矿产原料的需求量每年增加 5%~8%。要想解决矿产资源日趋不足的问题,只有采取"开源"与"节流"并举措施。"开源"即扩大矿产资源的来源,包括找新的、用贫的、使用再生的、开发潜在的和人造代用的等等。"节流"即提高矿产综合开发利用水平,使有限的资源得到最大限度的利用,使矿产资源的人为损失减到最少,以适应产品日益增长的需要。

(3) 提高企业经济和社会效益。复合矿综合开发利用是提高矿产加工企业经济和社会效益的主要手段。一般矿物资源的费用占了原料加工部门生产总成本的 70%~80%。随着难采、难选以及难治矿石开采量的迅速增加,千方百计地降低成本已成为发展生产的紧迫问题。在这种情况下,除了采用先进的采、选、冶加工技术外,综合利用复合矿的全部有用组分就成了降低生产成本的重要手段。在前苏联矿产综合开发利用的先进企业中,虽然副产品仅占销售额的 28%,但副产品所创造的利润却超过了 50%。可见,矿产综合开发利用在增加产品品种、降低产品成本、提高企业经济和社会效益等方面的效果是相当显著的。

(4) 减少环境污染和维护生态平衡。复合矿综合开发利用是减少环境污染和维护生态平衡的根本方法。在采、选、冶过程中会产生大量的矿物废料,如美国每年排放的固体废料达 47 亿吨。废料堆放占用土地,废料流失污染水质。国外从 20 世纪 60 年代后期起,由消极的"末端治理"转向积极的"源头治理",在实现减量化的同时把工业废料还原成原料,构成"封闭式生产圈",发展"无废工艺技术",既充分利用了矿产资源,又彻底解决了环境污染问题。

综上所述,复合矿综合开发利用意义重大,应该从矿产开发、加工等多方面入手,把矿石、废渣、烟尘、尾矿以及废旧产品等全部利用起来,形成效益最佳的综合利用技术体系。

复习思考题

2-1　什么是共生矿、伴生矿、复合矿? 列举我国典型的复合矿资源。

2-2　名词解释:(1) 丰度;(2) 浓集系数;(3) 二次资源;(4) 类质同象。

2-3　矿产资源有哪些分类方法? 列举我国典型的矿产资源。

2-4　我国复合矿资源有哪些特点,在复合矿开发利用上应遵循哪些原则?

2-5　为什么地壳中复合矿的存在具有普遍性? 举例说明影响矿物中元素共生的主要因素有哪些。

2-6　何谓复合矿的综合勘探与评价? 简述复合矿综合利用的意义。

2-7　如何判定复合矿中是否存在"有价元素"?

2-8　复合矿的综合品位是如何定义的,有何意义?

2-9　如何评价复合矿的综合利用程度,有哪几种表示方法?

2-10　如何评价复合矿的综合利用经济效益,有哪几种表示方法?

3　攀西钒钛磁铁矿

　　我国四川省攀枝花－西昌地区蕴藏着丰富的钒钛磁铁矿资源，属于高钛型（高炉炼铁炉渣中 $w(TiO_2) > 20\%$）钒钛磁铁矿，主要分布在攀枝花、白马、红格和太和四个矿区。截至 2011 年，四大矿区及其外围矿区矿石地质储量约为 96.6 亿吨，其中，钒资源储量（以 V_2O_5 计）1862 万吨，钛资源储量（以 TiO_2 计）6.18 亿吨，钒钛磁铁矿的资源总储量高达 100 亿吨以上，约占世界储量的 11%。该地区铁矿石储量仅次于鞍山－本溪铁矿区，居全国第二。

　　钒钛磁铁矿是炼铁、提钒、生产战略金属钛及制造钛白粉原料的重要矿产资源。近年来，随着我国经济的发展，对铁、钒、钛等矿产品的需求量日益增加。因此，提高钒钛磁铁矿资源的综合利用技术水平，为我国经济的可持续发展提供良好的资源保证，具有重要意义。

　　攀钢集团通过多年的科研攻关，基本解决了高炉冶炼高钛型钒钛磁铁矿的主要技术难题，并成功实现了工业生产应用；同时，在钒、钛资源开发利用方面也取得了重大进展。依靠技术进步，探求资源综合利用的新突破，仍然是攀钢集团未来发展的重点。

3.1　钒钛资源的分布

3.1.1　钒资源

　　钒在地壳中的总含量在金属世界中居第 22 位，比普通金属铜、铅、锌的含量高，为 0.02% ~0.03%。钒广泛分布于地壳中，已知含钒矿物有 65 种，主要有绿硫钒矿、钒铅矿、硫钒铜矿、钒钛铁矿和钒钛磁铁矿等，有 98% 的钒共生于钒钛磁铁矿中。钒资源最丰富的国家为南非、俄罗斯、美国、中国、挪威、瑞典、芬兰、加拿大和澳大利亚等。据美国矿业局统计，世界上的钒资源基础储量为 1.6 亿吨，按目前的开采规模计，尚可开采 150 年。在钒基础储量的占有比中，南非占 46%，俄罗斯占 23.6%，美国占 13.1%，中国占 11%，其他国家占有的总和不足 6%。

　　我国钒资源丰富，主要集中在四川攀枝花、河北承德、陕西汉中、湖北郧阳和襄阳、广东兴宁及山西代县等地区。近年来随着大量钒钛磁铁矿的开发利用，可回收利用的钒资源量还在逐渐增加。

　　钒在钢铁工业中的消费量占世界总供应量的 85%。钒在钢中既是一种脱氧剂，又是重要合金钢的强化元素。钒合金钢用途广泛，例如，钒结构钢和钒弹簧钢常用于军用车辆的齿轮轴、扭力轴、曲轴等重要构件。

　　钒在有色金属中的消费量占世界总供应量的 8% 以上。钒在钛合金中的强化效果超过锡，它在提高钛合金强度的同时还能保持其良好的塑性。在铜合金的冶炼中加入极少量的钒，能控制铜合金中的气体含量，改善微观结构，提高性能。

　　钒在化学工业中的用量占总用量的 6%，主要用作催化剂。钒的化合物可以用来制作颜料、油漆和彩釉。此外，电子、玻璃、印刷、电影、照相和陶瓷等工业也使用钒的化合物。

3.1.2　钛资源

　　钛在地壳中的丰度为 6.320×10^{-3}，占地壳质量的 0.61%，按元素丰度排列居第九位，仅次于氧、硅、铝、铁、钙、钠、钾、镁；按结构金属排列居第四位，仅次于铝、铁、镁。钛属于典型的亲岩石元素，存在于所有的岩浆岩中。钛资源十分丰富，分布很广。但现阶段具有利用价值的矿物很少，主要是钛铁矿和金红石，其次是白钛矿、锐钛矿和红钛铁矿。

　　根据美国地质调查局(United States Geological Survey，简称 USGS)等权威机构发表的资料，世界钛矿地质储量总计为 $(5 \sim 12) \times 10^8$ t(以 TiO_2 计)，其中钛铁矿约占 10%，金红石(包括锐钛矿)约占 20%。所统计的资源储量主要是砂矿资源，岩矿仅包括加拿大、挪威的品位特别高(原矿含钛铁矿达 39%~75%)的钛铁矿富矿，钛磁铁矿未统计在内。

　　我国钛资源储量十分丰富，但主要是钛铁矿资源，金红石甚少。在钛铁矿储量中，岩矿占大部分。钛铁矿岩矿主要分布在四川、云南、河北，砂矿主要分布在广东、广西、海南和云南，金红石主要分布在湖北和山西。四川攀枝花钒钛铁矿区的钛储量占全国储量的 90.5%，占世界的 35%，居全国第一位。

　　钛的用途极其广泛，具有一系列优点，已成为一种广泛应用的新型工程材料。钛的最大应用领域是航空工业，钛合金质轻而强度高，密度仅约为钢的 58%，又具有良好的耐热和耐低温性能，在 500℃ 或 -250℃ 时仍能长期工作，所以航天器的液氧储箱工作温度可达 -183℃，液氮储箱工作温度可达 -269℃，钛合金在这里发挥了耐低温的特点。在化工工业中，钛常用来生产钛白。钛白是极优异的白色颜料，具有良好的遮盖力、着色力及鲜艳的色彩，是各类涂料最重要的组分，在某些涂料中的含量甚至高达 25%。另外，钛还用于某些高品级纸张，钛白能够改善纸张的亮度、白度、光泽度及不透明度。目前，钛的应用已由航空航天工业扩展到化工、冶金、电力、船舶工业以及日常生活领域。

3.2　攀西钒钛资源的特征

3.2.1　化学成分与矿物组成

3.2.1.1　化学成分

　　矿石按主元素 TFe 品位的高低可划分为两种品级：TFe 品位大于 20% 者为 I 品级；TFe 品位在 15%~20% 之间者为 II 品级。攀西四大矿区原矿的平均主要化学成分列于表 3-1 中。由表 3-1 可以看出，四大矿区有用元素含量具有以下特点：

　　(1) 铁。I 品级 TFe 品位为 25%~34%，攀枝花矿区含铁品位最高，白马矿区最低。II 品级 TFe 品位为 17%~19%，白马、太和矿区略高于红格、攀枝花矿区。以铁而论，其全部属于贫矿，未经分离富集不能直接入炉冶炼(铁的最低可采品位为 30%)。

　　(2) TiO_2。除白马矿区外，其余三矿区基本一致，I 品级 TiO_2 品位为 11% 左右，II

品级为 8% 左右，白马矿区的 TiO_2 品位明显偏低，仅相当于其他矿区的一半。作为提钛资源，攀西矿区仅达到了最低可采品位（TiO_2 的最低可采品位为 10%）。因此，即使将铁分离出去后，其富集浓度仍很低，与 TiO_2 大于 90% 的天然金红石钛矿相比属于贫矿，这就加大了其综合利用的难度。

（3）V_2O_5。矿石中 V_2O_5 与 TFe 的品位成正相关，Ⅰ品级为 0.23% ~ 0.33%，Ⅱ品级为 0.124% ~ 0.18%。如单以钒资源评价，其品位达不到最低可采品位，不能作为钒资源单独开采（V_2O_5 的最低可采品位为 0.5%）。

（4）其他有益元素。其他有益元素，如铬、镍、钴、镓等含量都很低，利用难度大。但是，由于矿床储量大，其总量仍构成特大型矿产资源，应当加以综合回收利用。

表 3 - 1　攀西四大矿区原矿的平均化学成分　　　　　　（%）

成分	红 格		攀枝花		白 马		太 和	
	Ⅰ品级	Ⅱ品级	Ⅰ品级	Ⅱ品级	Ⅰ品级	Ⅱ品级	Ⅰ品级	Ⅱ品级
SiO_2	25.56	34.25	18.42	35.89	27.52	36.32	21.50	31.88
Al_2O_3	6.44	7.55	9.18	11.50	10.65	15.11	7.47	9.69
TFe	26.15	16.99	33.40	16.92	25.42	18.28	28.30	18.51
Fe_2O_3	15.24	8.36					18.44	10.03
FeO	19.92	14.22					19.68	14.65
TiO_2	10.0	7.63	11.45	7.63	5.63	4.05	11.40	8.01
V_2O_5	0.245	0.144	0.33	0.124	0.24	0.18	0.23	0.18
Cr_2O_3	0.209	0.102	0.018	0.0028	0.030	0.022	0.012	0.013
MgO	8.93	9.25	5.01	7.01	10.43	7.79	7.34	7.86
K_2O	0.43	0.53		0.088	0.36	0.34	0.21	0.279
Na_2O	0.75	0.90		1.94	1.42	1.86	0.77	1.09
CaO	8.34	12.70	5.82	11.07	5.21	7.30	8.89	12.19
Cu	0.022	0.019	0.017	0.004	0.036	0.022	0.011	0.015
Co	0.015	0.010	0.018	0.008	0.013	0.009	0.014	0.008
Ni	0.041	0.026	0.024	0.0017	0.026	0.015	0.008	0.006
S	0.494	0.399	0.51	0.334	0.41	0.30	0.414	0.420
P	0.214	0.413	0.063	0.031	0.036	0.043	0.372	0.420
MnO	0.212	0.166	0.227	0.206	0.237	0.190	0.290	0.290
Ga	0.0030	0.0020		0.0025	0.0029	0.003	0.0029	

3.2.1.2　矿物组成

攀枝花四大矿区的矿物组成列于表 3 - 2 中。矿石中的有益元素主要赋存于钛磁铁矿、钛铁矿及硫化矿物中，它们是选矿回收的主要对象。这些矿物在矿石中的平均含量列于表 3 - 3 中。从有用矿物的平均含量来看，不论是钛磁铁矿或是钛铁矿，其含量都较低，脉石矿物占据矿石总量的 40% ~ 75%，这就大大增加了选矿流程的加工量和难度。

表 3 - 2　四大矿区的矿物组成

主次级别	金属矿物		非金属矿物
	氧化物	硫(砷)化物	
主要	钛磁铁矿,钛铁矿	磁黄铁矿,黄铁矿	普通辉石,拉长石,中长石,橄榄石
次要	磁铁矿,磁赤铁矿	黄铜矿,镍黄铁矿	蛇纹石,普通角闪石,黑云母
少量	赤铁矿,假像赤铁矿,金红石,白钛石,钙钛矿	紫硫镍矿,硫铁镍矿,辉钴矿,马基诺矿,哈帕莱矿,硫钴矿,硫镍钴矿,闪锌矿,方铅矿,方黄铜矿,辉钼矿,墨铜矿,辉铜矿,黝铜矿,真镍矿	磷灰石,绿泥石,方解石,透闪石,绢云母,镁铝尖晶石,铁铝尖晶石,伊丁石,锆石,石榴石,电气石,黝帘石

表 3 - 3　四大矿区主要矿物的平均含量　　　　　　（%）

矿区	钛磁铁矿		钛铁矿		硫化物		脉石	
	I 品级	II 品级	I 品级	II 品级	I 品级	II 品级	I 品级	II 品级
攀枝花	46.71	14.91	9.51	11.00	1.16	0.96	42.62	73.13
红格	30.40	13.51	13.47	11.48	1.43	1.25	54.70	73.76
白马	28.82	19.44	4.96	3.45	1.34	0.79	64.88	76.32
太和	33.53		14.15		0.93		51.39	

在攀西地区的攀枝花、白马、红格、太和等矿区中,钒钛磁铁矿矿床都是以铁、钛、钒三元素为主体,并伴生有铬、钴、镍、铜、硫、钪、硒、碲、镓和铂等多种组分,但各矿区中元素的富集程度有较大区别。钒钛磁铁矿中伴生组分虽然多,但主要矿物的组成并不复杂。根据矿物的工艺特性,其矿物组成可归纳为钛磁铁矿类、钛铁矿类及硫化物类等。

3.2.2　矿物特征及元素赋存状态

3.2.2.1　矿物特征

A　钛磁铁矿

钛磁铁矿不仅是最主要的含铁工业矿物,而且也是钛、钒、铬、镓、钴及镍等有益组分的主要寄生矿物。它是由主晶矿物磁铁矿及客晶矿物钛铁矿、钛铁晶石和镁铝尖晶石所组成的复合矿物,是由固溶体分解作用所形成的。主晶矿物磁铁矿(Fe_3O_4)中含有少量的钒、铬、镍、钴、镁、铝等元素,以类质同象形式存在。客晶矿物钛铁矿($FeO \cdot TiO_2$)、钛铁晶石($2FeO \cdot TiO_2$)、镁铝尖晶石((Mg,Fe)(Al,Fe)$_2O_4$)以微细颗粒状或板状结构,沿磁铁矿晶面分布于主晶中。在磨矿时很难将主、客晶分离,因此在选矿分离时不能得到磁铁矿矿物,只能将钛磁铁矿整体作为入选矿物。

攀枝花和太和矿区钛磁铁矿矿物的平均化学成分列于表 3 - 4 中。如果将钛磁铁矿作为选铁的主要矿物,则在铁元素富集的同时,钛、钒及其他有益元素也将进入铁精矿中。

表3-4　攀枝花和太和矿区钛磁铁矿矿物的平均化学成分　　　　　（%）

成　分	攀枝花		太　和	
	Ⅰ品级	Ⅱ品级	Ⅰ品级	Ⅱ品级
TFe	59.24	61.77	61.72	62.13
Fe_2O_3	46.95	52.84	52.98	52.07
FeO	33.97	31.92	31.73	33.08
TiO_2	12.40	8.77	11.09	6.75
V_2O_5	0.64	0.70	0.65	0.65
Cr_2O_3	0.03	0.017	0.048	
Co	0.024	0.025	0.007	0.0045
Ni	0.013	0.007	0.0039	0.002
Cu	0.016	0.002	0.008	0.032
SiO_2	0.85	0.97	0.49	1.31
Al_2O_3	2.97	3.54	1.83	2.27
CaO	0.19	0.17	0.11	0.68
MgO	2.32	1.25	1.19	1.51
K_2O	0.03	0.02	0.018	0.002
Na_2O	0.08	0.07	0.036	0.021
MnO	0.37	0.23	0.297	0.29
Ga	0.0068	0.0069	0.0049	0.0058
Pt				0.034g/t
Sc			0.001	
P_2O_5				0.058
S	0.128	0.122	0.058	0.15
相对密度	4.76	4.71~4.90	4.96	4.82

B　钛铁矿

钛铁矿是矿石中的主要钛矿物,其中除含有铁外,还含有钪等微量元素。其产出形态按成因和结构特点可分为三种:一是在脉石矿物中呈包体,形成嵌晶结构,此种钛铁矿数量较小、粒度较细,难以回收;二是与钛磁铁矿密切连生或是单体充填于脉石矿物颗粒之间,粒度较粗(一般为0.5~0.2mm),95%以上的钛铁矿以此种形式存在,它是回收钛的主要处理对象;三是固溶分离形成的钛铁矿,主要在钛磁铁矿中呈板状、片状、粒状分布,粒度一般小于3μm,很难离解,工业上无法单独回收。

四大矿区钛铁矿矿物的平均化学成分列于表3-5中。钛铁矿中含有多种客晶矿物,主要有钛磁铁矿、镁铝尖晶石、赤铁矿、镁钛矿等,其含量一般在0.1%~20%范围内,多数小于5%。钛和铁是主体元素,采用适宜的工艺措施可以实现分离铁、富集钛的目的。

表 3 – 5　四大矿区钛铁矿矿物的平均化学成分　　　　（%）

成分	红格		攀枝花		白马		太和	
	I 品级	II 品级	I 品级	II 品级	I 品级	II 品级	I 品级	II 品级
TFe	31.96	34.77	32.68	35.63	33.53	35.66	33.78	34.82
FeO	36.01	38.30	35.50	40.75	39.78	41.41	39.70	38.58
Fe_2O_3	5.67	7.18	7.26	6.66	3.83	4.82	4.18	6.91
TiO_2	51.45	49.42	51.68	50.33	51.33	49.46	51.05	49.26
V_2O_5	0.077	0.14	0.074		0.115	0.131	0.117	0.11
Cr_2O_3	0.0043	0.003	0.003		0.018	0.036	0.094	0.10
Cu	0.005		0.006	0.007	0.004	0.003	0.010	0.010
Co	0.0237	0.008	0.0101	0.002	0.011	0.007	0.011	0.011
Ni	0.004	0.003	0.003	0.017	0.009	0.0095	0.012	0.018
SiO_2	0.306	0.30	0.43		0.265	0.90	0.434	0.67
Al_2O_3	0.103	0.68	0.20		0.276	0.82	0.0387	0.43
MnO	0.598	0.61	0.86	0.51	0.76	0.85	0.88	0.83
CaO	0.0215	0.16	0.059	0.47	0.096	0.34	0.041	0.40
MgO	5.91	3.50	3.96	2.25	3.40	1.25	3.23	1.90
P_2O	0.008		0.014		0.008		0.007	
S	0.009		0.013		0.012		0.014	

C　硫化物

硫化物是矿石中钴、镍、铜等有益元素的载体，其含量虽然不高（0.61% ~1.84%），但由于矿石的加工量大，其总量仍然相当可观。矿石中硫化物的种类有磁黄铁矿、黄铁矿、黄铜矿、镍黄铁矿、辉钴矿、硫钴矿等。绝大部分的硫化物呈不规则粒状，嵌布于铁、钛氧化物及硅酸盐矿物颗粒间隙中，粒度较粗，磨矿时易于离解，是主要的回收对象。

另有少部分硫化物呈微粒状、叶片状等分散于钛磁铁矿、钛铁矿、脉石矿物中，成为有害夹杂物，不能回收。

硫化物在各类矿物中的分布列于表 3 – 6 中。由表 3 – 6 可以看出，硫化物主要分布在脉石矿物中，占硫化物总量的 60% ~87%。

表 3 – 6　硫化物在各类矿物中的分布　　　　（%）

矿区	品级	钛磁铁矿	钛铁矿	脉石	合计
攀枝花	I 品级	34.89	4.26	60.85	100.00
	II 品级	14.04	10.65	75.31	100.00
红格	I 品级	13.00	9.42	77.58	100.00
	II 品级	4.98	7.84	87.18	100.00
白马	I 品级	22.64	9.30	68.06	100.00
	II 品级	11.14	5.09	83.77	100.00
太和	I 品级	17.31	17.13	65.56	100.00

3.2.2.2　元素赋存状态

综上所述，钒钛磁铁矿矿床是以铁、钛为主，含有钒、铬、钴、镍等十余种组分的多金属共生矿。其主要矿物组成是钛磁铁矿、钛铁矿、硫化物及大量的硅酸盐矿物。元素的分布状况及赋存状态对其综合利用工艺过程会产生巨大影响。下面分别对铁、钛、钒、钴、镍、铜、铬元素在矿物中的分布及赋存状态进行分析和总结。

A　铁

钒钛磁铁矿中，铁(TFe)主要赋存于钛磁铁矿中。钛磁铁矿中铁的分配值严格受矿石品级(即原矿石TFe品位)的高低所控制。原矿石中的TFe含量与钛磁铁矿所占有的TFe金属量(即分配率)成正相关，且相关系数密切。钛磁铁矿是铁的主要矿物，是利用铁的主要物料。

攀枝花矿区的原矿石中TFe含量居四大矿区之首。以各矿区开采矿中铁的品位计算，攀枝花矿区原矿开采铁的平均品位为29.75%～31.46%，钛磁铁矿中TFe的分配率占75.99%～83.69%；白马矿区原矿设计铁的开采品位为26.62%，钛磁铁矿中TFe的分配率占70.48%；太和矿区原矿开采铁的品位为28.30%，钛磁铁矿中TFe的分配率占73.03%；红格矿区矿石铁的平均品位为26.51%，钛磁铁矿中TFe的分配率占72.51%。

除钛磁铁矿外，含铁矿物还有钛铁矿类、硫化物类、脉石矿物类等。经计算得知，钛铁矿与脉石矿物中的铁(TFe)金属量与原矿石中的TFe含量成负相关，其相关系数远不如钛磁铁矿与原矿TFe含量的关系密切，但规律性是明显的。硫化物矿物量在不同品级中较为稳定，其中TFe含量占矿石铁分配量的分配率在四个矿区中有所不同，攀枝花矿为1.69%～3.94%，白马矿为2.74%～4.34%，太和矿为1.68%～1.83%，红格矿为1.36%～3.44%。

B　钛

矿石中的TiO_2主要赋存于粒状钛铁矿和钛磁铁矿中。粒状钛铁矿是钛的工业矿物。钛磁铁矿是一种以磁铁矿为基底微晶、钛铁矿等矿物分布于其中的复合矿物。其中钛的赋存状态极其复杂，主要以三种形态存在：一是以微晶成分板、片状钛铁矿固溶体分离作用赋存于磁铁矿中；二是以固溶体分离钛磁铁矿客晶钛铁晶石($2FeO \cdot TiO_2$)赋存；三是以四价钛取代钛磁铁矿基底磁铁矿的三价铁离子，以类质同象的形式赋存。

粒状钛铁矿是利用钛资源的主要物料，钛磁铁矿中的钛在现行高炉冶炼工艺过程中进入高炉渣，可对高炉渣进行钛的综合利用。

C　钒

无论何种矿石类型、矿石品级，钒均赋存于钛磁铁矿中。目前，钛磁铁矿中未见到钒的独立矿物，电子探针的系统分析表明，钒在钛磁铁矿中的分布是均匀的。钒与铁的离子半径很相似，并且具有较高的化合价，能形成坚固的键。因此，钒可以在高温结晶时隐蔽在钛磁铁矿的尖晶石型结构之中，成为最稳定的类质同象杂质。

通过对钒(V_2O_5)元素平衡的计算，以矿区铁的开采品位计，攀枝花矿分配在钛磁铁矿中的钒占矿石中钒总量的95.16%～90.71%，白马矿占96.99%，太和矿占87.99%，红格矿占88.87%。因此，分散在钛铁矿、脉石矿物中的钒含量很少。

D 钴、镍、铜

矿石中的钴、镍、铜除以硫化物形式存在外，还有相当数量分布在钛磁铁矿、钛铁矿及脉石中。钴、镍、铜在矿石中的分布相当分散，能够有效回收利用的只有硫化物，其量在20%～60%之间。可见，其回收利用率很低。

硫化物中钴、镍、铜的赋存状态较为简单，一般以独立矿物的形式出现，如黄铜矿、镍黄铁矿、硫钴矿、硫镍钴矿等。在钛铁矿、钛磁铁矿、脉石矿物中，其则以类质同象、微细的硫化物包体形式存在。

E 铬

矿石中的铬主要集中于钛磁铁矿中，见表3-7。四大矿区铬含量差异很大，其中，红格矿区含量最高，钛磁铁矿中 Cr_2O_3 含量达 0.79%～0.53%。铬随铁富集于铁精矿中，需在随后的铁冶炼过程中加以分离提取。其他矿区的铬因其含量过少，目前尚无回收价值。

表3-7 钛磁铁矿中三氧化二铬的平均分布率 （%）

品级	攀枝花	红格	白马
I品级	95.22	90.31	
II品级		74.26	68.16

分布于钛磁铁矿中的 Cr_2O_3 主要以类质同象形式存在，以三价铬离子 Cr^{3+} 取代磁铁矿中的三价铁离子 Fe^{3+}。少量分布于脉石矿物中的 Cr_2O_3 以类质同象形式进入普通辉石晶格，或存在于脉石矿物中的微细片晶钛磁铁矿中。

3.3 钒钛磁铁矿的高炉冶炼

3.3.1 高炉冶炼流程的形成

从世界范围来看，目前已开采并经选别的钒钛磁铁精矿，依据其矿种特性的不同主要有三种利用流程：一是用作高炉炼铁的原料，回收铁和钒，如我国攀钢和承钢、前苏联下塔吉尔钢厂等；二是用作回转窑直接还原的原料，后经电炉熔化后还原回收铁和钒，如南非 Highveld 钢铁及钒业公司、新西兰钢铁公司等；三是精矿中若 TiO_2 含量很高，可用作电炉冶炼高钛渣的原料，主要目的是回收钛，铁作为副产品回收，如加拿大 QIT 矿产公司等。但无论哪种用途都没有实现钒钛磁铁矿中铁、钒、钛的同时回收利用，都存在资源浪费的问题。因此，研究钒钛磁铁矿的铁、钒、钛同时回收利用技术，实现资源的深度开发与充分利用，具有重要意义。

早在19世纪初，就有许多国家开展了钒钛磁铁矿的高炉冶炼试验研究。研究发现，当炉渣中 $w(TiO_2) > 16\%$ 时会遇到炉渣黏稠、渣铁不分等特殊难题，且百年来未能解决。因此，很长时间内公认钒钛磁铁矿是一种不能利用的呆矿。

自1958年开始，我国陆续在小高炉上进行了冶炼钒钛磁铁矿的试验和深入的实验研究。进而在1965～1967年，通过在承德、西昌和北京等地进行几次大规模工业试验，解决了用普通高炉冶炼高钛型钒钛磁铁矿的基本工艺问题，取得了技术上的突破，从而为攀枝花钢铁基地的建设奠定了基础。1971年7月1日，容积为 $1000m^3$ 的一号高炉投产；

1971 年和 1973 年，容积为 $1200m^3$ 的二号和三号高炉又相继建成投产。经过十多年的实践后，主要生产指标达到了冶炼普通矿的较好水平，理论研究工作也有了较大进展，攀枝花钒钛磁铁矿高炉冶炼技术在 1978 年全国科学大会上荣获国家发明一等奖。

目前，钒钛磁铁精矿经烧结后进入高炉冶炼是唯一的工业利用流程。由于钒钛磁铁矿品位低，高炉渣中 TiO_2 含量高，考虑到高炉利用系数、焦比以及炉渣性能等因素的影响，一般配加一定量的普通矿石进行冶炼。精矿中铁、钛、钒根据各自氧化物的稳定程度分别进入金属相和渣相，铁、钒以含钒铁水的形式回收，而绝大部分钛仍以氧化物形态进入渣相，目前尚无成熟的方法单独回收利用。

3.3.2　含钛高炉渣的冶炼特性

3.3.2.1　脱硫能力低

通常在高炉冶炼条件下，炉渣脱硫能力与渣中 CaO 含量（即碱度 $w(CaO)/w(SiO_2)$）及温度成正比。与普通高炉四元渣系相比，钛渣为五元渣系，且 TiO_2 含量有时高达 25% 左右。因此在相同的碱度下，含钛炉渣中的 CaO 质量分数比普通高炉渣要低 15% 左右，这必然降低钛渣的脱硫能力。

平衡条件下，高钛型含钛炉渣的脱硫能力远比普通渣（$w(TiO_2)=0$）差，见图 3-1。若维持 1.1 这一常用碱度，普通渣的硫分配比 L_S 可达 36，而 TiO_2 含量分别为 20%、25%、30% 的钛渣的 L_S 只能达到 13、12、10，两者相差甚远。

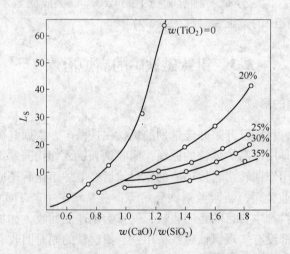

图 3-1　炉渣碱度及 TiO_2 含量对炉渣脱硫能力的影响

从图 3-1 中还可以看出，碱度对钛渣脱硫能力的影响远比对普通渣弱。在钒钛矿冶炼中，即使选用较高的碱度也难以提高钛渣脱硫能力。

3.3.2.2　熔化性温度高

熔化性温度是指炉渣从炉内可以自由流出的温度。表 3-8 所示为攀钢高炉渣中 TiO_2 含量和碱度范围内炉渣的熔化性温度，渣中 MgO、Al_2O_3 含量分别固定为 9% 和 14%。在高于 1.0 的常用碱度范围内，熔化性温度与炉渣碱度有明显的对应关系，即随着碱度的提高，熔化性温度也提高。

表 3 - 8　攀钢高炉渣中 TiO_2 含量和碱度范围内炉渣的熔化性温度　　　（℃）

$w(TiO_2)/\%$	碱　　度						
	0.8	0.9	1.0	1.05	1.10	1.15	1.20
29	1325	1318	1355	1370	1395	1420	1430
27	1355	1325	1350	1375	1387	1420	1438
25	1380	1345	1360	1360	1397	1400	1435
23	1417	1360	1355	1370	1388	1410	1432

与普通高炉渣相比，钛渣的熔化性温度要高出 80～100℃，这一特性要求炉缸必须具有充沛的热量。考虑到钒钛矿冶炼中要严格控制 TiO_2 的还原，应保持较低的炉缸温度。为保持炉渣的良好流动性，碱度不宜过高；但考虑到脱硫，炉渣又必须维持一定的碱度，因此，炉渣脱硫能力与熔化性温度之间存在着互相制约的关系，碱度过高或过低都会引起炉缸工作失调或生铁产品不合格。

钛渣不但熔化性温度高，而且结晶性能强，这将给高炉操作带来许多困难。如遇碱度偏高或炉缸温度降低，很容易出现高温结晶相，引起炉渣流动性变差、炉缸堆积，使炉缸工作失调。另外，在出铁过程中不可避免地会有温降，熔点高、结晶性能强的钛渣很容易黏附在沟壁上，造成严重的挂沟现象，使本来已显十分繁重的炉前清理工作变得更加繁重。

3.3.2.3　高温还原变稠

TiO_2 在高炉条件下是不稳定的化合物，可被还原成低价钛，并生成 TiC 和 TiN 以及固溶体等新相。随着新相的出现，炉渣的物理性质也将发生变化，黏度由小变大，甚至达到不能流动的程度。含钛炉渣的还原变稠是影响钒钛磁铁矿冶炼最为重要的性质之一。

图 3 - 2 所示为实验室 1500℃ 恒温条件下，含钛炉渣的黏度 - 时间曲线。由图可见，随着恒温时间的延长，炉渣黏度逐渐增大，TiO_2 含量越高，增加的幅度越大。由此可知，TiO_2 含量是影响炉渣变稠的重要因素之一。

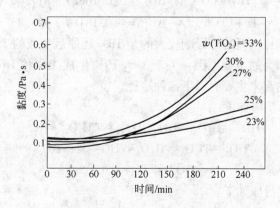

图 3 - 2　含钛炉渣的黏度 - 时间曲线（1500℃ 恒温）

图 3 - 3 所示为 $w(TiO_2)=35\%$、不同温度下炉渣的恒温变稠实验结果。由图可见，温度对含钛炉渣变稠的影响也十分明显。

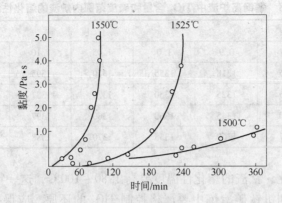

图 3 - 3　温度对钛渣黏度的影响($w(TiO_2)$=35%)

大量试验分析表明，钛氧化物在高温下被还原后生成的 TiC 和 TiN 等高熔点化合物以固溶体形态悬浮于渣液中，因其与炉渣的润湿性极强，易形成亲液性溶胶，致使炉渣黏度增大。

在高温还原条件下，含钛炉渣的另一个重要物理性质的改变是炉渣与铁水、焦炭、耐火材料的润湿性增强，即界面张力减小。其宏观表现为随着时间的延长，在渣－铁界面处出现润湿良好、渣铁不分的黏稠层。渣与焦炭、石墨质材料等黏结严重，在生产上则表现为渣中带铁过多等。

3.3.3　钛渣高温变稠——TiO_2 还原

高炉冶炼钒钛磁铁矿的主要难点在于 TiO_2 的还原。原料中的 TiO_2 可与其他氧化物构成各种不同的复杂矿物，其中的 TiO_2 可以被还原生成低价氧化物，如：

$$3TiO_2 + C \Longrightarrow Ti_3O_5 + CO \qquad \Delta G^{\ominus} = -0.1987T + 275.23 \quad (kJ/mol)$$

$$2Ti_3O_5 + C \Longrightarrow 3Ti_2O_3 + CO \qquad \Delta G^{\ominus} = -0.1436T + 239.36 \quad (kJ/mol)$$

$$Ti_2O_3 + C \Longrightarrow 2TiO + CO \qquad \Delta G^{\ominus} = -0.1682T + 317.66 \quad (kJ/mol)$$

$$TiO + C \Longrightarrow Ti + CO \qquad \Delta G^{\ominus} = -0.1818T + 428.83 \quad (kJ/mol)$$

与以上还原反应相比，对冶炼影响较大的是 TiO_2 还原后生成的 TiC 和 TiN，这是导致含钛炉渣变稠、黏度增大的主要原因。关于 TiO_2 还原生成 TiC 和 TiN 的机理，目前还无统一的论述，但是归纳起来主要有以下几种途径：

（1）TiC 的生成。反应如下：

$$TiO_2 \rightarrow Ti_3O_5 \rightarrow TiO_{0.67}O_{0.33} \rightarrow TiC_xO_y \rightarrow TiC$$

$$TiO_2 \rightarrow Ti_3O_5 \rightarrow Ti_2O_3 \rightarrow TiO \rightarrow Ti \rightarrow TiC$$

$$TiO_2 \rightarrow [Ti] \rightarrow TiC$$

（2）TiN 的生成。反应如下：

$$TiO_2 + 2C + \frac{1}{2}N_2 \Longrightarrow TiN + 2CO$$

$$2[Ti] + N_2 \Longrightarrow 2TiN$$

$$2Ti + N_2 \Longrightarrow 2TiN$$

（3）渣-铁间的反应。渣-铁间的反应也可生成氮碳化钛。TiO_2 被碳还原后生成钛并溶于铁水中，当[Ti]和[C]的浓度积达到一定值后便会析出 TiC 或 $Ti(C, N)$，反应可用下式表示：

$$TiO_2 + 2[C] = [Ti] + 2CO$$
$$[Ti] + [C] = TiC$$

（4）渣中 SiO_2 对氮碳化钛生成的影响。含钛炉渣中的 TiO_2 存在于比较稳定的矿物中，如钙钛矿等。在这种情况下 TiO_2 一般较难还原生成 $Ti(C,N)$，但是当有 SiO_2 存在时可促进其生成，反应如下：

$$3CaO \cdot TiO_2 + N_2 + 7C + 3SiO_2 = 2TiN + TiC + 3CaO \cdot SiO_2 + 6CO$$
$$\Delta G^{\ominus} = -203.55T + 322900 \ (J/mol)$$

在高炉内通过取样和解剖研究发现，TiC、TiN 的生成主要发生在炉腹高温区和风口间的死区渣-焦界面处。图 3-4 示出高炉解剖调查中 TiC、TiN 含量沿高炉高度的变化。由图 3-4 可以看出，炉身下部的软熔物中已经有少量的 TiC、TiN 生成。随着炉料的下降，其含量不断增加，到风口平面时达到了最高值。从炉腹到风口是氮碳化钛生成的关键部位，炉渣通过风口区下达到炉缸时，$Ti(C, N)$ 被大量氧化，其含量迅速降低。

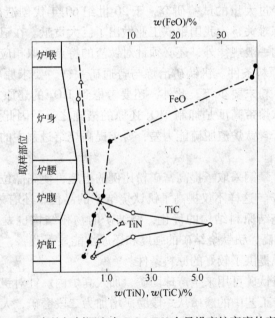

图 3-4　高炉解剖调查中 TiC、TiN 含量沿高炉高度的变化

3.3.4　高炉冶炼钒钛磁铁矿的难点及技术措施

3.3.4.1　高炉冶炼钒钛磁铁矿的主要难点

高炉冶炼钒钛磁铁矿的主要难点有如下两个：

（1）钒钛烧结矿综合质量差。由于钒钛磁铁矿中的铁、钛紧密共生，在选矿过程中通过磨矿不能使两者有效分离。大部分的钛以钛铁晶石的形式存在，随铁一起进入精矿中，形成了钒钛磁铁精矿。铁精矿中的钛含量高达 13% 左右，铁含量仅有 51% ~ 52%，以此原料进行烧结必然造成钒钛烧结矿的品位偏低。从攀钢投产至 1997 年，钒钛烧结矿品位长期稳定在 45% ~46%，在提高烧结矿的品位方面遇到了很多困难。钒钛磁铁矿由于 TiO_2 含量较高、SiO_2 含量低且粒度粗、成球性差，在烧结过程中其液相量不足，烧结矿难以达到良好的黏结。此外，在烧结过程中还易生成不利于烧结矿固结的 $CaO \cdot TiO_2$ 相，致使钒钛烧结矿的脆性大、强度差、粉化率高。据统计，普通烧结矿的低温还原粉化率仅为 20% ~30%，而钒钛烧结矿的低温还原粉化率却高达 60% ~70%，比前者高出 2 ~3 倍。

（2）TiO_2 高温还原造成炉渣黏稠。高炉冶炼攀枝花高钛型钒钛磁铁矿是世界冶金领域中公认的一项难题，当渣中 TiO_2 含量高达 25% ~30% 时，使冶炼面临许多困难。这主要是由含钛炉渣的特殊性质造成的，具体表现为：

1）随着高温或还原时间的延长，TiO_2 还原生成高熔点的钛的碳、氮化合物（TiC、TiN 或 Ti（C，N）），造成炉渣黏稠，炉缸严重堆积，炉渣流动性变差。同时，炉渣与铁水、焦炭、耐火材料的润湿性增强，即界面张力减小，渣铁不分，渣中带铁严重。

2）由于炉渣中钛含量较高，致使炉渣熔点偏高，其脱硫能力降低。

3.3.4.2　高炉冶炼钒钛磁铁矿的主要技术措施

我国科技工作者经过大量的试验研究，于 20 世纪 60 年代创造出一套独特的冶炼工艺，突破了高钛渣冶炼难关，为我国钢铁工业做出了巨大贡献。在钒钛磁铁矿的高炉冶炼中，除遵循高炉生产的一般规律外，还必须针对钛渣的特点采取相应的措施。

（1）提供良好的原料条件。钒钛矿冶炼与普通矿一样，要求原料具有良好的冶炼性能，如冷热强度要好、粉末要少等。此外，还要考虑到 TiO_2 的还原主要发生在风口以上的炉腹高温区，降低软熔带高度是抑制 TiO_2 还原的措施之一，因此要求钒钛矿具有良好的还原性。另外，由于含钛炉渣脱硫能力差，要求提高烧结过程中的脱硫率，尽量减少高炉硫负荷。

为实现以上目标，攀钢采取了提高富矿粉比例的措施，使高品位普通矿在烧结矿中的配比保持在 20% ~30%，这样不仅提高了钒钛烧结矿的品位，还有效减小了 TiO_2 对烧结矿的不利影响。随着烧结原料结构的优化，烧结矿的物相结构也发生了很大变化，TiO_2 含量降低，TFe 含量提高，钒钛烧结矿的强度和还原性能显著改善，这些变化为钒钛烧结矿在高炉内的快速还原提供了较好的原料条件。

烧结矿中减少的钒钛矿可用来生产球团矿，加入高炉内。针对钒钛铁精矿粒度粗、成球性差的问题，把选矿工艺中的磨矿从一段磨矿增加为二段磨矿，大幅度降低了钒钛铁精矿的粒度，使小于 0.074mm（-200 目）粒级的比例从 35% 左右提高到了 60% 左右，同时铁精矿的品位也从 52% 左右提高到了 54% 左右。另外，在铁精矿的造球工艺前增加了润磨工序，进一步降低了铁精矿的粒度，使钒钛矿的成球性大幅度提高，满足了整个球团矿生产工艺的要求。同时，由于铁精矿的粒度变小，使黏结剂膨润土的用量大为减少，提高了球团矿的品位。在高炉配加钒钛球团矿来优化炉料结构的过程中，通过多次工业试验，逐渐使球团矿的比例提高到 30% 左右。

总之，通过一系列的原料优化，有效提高了烧结矿的品位及其他质量指标。

（2）控制高炉内 TiO_2 的过还原。随着还原时间的延长，炉渣中 TiO_2 的还原量增加，故缩短还原时间可有效抑制炉渣 TiO_2 的过还原，降低炉渣黏度。攀钢通过采取大风量、高强度冶炼技术,提高了高炉内反应速度,把冶炼强度从1.1提高到1.3～1.4,冶炼周期从6～7h缩短到5h左右。高炉内炉料在较短时间内即可完成还原,实现了炉料的快进快出,大幅度减少了低价钛的生成。另外,还采取了提高富氧率、增加炉缸内氧势等措施,有效解决了炉渣黏稠问题并提高了高炉的利用系数。

(3)优化高炉炉缸热制度。在钒钛矿冶炼中,[Si]、[Ti]含量不仅是炉温的表征,而且也是TiO_2被还原的判据。在保证生铁合格的条件下,应尽量降低炉温。过去攀钢冶炼高钛型钒钛磁铁矿时,在低冶炼强度下主要采用以"低硅、低钛"为标志的炉缸热制度,既可防止炉渣变稠,又可满足高炉的冶炼要求,从而实现"物理热(铁水温度高),化学凉([Si]、[Ti]含量低)"的目标。

目前,由于高炉炉料结构及冶炼强度发生了很大变化,措施也相应有所改变。随着冶炼强度的增大,入炉炉料和渣铁排放的物流速度加快,炉渣在炉内的停留时间减少,炉缸热制度的目标从防止炉渣变稠转变为追求高炉的高产、优质、低耗。

由炉缸的热制度变化(如表3－9所示)可见,随着原燃料及操作水平的提高,炉缸温度水平逐渐提高。由于炉缸的过热度适当提高,铁水温度提高,炉缸温度的可操作范围增大,冶炼过程中的[V]回收率和脱硫率均有明显提高。

表3－9 炉温控制水平的 w[Si]、w[Ti] 平均变化 (%)

时 间	w[Si]	w[Ti]	w[Si]+w[Ti]	[V]回收率	w[S]
1997 年	0.11	0.17	0.28	71.6	0.057
1998～2002 年	0.13	0.20	0.33	73.2	0.055
2003～2007 年	0.16	0.22	0.38	76.5	0.054

(4)选择适宜的炉渣碱度。提高炉渣碱度能改善脱硫能力,但又会引起炉渣熔化性温度的升高。适宜的碱度要兼顾两者,碱度过低难以获得合格生铁,碱度过高则将出现风口挂渣、炉缸堆积等困难。

3.3.5 钒钛磁铁矿高炉冶炼流程现状

攀钢高炉从1978年开始由全钒钛烧结矿冶炼改为配加普通块矿冶炼,高炉的技术经济指标开始得到改善,渣中TiO_2含量控制在25%以下。在随后的30多年间,其科技攻关一刻也没有停止,逐步形成了独特的大高炉冶炼高钛型钒钛磁铁矿的成套技术。2003年,攀钢拥有的4座大型高炉的平均利用系数超过2.4,位居全国各大钢厂的前列。目前,攀钢炼铁厂新3号高炉(有效容积2000m³)是世界上用于冶炼高钛型钒钛磁铁矿的最大高炉,自2005年开炉以来,攀钢不断探索大高炉冶炼高钛型钒钛磁铁矿冶炼技术,各项技术经济指标逐步优化。2011年7月,新3号高炉完成生铁产量14.14万吨,高炉平均利用系数达到2.28,创造了该高炉投产以来的最好水平。

目前攀钢高炉冶炼钒钛磁铁矿只是回收了铁和钒,钛以TiO_2形式进入高炉渣且含量较低($w(TiO_2) \approx 22\%$),没有被回收利用。选矿尾矿经二次选别后回收了其中的部分钛,选出的钛精矿作为钛白生产原料。现流程中主要元素的走向及回收利用情况见图3－5。由图3－5可见,从钒钛磁铁原矿到钢坯、片状V_2O_5和钛白产品,铁、钒、钛元素的回收

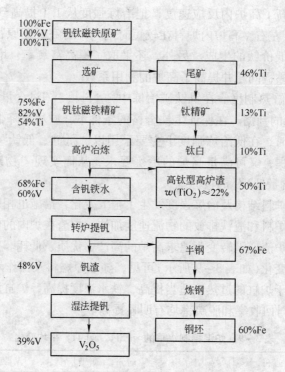

图 3 - 5　现流程中主要元素的走向及回收利用情况

率分别为 60%、39% 和 10%。高炉冶炼流程中，钛完全没有被回收。总体比较而言，钛回收率明显偏低。

　　在钒钛磁铁矿的高炉冶炼过程中，铁和钒大部分还原进入铁相，形成含钒铁水，而钛的绝大部分以 TiO_2 的形式留存于渣相中。由于渣中 $w(TiO_2)$ 仅为 22% 左右，高炉渣中的钛一直没有得到很好的回收利用，对于钒钛磁铁矿而言，这是很大的遗憾。高炉冶炼工艺过程中含钒铁水和高炉渣的主要成分以及铁、钒、钛回收率的示例，如表 3 - 10 所示。

表 3 - 10　钒钛磁铁矿高炉冶炼渣铁成分　　　　　　　　　　　　(%)

铁水	铁回收率	钒回收率	C	Si	Mn	V	Ti	P	S
	91	73	4.30	0.12	0.15	0.28	0.20	0.08	0.06
炉渣	钛回收率	TFe	MFe	CaO	SiO_2	MgO	Al_2O_3	TiO_2	V_2O_5
	93	2.78	2.12	28.28	25.08	7.75	11.97	22.01	0.29

　　从综合回收铁精矿中的铁、钒、钛来看，可以发现钒钛磁铁矿高炉冶炼流程存在缺点，归纳如下：

　　(1) 铁精矿中的钒要经历高炉还原、铁水氧化提钒、钒渣钠化等诸多加工环节，使钒的回收率大大降低。在高炉冶炼中钒的回收率只有 75%，而转炉吹炼将损失 10% ~ 15%，在此两环节中合计损失约 1/3。

　　(2) 原矿中近一半的钛进入铁精矿中，在高炉冶炼过程中，虽然钛全部进入渣相，但因熔剂、焦炭灰分等熔入渣中，钛被贫化，致使钛的回收利用更加困难。

为提高铁精矿中钒、钛的回收利用，很多科技工作者曾广泛开展了铁精矿综合利用新流程研究，提出了许多新的综合利用方案。

3.4 钒钛磁铁矿中钒的回收

目前工业生产钒产品的主要原料有钒钛磁铁矿、石油灰渣、废钒触媒、铝土矿和石煤等，其中，75%~85%的钒产品来源于钒钛磁铁矿。可见，钒钛磁铁矿在提钒领域具有极其重要的地位。

在20世纪初研究发现了钒在钢中能显著改善钢材的力学性能之后，钒钛磁铁矿中的钒得到了工业化开发。经过80多年的研究开发，形成的钒钛磁铁矿提钒工艺主要有三种：第一种是钒钛磁铁精矿高炉冶炼－铁水提钒－钒渣生产氧化钒工艺，简称为高炉炼铁－铁水提钒工艺，该工艺以钒钛磁铁矿为原料，将钒作为副产品回收，是目前从钒钛磁铁矿中回收钒最主要的、经济上最合理的工艺；第二种是钒钛磁铁精矿钠化焙烧－水浸提钒工艺，简称为精矿钠化焙烧－水浸提钒工艺，又称先提钒工艺，该工艺以钒钛磁铁矿为主要原料回收钒，铁作为副产品；第三种是钒钛磁铁精矿直接还原－电炉熔分（或电炉深还原）－熔分渣提钒（或铁水提钒）工艺，简称为精矿直接还原－熔分后提钒工艺，该工艺目前还处于试验研究阶段。

3.4.1 高炉炼铁－铁水提钒工艺

钒钛磁铁矿中的钒在高炉冶炼过程中，经还原后约75%进入铁水中，铁水钒含量为0.35%左右。用氧气或空气吹炼含钒铁水，使钒再次氧化为氧化物。钒氧化物汇同其他氧化产物（如SiO_2、FeO等）富集于钒渣中，可用湿法冶金等方法进行钒渣提钒处理。

3.4.1.1 钒的选择性氧化

在吹炼含钒铁水进行提钒处理时，要求将铁水中的钒尽可能多地氧化，同时要避免[C]的大量氧化，以便在炼钢时有足够的热源。因此，必须选择最佳条件，进行钒的选择性氧化。

由热力学可知，与氧亲和力大的元素优先于与氧亲和力小的元素被氧化。铁水中各种元素与氧生成氧化物的标准生成自由能（$\Delta G^{\ominus}$）及氧化物的分解压（p_{O_2}）按大小顺序排列，如表3-11所示。

表3-11 氧化物的标准生成自由能及分解压

反 应	$\Delta G^{\ominus}/J \cdot mol^{-1}$	1350℃时的 $\Delta G^{\ominus}/J \cdot mol^{-1}$	p_{O_2}/kPa
$Ti + O_2 = TiO_2$	$-935124 + 174T$	-653122	1.04×10^{-22}
$Si + O_2 = SiO_2$	$-947675 + 199T$	-625090	1.03×10^{-21}
$\frac{4}{3}V + O_2 = \frac{2}{3}V_2O_3$	$-800400 + 150T$	-556053	7.80×10^{-18}
$2Mn + O_2 = 2MnO$	$-816300 + 177T$	-528020	9.98×10^{-17}
$2Fe + O_2 = 2FeO$	$-523837 + 127T$	-317565	1.68×10^{-11}
$2C + O_2 = 2CO$	$-235977 + 168T$	-254800	1.60×10^{-7}

由表 3-11 可见，在标准状态下，元素与氧生成纯氧化物的顺序是：Ti，Si，V，Mn，Fe，C。但在实际条件下，各元素溶于铁液中，而生成的氧化物则进入熔渣中，因此，必须用 ΔG 来判断各元素的氧化顺序，即：

$$2[M] + O_2 \Longrightarrow 2(MO)$$

$$\Delta G = \Delta G^{\ominus} + RT\ln\frac{a^2_{(MO)}}{a^2_{[M]}p_{O_2}}$$

式中，a 代表渣或铁液中组分的活度。上式表明，溶解在铁液内的各元素是否被氧化以及氧化程度取决于 $\Delta G^{\ominus}$ 值、元素和氧化物在铁液和熔渣中的活度、温度以及供氧压力。

铁液中脱碳和脱钒反应的 $\Delta G^{\ominus}$ 可表示为：

$$2[C] + O_2 \Longrightarrow 2CO$$

$$\Delta G_C = \Delta G_C^{\ominus} + RT\ln\frac{p^2_{CO}}{a^2_{[C]}p_{O_2}}$$

$$\frac{4}{3}[V] + O_2 \Longrightarrow \frac{2}{3}(V_2O_3)$$

$$\Delta G_V = \Delta G_V^{\ominus} + RT\ln\frac{a^{2/3}_{(V_2O_3)}}{a^{4/3}_{[V]}p_{O_2}}$$

作 $\Delta G - T$ 图（见图 3-6），ΔG_V 和 ΔG_C 两线有一个交点，与该点对应的温度称为转化温度 $T_{转}$。当温度低于 $T_{转}$ 时，V 优先于 C 被氧化；反之，则 C 优先于 V 被氧化。所以在提钒过程中，温度要控制在 $T_{转}$ 以下才能达到脱钒保碳的目的。

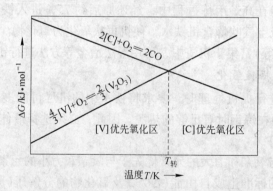

图 3-6　钢液中[V]和[C]开始氧化的转化温度

由 $\Delta G_V = \Delta G_C$，再根据铁水成分和钒渣成分查有关热力学数据，可求出 $T_{转}$ 大约为 1623K（1350℃）。也就是说，吹炼温度不高于 1350℃ 即可达到脱钒保碳的目的。当然，实际过程还受到动力学条件的影响，即使温度低于 1350℃，部分 C 和 Fe 仍能被氧化。根据实际工艺状况和操作条件，一般吹钒温度控制在 1340~1400℃ 范围内。

3.4.1.2　转炉提钒工艺

转炉提钒工艺流程见图 3-7。含钒铁水的化学成分决定着钒渣质量和提钒工艺流程。经脱硫处理后的含钒铁水需经撇渣处理，去除高炉渣和脱硫渣，以避免带入的氧化钙等杂质污染钒渣。为达到"脱钒保碳"的目的，在整个提钒过程中需将熔池温度控制在一定范围内。在吹钒过程中，含钒铁水中的其他元素也随之氧化并放出热量，使得熔池温度升高而超出提钒所需控制的温度范围。因此，在提钒过程中必须进行有效的冷却。目前，转炉提钒常用冷却剂有含钒生铁、氧化铁皮、石英砂、废钒渣等。此外，为减少半钢中碳的烧损及由于钢水裸露造成的温降，在出半钢前向半钢中加入一定量的碳化硅或增碳剂。

图 3 - 7　转炉提钒工艺流程

钒渣中 V_2O_5 含量越高，CaO、P、SiO_2、MFe 等其他组分含量越低，则钒渣质量越好。因此，判断钒渣质量首先是对 V_2O_5 品位进行判定，并按照其他成分的相应含量对钒渣进行评级。攀钢转炉钒渣的化学成分见表 3 - 12。

表 3 - 12　攀钢转炉钒渣的化学成分

成 分	CaO	SiO_2	V_2O_5	TFe	MFe	P
w/%	1.5 ~2.5	16 ~18	16 ~20	30 ~35	14 ~16	0.08 ~0.20

为了给后步工序提供较好的条件，保证炼钢质量，一般要求半钢入炼钢转炉的 $w[C]$ ≥3.2%，温度 t ≥1320℃；为了保证钒的充分提取，要求半钢余钒的质量分数不大于 0.05%。攀钢半钢的成分见表 3 - 13。

表 3 - 13　攀钢半钢的成分　　　　　　　　　（%）

温度/℃	$w[C]$	$w[Si]$	$w[V]$	$w[P]$	$w[S]$
1375	3.55	微量	0.04	0.06	0.025

在吹炼过程中，铁水中的钒有 85% ~90% 进入钒渣，碳的烧损约为 20%，铁的吹损约为 6%。

3.4.1.3　钒渣提钒

为了将钒渣中的钒分离出来，首先将已除去机械夹杂铁的钒渣与钠盐（Na_2CO_3、Na_2SO_4）混合磨细，造球后在回转窑中进行氧化钠化焙烧，焙烧后经过沉淀、煅烧等过程即可得到钒产品 V_2O_5。

（1）氧化。将炉渣中以钒铁尖晶石形式存在的三价钒氧化成五价钒，反应式为：

$$4FeO \cdot V_2O_3 + 5O_2 \Longrightarrow 2Fe_2O_3 + 4V_2O_5$$

（2）钠化。进行钠化反应，生成可溶性钒酸盐，反应式为：

$$Na_2CO_3 + V_2O_5 \Longrightarrow Na_2O \cdot V_2O_5 + CO_2$$

（3）沉淀。将钠化焙烧后的钒渣在热水中浸出可溶性钒酸盐，得到钒酸钠水溶液，再用铵盐将钒沉淀出来，其反应式为：

$$6NaVO_3 + 2H_2SO_4 + (NH_4)_2SO_4 \Longrightarrow (NH_4)_2H_2V_6O_{17(s)} + 3Na_2SO_4 + H_2O$$

（4）煅烧。所得钒酸铵经过煅烧即可得到钒产品，反应式为：

$$(NH_4)_2H_2V_6O_{17} \Longrightarrow 3V_2O_5 + 2NH_{3(g)} + 2H_2O$$

钒渣提钒原则工艺流程如图3-8所示。

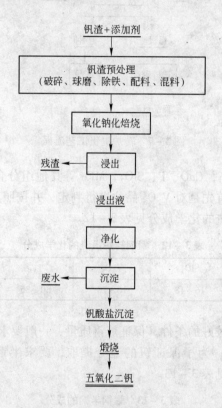

图3-8　钒渣提钒原则工艺流程

3.4.2　精矿钠化焙烧-水浸提钒工艺

为提高钒的回收率，可将铁精矿先进行提钒处理。即将铁精矿与芒硝（Na_2SO_4）混合磨细，造球后在回转窑中进行氧化钠化焙烧，使矿石中的钒转化为可溶性钒酸钠，然后浸出、沉淀。浸钒后的球团经回转窑直接还原，可得到金属化率大于90%的金属化球团。将此球团送入电炉熔分，可得到半钢和 TiO_2 含量大于50%的高钛渣。半钢经冶炼成钢，高钛渣可作为提钛的原料，使钛得到回收利用。精矿钠化焙烧-水浸提钒原则工艺流程见图3-9。

该工艺流程的特点是：可综合回收铁精矿中的铁、钒、钛，并可充分利用西南地区的

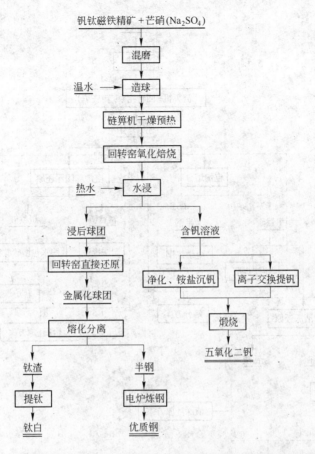

图 3-9 精矿钠化焙烧-水浸提钒原则工艺流程

褐煤、无烟煤及水电资源；但是由于回转窑的生产效率低，它的生产规模远不能与高炉-转炉流程相比。

3.4.3 精矿直接还原-熔分后提钒工艺

精矿直接还原-熔分后提钒工艺与精矿钠化焙烧-水浸提钒工艺有相似之处，不同之处仅在于该工艺先进行铁精矿还原与熔分，将有益元素控制于渣相或铁相之中，然后再分别处理渣、铁。其原则工艺流程见图 3-10。

该工艺流程的特点是：避免了上一流程（先提钒流程）在提钒过程中处理矿石量大、钠化剂消耗过多的弊端，同时也避开了浸钒后含钠球团还原膨胀、粉化的难题。它的技术难点是在熔分过程中控制钒、钛的分布，尤其是钒的分布。

控制钒走向的方案一般有如下三个：

（1）熔分方案。在熔分过程中控制炉渣氧势，使钒、钛都保留在渣相中，然后进行湿法处理。

（2）球团深还原方案。在熔分过程中进行深还原，使钒进入铁相，然后用铁水提钒的方法进行处理。

（3）渣深还原方案。熔分时使钒、钛保留在渣相中，然后在另一个电炉中兑加少量

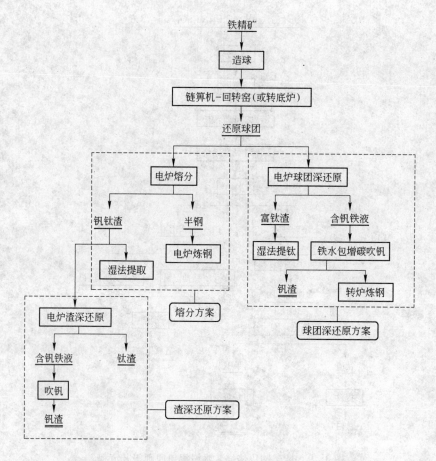

图3-10　精矿直接还原-熔分后提钒原则工艺流程

铁水,进行渣相深还原,得到高钒铁水,继而吹炼可得到高品位钒渣。

此外,该工艺流程还有深还原熔分、含钒铁水直接钠化提钒的有关试验报道,即将钠盐直接吹入铁液,得到可溶性钒渣,省去了回转窑钠化焙烧工序。其存在的问题是钠盐利用率较低、消耗较多。

3.4.4　攀钢钒综合利用现状

在钒的综合利用方面,攀钢已形成了转炉提钒工艺、五氧化二钒生产工艺、三氧化二钒生产工艺、钒氮合金生产工艺、氧化钒清洁生产新工艺等一系列拥有自主知识产权的专有工艺技术,其产品开发工艺技术和竞争力在国际上处于领先地位。攀钢现已经开发出钒渣、高钒铁、三氧化二钒、五氧化二钒、钒氮合金等系列产品,形成了年产钒渣29.6万吨、V_2O_5 0.82万吨、V_2O_3 1.44万吨、高钒铁(FeV80)0.82万吨、中钒铁(FeV50)0.76万吨、钒氮合金0.23万吨的生产能力,钒资源利用率达到60%(原矿→钒渣)。其钒产品的国内市场占有率达到80%、国际市场占有率达到20%,已经成为我国最大、世界第二大的钒制品生产经营企业,具有较强的钒资源开发技术优势。

3.5 钒钛磁铁矿中钛的利用

3.5.1 高炉钛渣的利用

高炉即使采用全钒钛磁铁矿冶炼,炉渣中的 TiO_2 含量也只能达到30%左右,对于现有技术水平而言,提取回收其中的钛仍有难度。目前攀钢高炉渣中的 $w(TiO_2) \approx 22\%$,由于 TiO_2 含量太低(25%以下),含钛高炉渣活性差、酸溶性不好,采取常规的酸浸方法处理成本较高,经济上不合理;另外,炉渣中含钛物相繁多且结构复杂、分布不均、粒度细小,采用简单的机械分选方法难以奏效。高炉渣中常见的含钛物相分布及其含量见表3-14。

表3-14 高炉渣中常见的含钛物相分布及其含量 (%)

矿物名称	w	TiO_2 品位	TiO_2 分布率
攀钛透辉石	58.9	15.47	37.87
钙钛矿	20.7	55.81	48.02
富钛透辉石	5.8	23.61	5.69
铝镁尖晶石	3.6	7.22	1.08
重钛酸镁	1.1	73.56	3.36
碳氮化钛	1.0	95.74	3.98
石 墨	0.2		
铁 珠	8.7		
原 渣	100	24.38	100

如何综合利用含钛高炉渣,以实现资源循环利用和环境友好,一直是高炉冶炼钒钛矿流程的重要攻关课题。目前,含钛高炉渣综合利用的方向主要有如下五个:

(1) 作为水泥渗和料;

(2) 用于陶瓷及建材工业领域;

(3) 生产中品位人造金红石及锐钛型涂料钛白;

(4) 通过改性,采用选矿和湿法冶金工艺直接回收高炉渣中的钛和铁(此法目前尚处于试验阶段);

(5) 作为护炉原料。

2006年8月22日《中国冶金报》报道了"攀钢高炉钛矿渣复合微粉获国家专利"的消息,利用攀钢粒化高炉钛矿渣与粉煤灰复配得到的高钛渣复合微粉,可作为活性混合材用于水泥生产及混凝土工程中。此高钛渣复合微粉可等量代替20% ~25%的水泥配制出相同强度等级的复合水泥,也可等量代替20% ~35%的水泥配制出C15 ~C60的混凝土。此外,高钛渣复合微粉作为高性能混凝土的掺加组分,其应用不仅可降低工程费用,而且还能改善混凝土的工作性能,提高构件的耐久性。

3.5.2 钛精矿的回收及处理

钒钛磁铁原矿中有46%左右的 TiO_2 进入选铁尾矿,攀钢各选矿企业每年从选铁尾矿中回收钛精矿产量为 100 万吨左右，对尾矿中钛的选矿回收率一般在 30% 以上，钛资源利用率一般为 15% ~ 20%（原矿→钛精矿），成为世界上唯一从选铁尾矿中回收钛的企业。尾矿选钛产出的钛精矿的主要成分见表 3 - 15。攀枝花矿石中的钛资源，目前开发利用的仅是钛精矿。

表 3 - 15　尾矿选钛产出的钛精矿的主要成分　　　　　　（%）

TiO_2	TFe	FeO	CaO	MgO	SiO_2	Al_2O_3	V_2O_5
48.02	31.00	34.50	0.63	6.14	2.81	1.21	<0.1

作为提钛原料的钛精矿中主要杂质是氧化铁，其含量为 25% ~ 35%。此外，其还含有 Mg、Si、Ca、Al、Mn、V 等少量杂质。钛精矿主要用于生产海绵钛和二氧化钛（钛白和人造金红石），其处理原则工艺流程如图 3 - 11 所示。

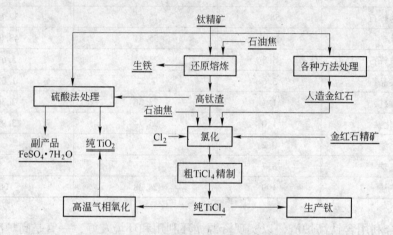

图 3 - 11　钛精矿处理原则工艺流程

由图 3 - 11 可见，钛精矿的处理大体有两种方法：一是还原熔炼生产高钛渣，以高钛渣或金红石为原料经氯化获得粗 $TiCl_4$，将其精制后得到纯 $TiCl_4$，然后由纯 $TiCl_4$ 制取海绵钛或钛白；二是先用硫酸直接分解钛精矿或高钛渣，然后从硫酸溶液中析出偏钛酸，再制取钛白。高钛渣和人造金红石被称为"富钛料"，是钛工业的主要原料之一。目前全世界钛矿物的 70% 被加工成富钛料，可见富钛料的生产十分重要。

通过开展一系列的技术攻关，攀钢攻克了微细粒级钛铁矿回收这一世界性难题，形成了具有自主知识产权的微细粒级钛铁矿回收产业化成套技术和装备，掌握了先进的钛白生产工艺（如连续酸解、常压水解、"三废"综合利用新技术等）。此外，攀钢还拥有国内唯一的氯化法钛白生产线以及采用自焙电极的大型电炉、粉矿入炉冶炼钛渣生产工艺，具有较强的钛资源开发技术优势。

3.5.3　钛精矿电炉冶炼高钛渣

在钛精矿的处理工艺中，为降低硫酸或氯气消耗，需除去钛精矿中的铁，使 TiO_2 得到富集。除铁的方法很多，但规模最大、最成熟的方法是电炉还原熔炼法。该方法是将钛精矿用碳质还原剂在电炉中进行高温还原熔炼，铁的氧化物被选择性地还原成金属铁，钛氧化物富集在炉渣中成为高钛渣。其工艺流程见图3-12，高钛渣的成分如表3-16所示。

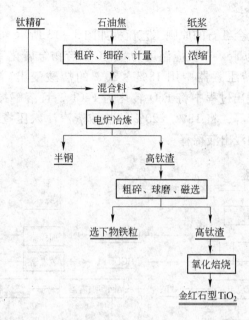

图3-12 钛精矿电炉冶炼高钛渣工艺流程

表3-16 高钛渣的成分 （%）

TiO$_2$	TFe	Al$_2$O$_3$	SiO$_2$	MgO	CaO	MnO	S	C
82.41	3.0	2.24	3.30	7.0	0.82	0.97	1.01	0.19

用碳还原钛精矿时，在不同温度范围内主要发生以下反应：

$t > 1200℃$ 时 $\qquad FeTiO_3 + C =\!=\!= Fe + TiO_2 + CO$

$\qquad\qquad\qquad\qquad 3TiO_2 + C =\!=\!= Ti_3O_5 + CO$

$t = 1270 \sim 1400℃$ 时 $\qquad 2Ti_3O_5 + C =\!=\!= 3Ti_2O_3 + CO$

$t = 1400 \sim 1600℃$ 时 $\qquad Ti_2O_3 + C =\!=\!= 2TiO + CO$

实际反应很复杂，反应生成物CO部分参与反应；精矿中非铁杂质也有少量被还原，大部分进入渣相；不同价态的钛氧化物（TiO$_2$、Ti$_3$O$_5$、Ti$_2$O$_3$、TiO）与杂质（FeO、CaO、MgO、MnO、SiO$_2$、Al$_2$O$_3$、V$_2$O$_5$ 等）相互作用生成复合化合物，它们之间又相互溶解形成复杂固溶体；此外，还可能形成钛的碳、氮、氧固溶体Ti(C，N，O)。

将所得高钛渣在900℃下进行氧化焙烧处理，可使TiO$_2$的晶型发生转变，将渣中低价钛氧化成稳定的金红石型TiO$_2$（人造金红石），同时降碳、除硫。

3.5.4 钛精矿制取人造金红石

电炉高温还原熔炼生产高钛渣的能量消耗较大，约占四氯化钛总生产成本的70%。另外，高钛渣中所含有的多种杂质给后续的氯化工序带来很多麻烦，如增大氯气消耗、加重冷凝分离系统负担、降低钛的总回收率等。因此，可采用盐酸浸出、硫酸浸出以及还原锈蚀等方法除去钛精矿中的铁，获得金红石型 TiO_2 含量大于 90% 的富钛料，即人造金红石。

3.5.4.1 盐酸浸出法

盐酸浸出法生产人造金红石的原则工艺流程如图 3 - 13 所示。首先用重油在回转窑中将钛精矿中的 Fe^{3+} 还原为 Fe^{2+}，反应温度为 870℃，产物金属化率为 80% ~ 95%。还原料冷却后，加入球形回转压煮器中用 18% ~ 20% 的盐酸浸出(浸出温度 145℃，压力 0.245MPa，时间 4h)，浸出过程中将 FeO 转化为 $FeCl_2$，且溶解掉钛精矿中的一系列杂质，如 Mn、Mg、Ca、Cr 等，将 18% ~ 20% 的盐酸蒸汽注入压煮器以提供所必需的热，避免了水蒸气加热引起的浸出液稀释。

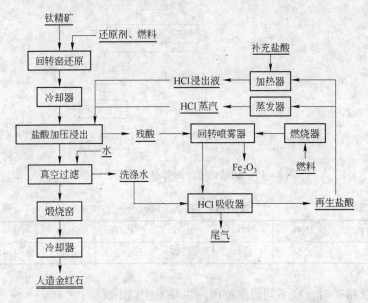

图 3 - 13 盐酸浸出法生产人造金红石的原则工艺流程

浸出的主要反应为：

$$FeO \cdot TiO_2 + 2HCl =\!=\!= TiO_2 + FeCl_2 + H_2O$$

浸出之后，固相物经带式真空过滤机进行过滤和水洗，然后在 870℃ 下煅烧成人造金红石(TiO_2 含量为 92% ~ 94%)。浸出母液中的铁和其他金属氯化物采用传统的喷雾焙烧技术再生，用洗涤水吸收分解出来的 HCl，形成浓度为 18% ~ 20% 的盐酸，返回浸出使用。

该方法的优点是可有效去除铁和钙、镁、铝、锰等可溶性杂质，盐酸可实现循环利用；缺点是盐酸对设备腐蚀严重。

3.5.4.2 硫酸浸出法

硫酸浸出法是将钛精矿先进行弱还原，然后再用稀硫酸浸出。该法又称为石原法，首先在日本研究成功并获得应用。其主要原理就是将钛精矿中的 Fe^{3+} 还原为 Fe^{2+}，再用浓度为 20% ~ 23% 的稀硫酸进行加压浸出，浸出压力为 0.2MPa，反应式为：

$$FeO \cdot TiO_2 + H_2SO_4 =\!=\!= TiO_2 + FeSO_4 + H_2O$$

浸出后的产物经固液分离，分出的固相经洗涤、煅烧后即可制得人造金红石。该法能有效利用硫酸法生产钛白粉排出的废硫酸，浸出母液可以制取硫酸铵和氧化铁红，故生产成本较低。日本石原公司利用硫酸法钛白粉厂排出的废硫酸生产 TiO_2 含量达 96% 的高品位人造金红石，年生产能力约为 7 万吨。

3.5.4.3 还原锈蚀法

还原锈蚀法实质上是一种选择性浸出法，先将钛精矿中的氧化铁还原成金属铁，再用水溶液把其中的铁"锈蚀"出来，从而使 TiO_2 富集。此法的生产成本较低，在经济上有竞争力。其原则工艺流程如图 3-14 所示。

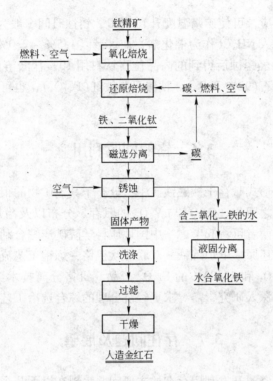

图 3-14 锈蚀法生产人造金红石的原则工艺流程

（1）氧化焙烧。在回转窑中于 950~1100℃ 下进行氧化焙烧，使二价铁变为三价铁，以提高下一步铁氧化物的还原性能。其反应如下：

$$2FeO \cdot TiO_2 + \frac{1}{2}O_2 \Longrightarrow Fe_2O_3 \cdot TiO_2 + TiO_2$$

（2）还原焙烧。在回转窑中于 1000~1200℃ 下进行还原焙烧，将氧化铁还原成金属铁。主要反应如下：

$$Fe_2O_3 \cdot TiO_2 + TiO_2 + CO \Longrightarrow 2FeTiO_3 + CO_2$$

$$FeTiO_3 + CO \Longrightarrow Fe + TiO_2 + CO_2$$

还原料在冷却筒内缺氧的保护气氛中冷却至 80℃ 以下出窑。氧化铁的金属化程度是锈蚀法的关键。要使产品中 TiO_2 含量达 91%~93%，则必须使原矿中 93%~95% 的铁氧化物还原为金属。

（3）锈蚀。经磁选分离除去还原物料中的过剩还原剂后，将金属化的物料放入装有稀盐酸溶液的锈蚀槽中，通入空气搅拌，使金属铁腐蚀生成类似铁锈（$Fe_2O_3 \cdot H_2O$，也称赤泥）的微粒并分散于溶液中，经旋流分离器不断漂洗而被除去，从而达到除铁和富集 TiO_2 的目的。金属铁的锈蚀实质上是一个电化学过程，阳极和阴极反应可以表示为：

阳极反应 $\qquad\qquad\qquad Fe =\!\!=\!\!= Fe^{2+} + 2e$

阴极反应 $\qquad\qquad O_2 + 2H_2O + 4e =\!\!=\!\!= 4OH^-$

铁离子与氢氧根离子结合成 $Fe(OH)_2$ 后再被氧化，反应如下：

$$2Fe(OH)_2 + \frac{1}{2}O_2 =\!\!=\!\!= Fe_2O_3 \cdot H_2O_{(s)} + H_2O$$

锈蚀过程为放热反应，可使矿浆温度升到 80℃，锈蚀时间一般为 13 ~ 14h。为了加快锈蚀过程的进行，可加入 NH_4Cl 作为催化剂，加入量以 1.5% ~ 2.0% 为宜。

（4）洗涤和干燥。经锈蚀后得到的高品位富钛料用 10% 盐酸溶液和水分别洗涤与干燥之后，即为人造金红石（92% TiO_2）。铁渣可制铁红（Fe_2O_3），也可直接还原成铁粉用于粉末冶金。

3.6　铬的回收利用

铬主要以类质同象形式赋存于钛磁铁矿中，分布于其他矿物的很少。因此，在铁精矿回收铁的同时，铬也随之回收。Cr_2O_3 与 V_2O_5 的赋存、分布以及冶炼过程中的走向都是一致的，综合回收利用两者可一起考虑。中国地质科学院矿产综合利用研究所曾采用钒铬铁精矿造球 – 回转窑预还原 – 电炉炼铁 – 双联法吹钒铬 – 炼钢工艺流程，湿法提取分离钒铬，取得 48.40% 的 V_2O_5 和 49.03% 的 Cr_2O_3 产品。钒铬分离技术工艺流程虽然有望可行，但工业实施还需要深入研究，需寻求更经济合理的综合选冶工艺。

3.7　存在问题及展望

目前攀西地区钒钛资源开发利用存在的主要问题表现在以下几个方面：

（1）资源开发及综合利用总体规模有待于进一步提高。近年来，攀枝花地区钒钛磁铁矿资源开发的发展速度很快，但资源开发和综合利用的总体规模还不能满足国家资源保障能力和资源战略安全的需要，还有很大提升空间。

（2）资源开发与综合利用水平有待进一步提高。攀西地区 40 多年来一直以炼铁为中心，很多宝贵的金属在传统钢铁生产流程中流失且大多是毁灭性的。目前除开发利用了部分铁、钒、钛外，其余的金属都未开发利用。在与钒钛磁铁矿共生、伴生的多种有益元素中，以钴、镍、镓、钪的经济价值较高，仅以攀钢每年采原矿 1300 多万吨计算，每年钴要流失 1300t，镍要流失 2700t，钪要流失 290t，镓要流失 200t。攀钢在选钛工艺流程中将粗硫钴精矿加以回收利用，但由于精矿品位偏低，市场滞销，现已停产。而对于其他有价元素，除了在实验室进行一些回收试验外，基本上未进行回收利用，造成了资源的极大浪费。此外，铁水提钒工艺也不理想，从原矿计算钒的回收率仅约 26.28%。同时，由于钛矿的品位较低，受技术等因素的限制，造成目前攀枝花钛资源回收率只有 15% 左右。

（3）钒钛产品的深加工规模与技术水平也需要进一步提高。目前，对钒钛的综合利用深度仅停留在五氧化二钒、三氧化二钒、高钒铁、涂料钛白、造纸钛白等初级产品上，一些钒化合物（如碳化钒、氮化钒）、钒氧化物（V_2O_4、VO_2、钒催化剂等）、钒金属、钛金属、高档金红石型钛白等高附加值的产品还有待进一步开发研究。

（4）环境问题突出。在矿山生产过程中必然会引发一系列的矿山环境问题，主要体现为地面变形、"三废"污染、水土流失、矿山水均衡破坏等。攀枝花矿业基地在矿业开发过程中产生了大量的固体废弃物，日积月累，对矿山及其毗邻地区的环境造成潜在的巨大影响。当前，保护环境、绿色生产的要求愈加迫切，同其他行业一样，钒钛资源开发和钒钛产业面临着前所未有的挑战，同时也面临着前所未有的发展机遇。

为了全面提高钒钛磁铁矿资源的综合利用程度，除上述问题外，还应重点开发三个相关技术：一是作为高炉流程重要补充的高炉渣提钛技术；二是表外矿开发与综合利用技术；三是钒钛磁铁矿直接还原及钒钛综合利用技术。通过上述技术的开发，钒钛磁铁矿综合利用程度和铁、钒、钛的回收率有望达到更高水平。

复习思考题

3-1 简述钒资源及钛资源的分布及用途。

3-2 攀西地区已探明哪四大矿区，其中有用元素含量各有何特点？

3-3 攀西钒钛磁铁矿中主要矿物成分是什么，铁、钒、钛在钒钛磁铁矿中的赋存状态如何？

3-4 目前钒钛磁铁矿的主要开发途径有哪些？

3-5 简述攀钢钒钛磁铁矿高炉冶炼中铁、钒、钛在金属相与渣相中的分配情况。

3-6 高炉冶炼钒钛磁铁矿的主要困难和主要技术措施有哪些？

3-7 含钛高炉渣中的 TiO_2 对炉渣脱硫能力有何影响？

3-8 什么是炉渣的熔化性温度，含钛高炉渣的熔化性温度与炉渣碱度有何关系？

3-9 高温还原条件下含钛炉渣变稠的原因是什么？

3-10 钒钛磁铁矿高炉流程中，综合回收铁、钒、钛存在的主要问题是什么？

3-11 钒钛磁铁矿提钒工艺主要有哪几种，各有何特点？

3-12 简述目前攀钢所采用的提钒工艺流程及钒的综合利用状况。

3-13 提取回收高炉渣中的钛存在难度的根本原因是什么，目前含钛高炉渣综合利用的方向主要有哪些？

3-14 什么是"富钛料"，生产富钛料的意义及主要工艺有哪些？

3-15 简述由钛精矿生产高钛渣及人造金红石的工艺流程，写出相关反应方程式。

3-16 简析目前攀西钒钛资源开发利用存在的主要问题及拟解决措施。

4　包头白云鄂博矿

"白云鄂博"的蒙语语意为"富饶的圣山",包头白云鄂博矿是内蒙古自治区内拥有丰富的铁、稀土、铌等多种金属共生矿床的矿区,是包头钢铁集团有限公司的主要矿石原料基地。该矿区位于包头市正北约 150km 处,矿山的南坡为呼包盆地,北部为乌兰察布盟草原。矿区矿化规模较大,自西向东分布有 5 个铁矿体,即西矿、主矿、东矿、东介勒格勒及东部接触带。西矿的铌、稀土矿化较弱,含量较低;东部接触带中铌的含量较高,但稀土含量甚微;东介勒格勒主要是以铌、稀土为主。该矿呈东西走向、条带状赋存,东西长约 18km,南北宽 2 ~ 3km,面积约为 48km^2。

白云鄂博矿开发利用最早和最多的资源产品是钢铁,包钢(集团)公司的发展主要依靠白云鄂博矿的铁矿资源,可以说白云鄂博矿造就了包钢,也造就了包头这座现代化的工业城市。包钢(集团)公司成立几十年来,为实现钢铁产业的健康持续发展,加强白云鄂博矿的资源保护和综合利用,不断进行技术改造,攻克了大量技术难关,现已成为我国重要的钢铁和稀土工业基地,在国家经济建设中发挥着重要的作用。

4.1　包头白云鄂博矿的特点

4.1.1　铁、稀土、铌等多金属共生

白云鄂博矿自 1956 年开始建设,是一个已有多年历史的老矿山,现已探明的铁矿石储量超过 14 亿吨。其中稀土储量(以 REO,即稀土氧化物计算)约为 1 亿吨,居世界第一位。截至 2009 年,稀土工业储量为 3600 万吨,占国内稀土资源储量的 80% 以上,占世界的 36% 左右。此外,铌储量位居世界第二位。白云鄂博矿还是钍资源的巨大宝库,仅主、东矿中钍储量就达到约 22 万吨,仅次于印度,居世界第二位,占国内储量的 77.3%。

白云鄂博铁矿的稀土资源中有 98% 是轻稀土。尽管国内不断发现新的稀土矿藏,但随着世界上其他地区稀土矿的发现,我国稀土储量在世界稀土储量中的比例不断下降。另外,从人均占有率来讲,我国并不占优势。例如,美国工业稀土储量为 1300 万吨,我国工业稀土储量是其 3 倍还多,但美国人口不到 3 亿,而我国却超过 13 亿,人均拥有量远低于美国;我国稀土工业储量是澳大利亚的 7.5 倍,但人口却是澳大利亚的 65 倍,按人均占有率计算,澳大利亚是我国的 8.7 倍。因此,我国的稀土资源优势既是绝对优势,又是相对优势。

将拥有高品位轻稀土资源的国家按照资源量排序,澳大利亚居首位,俄罗斯次之,再次为美国、巴西,我国居第五位。澳大利亚韦尔德山稀土不仅储量大、综合利用元素多,而且头等矿的平均最高品位达到 14.8%;而我国包头白云鄂博东矿平均品位为 10%,西矿平均品位为 1.14%。另外,马来西亚、印度尼西亚、尼日利亚、埃及、格陵兰等国家和地区也发现具有一定规模的稀土矿床。随着世界上新的稀土资源的不断出现,我国稀土

资源的优势地位也在不断发生变化。

4.1.2　化学成分与矿物组成

4.1.2.1　化学成分

现已发现白云鄂博矿有 73 种元素、170 余种矿物，其中，具有综合利用价值的元素有 28 种，铁矿物和含铁矿物有 20 余种，稀土矿物有 16 种，铌矿物有 20 种。

除铁、铌、稀土元素外，白云鄂博矿中还含有一些分散的稀有元素和放射性元素。不同类型矿石的成分分析列于表 4 - 1 中。由表 4 - 1 可以看出，除有益元素外，矿石中磷含量较高，P_2O_5 含量一般都在 1% 以上，作为铁矿，这无疑将给炼铁工艺带来麻烦。

矿石中还有高含量的氟（萤石），这也是该矿的重要特点之一。萤石（CaF_2）在钢铁冶炼中常用作助熔剂，它可大大降低炉渣熔点，改善炉渣流动性。但是，大量萤石随铁矿石一起进入高炉后会大大降低矿石的软熔温度和炉渣熔点，这将给高炉冶炼带来灾难。

表 4 - 1　不同类型矿石的成分分析　　　　　　　　　（%）

化学成分	富铁矿		萤石型中贫矿			混合型中贫矿		
	主矿	东矿	主矿	东矿	西矿	东介勒格勒	东部接触带	主矿
SiO_2	4.81	4.03	2.18	9.87	2.91	22.76	10.79	8.80
TiO_2	0.29	0.33	0.62	0.62	0.91	0.56	0.55	0.41
Fe_2O_3	68.63	73.42	39.29	44.58	33.44	31.61	44.59	46.92
FeO	5.55	1.68			0.33		0.22	0.44
Al_2O_3	0.22	0.97	0.66	0.26	0.60	1.55	0.85	0.95
MnO	0.79	2.37	0.12	0.39	2.49	0.07	5.95	0.70
CaO	8.78	6.97	26.26	19.79		11.59	16.15	6.22
BaO		0.81	3.90	3.04		6.67	1.15	0.83
K_2O	0.09	0.33	0.08	0.09		0.57	0.92	2.19
Na_2O	0.25	0.46	0.46	0.24		4.06	0.62	0.63
P_2O_5	0.93	0.21	2.71	2.51	1.97	2.84	1.15	1.15
SO_3	0.21	0.44	1.81	1.23	1.44	2.78	0.52	0.76
CO_2	1.00	1.59	2.37	1.87		1.34	2.68	1.26
Nb_2O_5	0.06	0.092	0.16	0.08		0.14	0.14	0.11
TRE_2O_3	2.73	1.59	9.49	8.55	0.88	7.72	3.24	1.92
F	5.89	3.80	16.83	11.16		7.25	8.31	5.47
MgO	0.99	0.86	0.31	0.24		0.30	3.52	5.23

4.1.2.2　矿物组成

白云鄂博矿区的矿物组成非常复杂，达百种以上，其矿物种类举例见表 4 - 2。以目前开采的主、东矿为例，共发现 87 种之多。

表 4 - 2　白云鄂博矿区的矿物种类举例

矿物类型	主 要 矿 物 名 称	种类数量
铁矿物	磁铁矿，赤铁矿，镜铁矿，假象赤铁矿，假象磁铁矿，菱铁矿，褐铁矿	5
稀土矿物	氟碳铈矿，氟碳钙铈矿，氟铈钡矿，氟碳钡铈矿，独居石，褐帘石	12
铌矿物	铌铁矿，黄绿石，烧绿石，钕铌易解石，铌钛易解石，铌钙矿，铌铁金红石	12
钍、锆矿物	铁钍石，锆石英	5
钛矿物	金红石，钛铁矿	5
其他矿物	萤石，磷灰石，软锰矿，白云石，闪石，钠辉石，硫化物类矿物，稀有氧化物类矿物，硫酸盐类矿物，磷酸盐类矿物等	75
总　计		114

构成矿石的有益矿物主要是铁矿物、稀土矿物、铌矿物及其他脉石矿物。白云鄂博矿主要的矿石类型为萤石型、辉石型、闪石型，它们占矿石的绝大部分。矿石类型不同，矿物组成也不相同，各类矿石中主要矿物的体积分数列于表 4 - 3 中。

表 4 - 3　各类矿石中主要矿物的体积分数　　　　　　（％）

矿物种类		富铁矿		萤石型		钠辉石型	钠闪石型	白云石型	云母闪石
		主矿	东矿	主矿	东矿	东矿	东矿	西矿	西矿
铁	磁铁矿	23.47	17.26	3.45	10.86	0.42	13.17	1.6	3.10
	赤铁矿	47.73	58.76	38.69	29.85	17.16	31.77	23.20	41.22
	褐铁矿	4.78	3.42	0.46	1.56	1.17	9.39	4.40	3.32
铌	钛铁金红矿	0.16	0.12	0.28	0.40	0.35	0.04		
	铌铁矿	0.02	0.03	0.03	0.06	0.01	0.07		
	易解石类	0.01	0.02	0.05	0.01	0.02	0.02	0.18	
	黄绿石	0.004	0.001		0.007	0.031	0.022		
稀土	氟碳铈矿	1.40	0.99	7.51	5.74	3.26	2.10		0.17
	独居石	0.82	0.57	2.61	2.83	2.61	1.48	1.0	0.57

4.1.3　主要元素的赋存状态

（1）铁。铁矿石的主要类型为磁铁矿、赤铁矿及不同氧化度的磁铁矿，按品位可分为高（$w(\text{TFe}) \geq 45\%$）、中（$w(\text{TFe}) = 30\% \sim 45\%$）、低（$w(\text{TFe}) = 20\% \sim 30\%$）三种类型。各类矿物的粒度主要集中在大于 0.15mm 的粒级中，占 42% ~ 80%；其次为 0.15 ~ 0.074mm 粒级，占 9% ~ 30%；其他粒级越细，铁含量越少。

（2）铌。在整个矿区中，铌氧化物储量约为 660 万吨，构成特大型矿床。现已开采的主、东矿矿床 Nb_2O_5 的平均品位为 0.135%，西矿为 0.068%，都属于低品级。矿石中含铌矿物共有 12 种。铌矿物嵌布粒度极细，大部分小于 0.02mm，给选矿富集带来极大困难。

（3）稀土。矿石中已发现的含稀土元素的矿物共有 12 种，其中主要有氟碳酸盐类矿物，如氟碳铈矿（Ce, La）（CO_3）F、氟碳钙铈矿 $Ce_2Ca(CO_3)_3F_2$ 等，此外还有独居石（Ce, La）PO_4、黄河矿 $Ba(Ce, La, Nd)(CO_3)_2F$ 等。氟碳酸稀土矿和独居石在各类矿石中有相同的共生关系及嵌布特点，常呈板状及粒状，以集合体或单体的形式星散地分布在矿石中。独居石经常与磷灰石共生，呈粒状集合体分布于磷灰石条带中。矿物的粒度多数在 0.01～0.15mm 范围内。白云鄂博矿中的稀土主要是轻稀土。铈族稀土占绝对优势，镧、铈、镨、钕、钐占 96%～98%，CeO_2 含量最高，占 42%～49%；钇族稀土仅占 1.63%～3.55%，Y_2O_3 占 0.55%～1.3%。

白云鄂博矿的矿床结构具备了"贫"、"细"、"散"、"杂"的全部特点，是一个非常难处理的复合矿。该矿的开发利用虽已逾 50 年，但经历了曲折发展，至今仍存在许多问题有待解决，仍是我国复合矿资源综合利用的重要攻关课题之一。

4.2　包头白云鄂博矿的利用现状

4.2.1　铁资源

白云鄂博铁矿作为包钢的主要原料基地，目前主要开采的是主矿体和东矿体。主、东矿矿石工业品位为 20%，入选品位为 32.5%。主矿年生产能力为 700 万吨，东矿为 500 万吨。由于包钢公司当前对铁精矿的需求量加大，现已对西矿进行开发，基建剥离工作业已结束，并已达到年生产能力 600 万吨以上的水平。今后，主、东、西矿将年产铁矿石 2000 万吨左右。

主、东、西矿总储量约为 14.6 亿吨。截至 2005 年，累计采出矿石 2.64 亿吨。铁资源保有量约为 12 亿吨，其中境界内保有矿石总量有 6.99 亿吨（主矿 1.94 亿吨，东矿 0.65 亿吨，西矿设计圈定 4.2 亿吨，堆置中贫氧化矿 0.2 亿吨），境界外保有矿石总量约 5 亿吨。矿床开采回采率达到 98% 以上。开采的铁矿石全部由包钢选矿厂处理，铁的选矿回收率为 70%，尾矿产生量约为 1.6 亿吨，全部堆置于尾矿库中，尾矿中铁的品位在 17% 以上。

4.2.2　稀土资源

稀土是白云鄂博矿中最重要的资源。稀土是一组稀有金属元素，已在高技术领域中得到广泛应用。科学家们把稀土誉为 21 世纪材料的宝库，利用各种单一稀土元素可以制造品种繁多的新型功能材料，如稀土永磁材料、发光材料、抛光材料、催化材料、激光材料、陶瓷材料、超导材料、镀覆材料等，其应用范围几乎包括了国民经济的所有领域。包头有世界最大的稀土矿山以及研究、生产稀土的强大科技力量，现已成为世界稀土的生产基地，如何利用稀土和保护好稀土资源是一件非常重要和有意义的工作。

白云鄂博矿含稀土的岩石主要是稀土白云岩，在矿床开采过程中按照分采、分堆的原则，设专门的排土场进行稀土白云岩资源保护，其目前还未进行利用。随铁开采的稀土有 92% 进入包钢选矿厂，矿石中的稀土矿物在选铁中绝大部分进入尾矿。稀土的回收，主要以强磁中矿、强磁尾矿为入选原料生产稀土精矿。选别作业回收率为 60%～70%，其中稀土精矿选别回收利用了 12.8%，铁精矿中稀土含量约占 3.6%，大部分稀土排入尾矿库中堆存，约占 75.6%。目前尾矿库中尾矿含稀土氧化物（REO）7.23%，稀土氧化物总量超过 800 万吨。白云鄂博矿的稀土总回收率仅为 10%。

4.2.3 其他主要有用矿物

（1）铌资源。铌是一种稀有的高熔点金属。它的最大应用领域是钢铁工业，主要用于高强度低合金钢的生产，大量应用于汽车、桥梁、石油天然气输送管道、石油钻井平台、铁路和土木建设等。此外，铌还大量用于含铌高温合金、超导材料、硬质合金、电子工业中的光调制器、压电陶瓷材料以及光学玻璃、原子反应堆的包套材料等。目前全世界每年消耗五氧化二铌约 4 万吨，其生产主要集中在巴西。我国钢铁工业所需的铌铁主要从巴西进口，因此开发和利用我国的铌资源十分重要。白云鄂博矿铌资源总储量 660 万吨中，主、东矿占 79 万吨，仅次于巴西。虽然白云鄂博矿中铌资源储量丰富，但一直未能开发利用，大量的铌资源随着铁矿石选矿后的尾矿进入尾矿坝。自 20 世纪 60 年代以来，国内许多高等院校和科研院所都对白云鄂博矿床铌资源的开发利用做了大量工作，取得了一定进展，但至今未能实现产业化生产。白云鄂博矿经高炉冶炼后，稀土进入高炉渣中，铌进入铁中，铁水再经转炉冶炼后，铌又进入炉渣中。铁精矿中 Nb_2O_5 含量约为 0.10%，而炉渣中 Nb_2O_5 含量为 0.7% ~ 1.0%，这说明铌在钢渣中得到了相当程度的富集，有待回收利用。

（2）钍资源。钍是一种天然放射性元素，一般与稀土矿物共生，具有十分重要的应用价值，目前在核电站的核燃料中已经实现了工业化应用。我国包头白云鄂博矿的钍储量为 22 万吨，仅次于印度。根据目前包头稀土生产能力，每年可生产二氧化钍 200 多吨。白云鄂博主、东矿中 ThO_2 的合计储量为 22.1 万吨，目前还未进行有效的开发利用。矿石中的 ThO_2 在包钢选铁时，随尾矿进入尾矿库堆存的钍占 80.5%；赋存于铁精矿中的钍占 13.5%，在高炉冶炼过程中有 13% 进入高炉渣，0.5% 进入尘渣；赋存于稀土精矿中的钍占 6.0%。由于钍是一种天然放射性元素，在包钢生产过程中给环境带来了一定影响。开发利用白云鄂博矿的钍资源不仅可以利用资源，还将改善环境。

（3）富钾板岩资源。富钾板岩的主要成分为钾长石（$KAlSi_3O_8$）和白云母（$K_2O \cdot 3Al_2O_3 \cdot 6SiO_2 \cdot 2H_2O$），是一种非水溶性的钾、铝、硅资源。富钾板岩通过综合提取可生产碳酸钾、氧化铝、硅肥以及矿物聚合材料等。白云鄂博富钾板岩赋存于主、东矿上盘围岩。主、东矿上盘开采境界内富钾板岩储量为 3.4 亿吨，近几年对其做了许多开发利用的可行性研究工作，具有相当的深度和广度，但还未实现产业化。

（4）萤石资源。萤石是化学工业的重要原料，主要用来制备氟和氢氟酸，也是生产氟利昂、聚氟化物、人造冰晶石和含氟精细化工产品的基础原料。此外，萤石还大量用于冶金、水泥、玻璃和陶瓷行业。白云鄂博矿中萤石资源非常丰富，储量达 1.3 亿吨，目前因市场因素影响还未能工业化生产。

4.2.4 有价资源保护及展望

目前白云鄂博矿的开采是遵循"以铁为主，综合利用"的方针进行的，在开采过程中将有用岩石分采、分运到专设的堆场保存。在选矿过程中将铁回收后，把目前不能全部回收的稀土、铌、钪等有用元素随尾矿排弃到尾矿坝暂时保存，根据需求和技术水平的发展提高再进行处理和应用。未经选矿的原矿，稀土含量平均为 5.6%；经过破碎－磨矿－选别作业后富集的中矿，稀土品位达到 10% ~ 12%，除部分用于生产稀土精矿进行综合利用外，其余全部储存于尾矿中。包钢尾矿坝是二次利用的重要资源，保护好尾矿坝，防止二次资源的流失和贫化，是非常重要的任务。

目前白云鄂博矿中铁矿物得到了大部分的回收利用，稀土矿物的回收率较低，极有经济价值的铌、钍、钪、钾、氟、磷等一直未得到有效的回收利用，造成大量宝贵资源的流失及生态环境的破坏和污染。如何合理调配资源、开发新技术和新工艺、实现综合利用，任重而道远。

4.3 包头白云鄂博矿的高炉冶炼

4.3.1 铁精矿烧结的特点

白云鄂博铁精矿具有低硅、高磷、细粒度且含有萤石和稀土元素等特点，显著降低了烧结矿质量，烧结矿强度差、块度小、转鼓指数高。

4.3.1.1 精矿中硅、氟含量对烧结矿宏观结构的影响

烧结矿的宏观结构随着精矿氟含量和硅含量的变化而改变。在固定硅含量、增加氟含量时，烧结矿的宏观结构从厚壁结构变为多孔薄壁结构，含氟量越高，多孔薄壁结构越显著。这是由于氟是一种很好的矿化剂，在烧结矿黏结相的熔体中，氟离子代替了大体积的硅氧复合体中的氧离子以后，破坏了原有结构的电价平衡，使硅氧复合体的体积变小，硅酸盐的结构秩序由近程有序变为无序，从而使黏结相的黏度及表面张力降低，在固、液、气三相共存的体系中很易形成大量气体孔道，冷却后就形成了多孔薄壁结构。这种多孔薄壁结构将对烧结矿的强度产生较大影响。

4.3.1.2 精矿中硅、氟含量对黏结相矿物组成的影响

烧结矿（自熔性）黏结相一般以钙铁橄榄石为主，而包头烧结矿则以枪晶石（$3CaO \cdot 2SiO_2 \cdot CaF_2$）为主，前者的抗压强度高出后者两倍，这是造成烧结矿强度较差的原因之一。

一般来讲，烧结矿液相量与硅含量成正比。由于包头铁精矿中硅含量低，相应生成的液相量较少，这是造成其烧结矿强度低的另一原因。

综上所述，提高包头精矿烧结矿强度的根本措施是在选矿中大力降低氟含量。这不仅有利于改善烧结生产，对高炉冶炼也极为重要。

4.3.2 高炉冶炼的难点

高炉冶炼白云鄂博矿经历了反复曲折的发展道路。1959 年 9 月高炉投产后即出现了风口大量破损的现象，月坏风口、渣口达数百个。例如，1960 年 5 月损坏风口 334 个，达到国内外罕见的程度。之后，高炉结瘤、炉缸堆积、热风炉破损等重大技术问题相继出现。直至 1978 年，经过近 20 多年的研究，采用高流速方铜管旋风口后才攻克了风口大量破损的技术难关。随后又逐步解决了炉缸堆积、热风炉破损问题，高炉结瘤也基本得到了控制。目前，白云鄂博矿的高炉冶炼已经有了长足进步，但回顾历史、总结经验、采取有效措施解决高炉冶炼白云鄂博矿的难点还是非常重要的。

4.3.2.1　软熔带上移

白云鄂博矿中含有大量 CaF_2（萤石）。一般萤石在高炉冶炼中用作助熔剂，它能大大降低矿石的软熔点和炉渣熔点（在炉墙黏结、炉缸堆积时，向炉料中添加部分萤石可用以洗炉）。白云鄂博块矿中氟含量可达 5.6%～7.0%，选矿时虽已排除了部分萤石，但在烧结矿和球团矿中氟含量仍在 1.0%～2.5%；此外，矿石中钾、钠含量也高于普通矿，这些都导致了矿石软熔温度的降低。白云鄂博矿的化学成分列于表 4－4 中。白云鄂博矿和其他种类矿石的软熔温度对比结果列于表 4－5 中。由表 4－5 可见，不论是白云块矿还是人造富矿，其软化开始温度都明显比普通矿低，前者低 200～360℃，后者低 100～150℃。

表 4－4　白云鄂博矿的化学成分　　　　　　　　（%）

矿种	TFe	FeO	P	S	SiO₂	CaO	Al₂O₃	MgO
块矿	47.26	6.09	0.708	0.62	5.67	9.95	0.59	1.01
烧结矿	49.64	14.64	0.216	0.12	6.78	13.85	1.16	1.58
球团矿	60.36	0.68	0.172	0.06	5.10	3.15	0.57	1.04

矿种	MnO	TiO₂	Nb₂O₅	RₓOᵧ	F	K₂O	Na₂O
块矿	1.12	0.40	0.23	3.63	5.60	0.16～0.84	0.07～0.28
烧结矿	2.08	0.24	0.05	1.24	2.05	0.15～0.30	0.20～0.40
球团矿	1.33	0.19	0.04	1.00	0.96	0.19～0.31	0.22～0.39

表 4－5　不同矿石的软熔温度

矿　种	包钢烧结矿	武钢烧结矿	鞍钢烧结矿	首钢烧结矿	白云块矿	澳大利亚矿	包钢球团矿	武钢球团矿	鞍钢球团矿
碱　度	2.0	2.0	2.0	2.0					
软化开始温度/℃	885	956	1001	1103	739	703	860	1050	1030
软化终了温度/℃	1028	1273	1157	1180	1076	964	980	1120	1090

软化温度低的矿石在较低温度处即开始软化黏结，使软熔带上移、块状带体积减小，这将导致料层气流阻力增加，煤气压差升高，高炉强化困难，这是包钢高炉利用系数较低的重要原因之一。此外，矿石软熔点低，在高炉上部即形成软熔相，如遇温度稍有波动就可形成炉墙黏结物，且易在高炉较高位置结瘤。

4.3.2.2　钾钠氟的循环和积累

包钢高炉炉料的碱负荷达 8～13kg/t，超过了国外认为的安全碱负荷界限，如日本高炉每吨铁的碱负荷不超过 2kg。而且，入炉的氟量高达 50～100kg/t，与普通高炉相比相差极大，此值随块矿加入量的多少而波动。

钾、钠化合物的化学性质很不稳定，它们随炉料下降到高炉下部的高温区后部分被还原为碱金属，气化上升，反应如下：

$$（K_2SiO_3）+ C === 2K_{(g)} +（SiO_2）+ CO$$

煤气中的钾、钠蒸气上升到高炉上部后又可被氧化，反应如下：

$$2K_{(g)} + Fe_xO + SiO_2 === K_2SiO_3 + xFe$$

$$2K_{(g)} + 2CO_2 \Longrightarrow K_2CO_3 + CO$$

这些再氧化的碱金属化合物和分解产生的氧化物（K_2O、Na_2O）部分沉积在炉料的表面或孔隙中（部分沉积在炉墙砖衬上），到下部再被还原气化，如此形成了易挥发碱金属氧化物还原过程的循环富集现象。

氟化物也有类似的循环富集现象，在高温区可生成易挥发的 HF、NaF、KF。HF 在上部被 CaO 吸收可生成 CaF_2。KF、NaF 的熔点分别为 850℃、996℃，都可在上部沉积。

这些易挥发金属化合物的循环富集给高炉冶炼带来许多麻烦，它们是高炉结瘤、炉墙破损、炉料孔隙堵塞以及煤气流阻损增加的重要原因。

4.3.2.3 炉渣特性

由于白云鄂博矿中含有大量萤石，炉渣的物相组成中含有熔点较低的 CaF_2 和枪晶石（$3CaO \cdot 2SiO_2 \cdot CaF_2$）。因此，炉渣熔点低，熔化温度只有 1150～1200℃，比普通高炉渣低 150～200℃。该炉渣的熔化区间只有 30～50℃，当温度为 1300～1400℃时其黏度在 0.2Pa 以下，并随温度变化而陡变，是典型的易熔、易凝短渣。炉渣的温度 - 黏度曲线示于图 4 - 1 中。

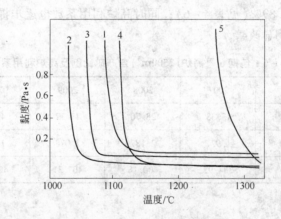

图 4 - 1 炉渣的温度 - 黏度曲线

图 4 - 1 中标号 1～4 表示 $w(F) = 7.4\%$，$w(CaO)/w(SiO_2)$ 分别为 0.9、1.01、1.07、1.25 的包头渣，而标号 5 表示首钢渣（碱度 1.09）。相比之下，包头渣的熔点要比首钢渣低许多。

包头渣热稳定性差，易熔、易凝，当炉况波动时将引起炉渣性质的剧烈波动，易导致炉况失常，引发结瘤。炉渣熔点低，形成液滴后很快落入炉缸，在上部加热不足，焓值低，不利于稳定炉缸的热制度，这也是炉缸易堆积，风口、渣口易损坏的原因之一。

4.3.3 高炉冶炼技术的进步

综上所述，白云鄂博矿高炉冶炼中的困难主要是由矿石中特定成分造成的。解决的途径除了遵循高炉冶炼常规措施外，主要还应设法改进入炉料成分。具体措施如下：

（1）加强选矿。在选别过程中尽量降低钾、钠、氟等有害元素的含量，使其达到不能危害高炉冶炼的程度。

（2）使用配矿。降低入炉料中有害组元的含量，使高炉能够正常操作。

从 1959 年高炉投产至 1980 年，包钢炼铁原料基本全部是白云鄂博矿矿石，高炉平均利用系数仅为 1.1t/(m³·d)；1980 年以后，逐步配加内蒙古地区和河北地区的无氟铁精矿及澳大利亚块(粉)矿，高炉利用系数有所提高。1998 年以前，包钢高炉利用系数年均最高达到 1.66t/(m³·d)，但与我国十大钢厂 1998 年相关高炉平均利用系数(1.94t/(m³·d))相比，差距仍较大。1999 年 7 月，包钢烧结厂烧结矿低碱度试验成功后，开始将外购铁精矿的配比由原来的 30% 左右增加至 40% 左右，这一措施使高炉利用系数明显提高，截止到 2004 年 12 月底，月均指标最高达到 1.865t/(m³·d)。

近几年通过对白云鄂博矿进行冶炼技术攻关、提高精料水平、优化操作技术，高炉利用系数不断提高。随着烧结和球团新技术的应用、高炉含铁炉料结构的优化、炼焦配煤的优化以及提高炉缸活跃性、改善煤气流分布和顺行状况等措施的实施，包钢高炉特殊矿冶炼技术指标有了很大的突破，并取得了显著的经济效益。例如，2006 年全厂年均高炉利用系数首次突破 2.0t/(m³·d)，达到 2.035t/(m³·d)，月均最高达到 2.2t/(m³·d)，焦比降为 445kg/t，燃料比降为 566kg/t，工序能耗(标煤)降为 444kg/t。再如，2006 年 12 月投产的包钢 6 号高炉(2500m³)经过不断实践探索，入炉自产矿(白云鄂博矿)比例逐年增加，2011 年达到 57.89%(见表 4 - 6)；同时高炉利用系数也逐步提高，高炉运行稳定，产量及各项技术指标明显改善。

表 4 - 6　包钢 6 号高炉(2500m³)自产矿比例及高炉利用系数

年　份	2007	2008	2009	2010	2011
自产矿比例/%	17.33	28.70	41.12	45.74	57.89
高炉利用系数/t·(m³·d)⁻¹	1.977	2.187	2.078	1.980	2.075
焦比/kg·t⁻¹	384.97	400.18	407.31	422.52	420.18

4.4　包头白云鄂博矿中稀土的提取

白云鄂博矿中的稀土元素主要赋存于氟碳铈矿和独居石两种矿物中。原矿不能直接用于制取稀土产品，必须首先通过选矿或冶炼的方法获得稀土精矿或稀土富渣，然后通过火法或湿法冶金工艺制取稀土合金、稀土金属或稀土氧化物等。

4.4.1　稀土精矿的生产

包钢选矿厂的原矿基本为白云鄂博主矿、东矿矿石。1990 年后，全部按照弱磁 - 强磁 - 浮选工艺改造生产。弱磁 - 强磁 - 浮选工艺首先将原矿石磨至小于 0.074mm 的粒级占 90% ~ 92%，弱磁选选出磁铁矿，其尾矿在强磁选机磁感应强度为 1.4T 的条件下粗选，将赤铁矿及大部分稀土矿物选入强磁粗精矿中；然后粗精矿经一次强磁精选(0.6 ~ 0.7T)，强磁精选铁精矿和弱磁铁精矿合并送去反浮选，脱除随磁选带入的萤石、稀土等脉石矿物，得到合格铁精矿，其原则工艺流程见图 4 - 2。

在弱磁 - 强磁 - 浮选工艺中能够从三处(即强磁中矿、强磁尾矿和反浮泡沫尾矿)回

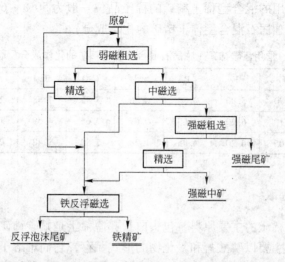

图 4 - 2 白云鄂博原矿弱磁 - 强磁 - 浮选原则工艺流程

收稀土矿物，还有企业从选矿厂总尾矿中回收稀土精矿（选矿厂总尾矿溜槽取矿）。将强磁中矿、强磁尾矿、反浮泡沫尾矿及总尾矿作为浮选稀土原料，采用 H205（邻羟基萘羟肟酸）、水玻璃、J102（起泡剂）组合药剂，在弱碱性（pH = 9）矿浆中浮选稀土矿物，经一次粗选、一次扫选、二次精选（或三次精选）得到 $w(REO) \geqslant 50\%$ 的混合稀土精矿及 $w(REO) = 30\%$ 的稀土次精矿，浮选作业回收率为 70% ~ 75%。

如果需要 $w(REO) = 60\%$ 的精矿，只需增加一道精选即可。还可根据需要对混合稀土精矿进行氟碳铈矿与独居石的浮选分离，得到单一的氟碳铈矿稀土精矿和独居石稀土精矿。白云鄂博稀土矿物浮选工艺流程见图 4 - 3。

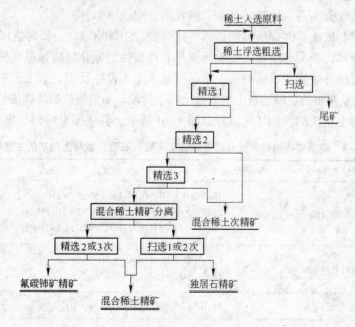

图 4 - 3 白云鄂博稀土矿物浮选工艺流程

目前可供工业使用的混合型稀土精矿的稀土品位一般为 50% ~ 60%。表 4 - 7 中列出的是常用氟碳铈矿 - 独居石混合型稀土精矿的化学成分。

表 4 - 7　常用氟碳铈矿 - 独居石混合型稀土精矿的化学成分(质量分数)　　(%)

矿种	ΣREO	TFe	F	P	SiO_2	CaO	BaO	S	ThO_2	Nb_2O_5
精矿 1	50.4	3.70	5.90	3.50	0.56	5.55	7.58	2.67	0.219	0.052
精矿 2	54.78	2.10	6.20	4.65	0.67	7.65	4.59	1.64	0.170	0.017
精矿 3	60.12	3.05	6.20	4.85	1.28	5.80	2.42	0.65	0.210	0.023

4.4.2　稀土的分离提取

稀土精矿是生产稀土的主要原料,包头白云鄂博稀土是氟碳铈矿 - 独居石混合型稀土精矿,精矿中的稀土主要以磷酸盐和氟化物的形式赋存,它们难溶于水和无机酸。为了使稀土成分转变为易溶于水或酸的化合物,要对精矿进行分解。分解产品经过净化、浓缩及分离等作业后就能制备成各种稀土产品。目前,包头白云鄂博稀土精矿已有多种分解工艺成功地应用于工业生产中。

4.4.2.1　浓硫酸焙烧分解法

浓硫酸焙烧分解法可分为低温(300℃ 以下)硫酸焙烧和高温(约 750℃)强化硫酸焙烧。两种工艺的主要区别是:高温焙烧过程中,精矿中的钍生成了难溶性的焦磷酸钍,在浸出过程中与未分解的矿物一起进入渣中,随渣而废弃(由于放射性超标,必须封存);低温焙烧过程中,精矿中的钍生成了可溶性的硫酸钍,在浸出过程中与稀土一起进入浸出液中,待进一步分离。由于高温焙烧的产物在浸出和净化过程中消耗的化工原料少,工艺流程短,相对低温焙烧而言具有较高的经济效益,因此被生产企业广泛采用。低温焙烧则在环保及钍的回收方面占有优势,是未来的发展方向。

将稀土精矿与浓硫酸混合后再加热到一定温度(约 750℃)时,即可生成可溶性的稀土硫酸盐,萤石分解转变为难溶解的硫酸钙及具有挥发性的氟化氢或四氟化硅气体,铁、锰矿物则不同程度地分解转变成硫酸盐,重晶石基本上不发生反应。该工艺主要包括精矿的分解和浸出以及从浸出的硫酸溶液中提取稀土两个阶段。高温浓硫酸焙烧法分解氟碳铈矿 - 独居石混合型稀土精矿的原则工艺流程如图 4 - 4 所示,其主要反应列于表 4 - 8 中。

表 4 - 8　高温浓硫酸焙烧法分解氟碳铈矿 - 独居石混合型稀土精矿的主要反应

反应类型	反 应 式
稀土矿物分解	$2REFCO_3 + 3H_2SO_4 = RE_2(SO_4)_3 + 2HF_{(g)} + 2CO_{2(g)} + 2H_2O_{(g)}$ $2REPO_4 + 3H_2SO_4 = RE_2(SO_4)_3 + 2H_3PO_4$ $Th_3(PO_4)_4 + 6H_2SO_4 = 3Th(SO_4)_2 + 4H_3PO_4$
萤石分解	$CaF_2 + H_2SO_4 = CaSO_4 + 2HF_{(g)}$ $4HF + SiO_2 = SiF_{4(g)} + 2H_2O_{(g)}$
铁矿物反应	$Fe_2O_3 + 3H_2SO_4 = Fe_2(SO_4)_3 + 3H_2O_{(g)}$
石英砂反应	$SiO_2 + 2H_2SO_4 = H_2SiO_3 + H_2O_{(g)} + 2SO_{3(g)}$

反应类型	反应式
磷酸的分解及焦磷酸钍的生成	$2H_3PO_4 = H_4P_2O_7 + H_2O_{(g)}$ $Th(SO_4)_2 + H_4P_2O_7 = ThP_2O_{7(s)} + 2H_2SO_4$
焦磷酸的分解及偏磷酸钍的生成	$H_4P_2O_7 = 2HPO_3 + H_2O_{(g)}$ $Th(SO_4)_2 + 4HPO_3 = Th(PO_3)_{4(s)} + 2H_2SO_4$
硫酸及硫酸铁的分解	$H_2SO_4 = SO_{3(g)} + H_2O_{(g)}$ $Fe_2(SO_4)_3 = Fe_2O_3 + 3SO_{3(g)}$ $SO_3 = SO_{2(g)} + \frac{1}{2}O_{2(g)}$

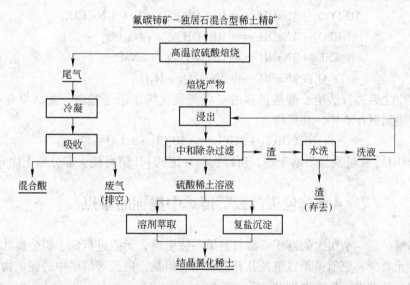

图4-4 高温浓硫酸焙烧法分解氟碳铈矿-独居石混合型稀土精矿的原则工艺流程

稀土精矿中的氟碳铈矿、独居石、萤石、铁矿石、硅石等主要成分在加热至300℃以前即可分解，稀土矿物转化成可溶性的硫酸盐，利于稀土的回收。以磷酸盐存在的钍首先被硫酸分解为可溶性的硫酸盐，而后硫酸盐又与磷酸的分解产物焦磷酸和偏磷酸反应生成难溶性的ThP_2O_7和$Th(PO_3)_4$。

提高焙烧温度有利于稀土矿物的分解，但是过高的温度（800℃以上）易使稀土硫酸盐分解成盐基性硫酸稀土甚至氧化稀土，这将降低稀土的回收率。稀土硫酸盐在800℃以上时的分解反应如下：

$$RE_2(SO_4)_3 = RE_2O(SO_4)_2 + SO_{3(g)}$$
$$RE_2O(SO_4)_2 = RE_2O_3 + 2SO_{3(g)}$$

操作时将稀土精矿与浓硫酸混合后在回转窑内连续焙烧。焙烧后产物用水浸出，将溶于水的稀土、铁、锰、磷等硫酸盐与钙分开。然后将稀土转化为不溶性的硫酸钠稀土复盐，达到与杂质分离的目的，其主要反应为：

$$RE_2(SO_4)_3 + Na_2SO_4 + 2H_2O = RE_2(SO_4)_3 \cdot Na_2SO_4 \cdot 2H_2O$$

复盐用热氢氧化钠处理可得到氢氧化稀土，供分离单一稀土和制备混合氯化稀土使用，其反应如下：

$$RE_2(SO_4)_3 \cdot Na_2SO_4 \cdot 2H_2O + 6NaOH \Longrightarrow 2RE(OH)_{3(s)} + 4Na_2SO_4 + 2H_2O$$

除复盐沉淀法外，还可以利用有机溶剂萃取法从硫酸盐溶液中萃取稀土。适合从硫酸溶液中萃取稀土的萃取剂有多种，如酸性有机磷酸酯和胺类萃取剂等。目前工业中常采用 P204 或 P507 作为萃取剂。

4.4.2.2　烧碱分解法

高品位稀土精矿（$w(REO) > 60\%$）可用烧碱分解，使精矿中的稀土矿物和萤石均分解为不溶于水的稀土氢氧化物和钙的氢氧化物，而氟和磷则生成溶于水的氟化钠、磷酸三钠和碳酸钠。分解后的产物经水洗和酸溶，将稀土化合物与杂质元素分开，获得较纯的稀土化合物。烧碱分解反应如下：

$$REFCO_3 + 3NaOH \Longrightarrow RE(OH)_{3(s)} + NaF + Na_2CO_3$$

$$REPO_4 + 3NaOH \Longrightarrow RE(OH)_{3(s)} + Na_3PO_4$$

$$CaF_2 + 2NaOH \Longrightarrow Ca(OH)_{2(s)} + 2NaF$$

$$Fe_2O_3 + 2NaOH \Longrightarrow 2NaFeO_2 + H_2O$$

分解反应之后进行酸溶。酸溶的目的是将氢氧化稀土溶于盐酸，生成氯化稀土，而铁、磷等杂质则留在渣中，其反应为：

$$RE(OH)_3 + 3HCl \Longrightarrow RECl_3 + 3H_2O$$

因 $RE(OH)_3$ 含量高且易溶于酸，所以控制一定的 pH 值可使大部分稀土优先溶出。

4.5　包头白云鄂博矿中提铌的难点

白云鄂博矿是一个很大的富铌资源且是单一铌资源，无需进行铌、钽分离处理，尤其是含放射性元素少，更值得予以重视及开发利用。但是，白云鄂博矿中的铌矿物与铁连生且嵌布微细，是世界上最难选别的一种铌矿物。

4.5.1　难选的铌矿

白云鄂博矿中的铌矿物以钛铁金红石、铌铁矿、易解石、烧绿石等多种铌矿物的复合体存在。铌在矿物中的分布较为分散，品位很低（原矿含 Nb_2O_5 0.1% ~ 0.14%），晶粒也极细（$20\mu m$ 左右），因此选矿难度极大，曾被认为是不可选的。

经过多年的研究，在对白云鄂博矿中铁、稀土及铌矿物的赋存形态及其物理性质进行深入研究的基础上，提出了原矿中铁、稀土、铌的综合选矿方案，即弱磁－浮选－强磁－浮选工艺，并进行了系列试验。试验证明，此法可将铌有效地富集于选铁后的中间产品中，进而根据铌矿物的浮选特性研制了新型浮选药剂，选出了铌精矿，其铌品位比原矿提高了 10 倍，达到 1.30%。但是相对于原矿，其回收率只有 16.1%。因此，铌的选别富集至今仍未得到很好的解决。

4.5.2　火法提铌的现状

一般铌的提取采用选矿、选冶联合以及火法富集的方法获得富铌料（铌、钽总含量大于 50%），然后用湿法冶金的方法分解富铌料，再进一步制取铌及铌合金。由于白云鄂博矿铌含量很低且选矿工艺不完善, 长期以来只能采用高炉 – 转炉 – 电炉分离富集生产低品级铌铁的流程。

原矿中的铌大约有 50% 进入铁精矿中, 15% ~ 20% 进入尾矿, 其余则进入稀土精矿中。在高炉冶炼过程中, 70% ~ 75% 的铌被还原进入铁水。铌的还原是吸热反应, 因此在高炉冶炼中提高炉温可促进铌的还原, 但也易导致[Si]、[Mn] 含量的升高, 后者在转炉吹炼过程中与[Nb] 同时被氧化进入炉渣, 从而使铌渣贫化(见表 4 – 9)。因此在冶炼含铌生铁时, 应控制适宜的炉温, 既要保证铌有较高的还原率, 又要控制硅、锰不过多还原, 一般铁水铌含量在 0.1% 左右。

表 4 – 9 高炉冶炼中硅、锰还原对转炉铌渣贫化的影响 (%)

高炉冶炼温度状况	高炉铁水中			转炉渣中
	[Si]	[Mn]	[Nb]	(Nb_2O_5)
温度过高	1.73	0.81	0.246	4.52
温度适宜	0.43	0.45	0.181	8.86

在炼钢过程中, 铁水中的铌大部分被氧化进入渣中, 渣中 Nb_2O_5 含量可达 5% ~ 6%。这种转炉渣在电炉中进行还原熔炼只能生产低品级铌铁。铌的回收率较低, 仅有 1.32% 左右。

复习思考题

4 – 1 白云鄂博复合矿中含有的主要元素及其赋存状态如何?

4 – 2 简述白云鄂博矿的化学组成、矿物组成及其特点。

4 – 3 简述白云鄂博矿的利用现状、存在的问题及展望。

4 – 4 白云鄂博铁精矿有何特点, 对烧结矿质量有何影响?

4 – 5 高炉冶炼白云鄂博矿的困难主要有哪些, 应采取何种措施予以解决?

4 – 6 白云鄂博矿石软熔温度较低的原因是什么, 给高炉冶炼带来哪些危害?

4 – 7 高炉冶炼白云鄂博矿时会发生哪些易挥发金属的循环富集现象, 会给高炉冶炼带来哪些危害?

4 – 8 简述从白云鄂博矿获得稀土精矿的主要工艺流程。

4 – 9 稀土精矿为何需要分解处理, 有哪些主要工艺方法?

4 – 10 简述从白云鄂博矿中提铌的方法及存在的困难。

4 – 11 采用高炉流程冶炼含铌生铁时, 为何要控制适宜的炉温?

5　金川镍铜复合矿

金川镍铜复合矿是 1958 年发现的我国最大、世界著名的镍铜多金属共生矿床，也称为金川镍矿、金川硫化铜镍矿等。矿床位于甘肃省境内阿拉善台块西南边缘隆起区。含矿岩体呈北西向展布，矿床全长约 6.5km，厚数十米至 300 余米，倾斜延伸数百米至千米以上，呈岩墙状赋存。受北东向扭性断层的影响，岩体被分割为四段，由西向东依次称为三、一、二、四矿区，其中以二矿区岩体最长，约 3km；其次为一、四区，各长约 1km；三矿区仅长数百米。

金川集团有限公司位于我国西部河西走廊的工业城市甘肃省金昌市，经过几十年的风雨洗礼，如今已成为全国最大、世界知名的镍钴生产企业和铂族金属提炼中心，被誉为中国的"镍都"。镍和铂族金属产量占全国的 90% 以上，已形成年产镍 13 万吨、铜 40 万吨、钴 1 万吨、铂族金属 3500kg、金 8t、银 150t、硒 50t 及无机化工产品 150 万吨的综合生产能力。由于金川镍铜复合矿中共生金属繁多，从 1978 年开始金川集团有限公司就被列为全国矿产资源综合利用三大基地之一。

目前，金川集团有限公司不断加大金川镍铜复合矿综合利用的深度和广度，遵循可持续发展理念，增强公司的国际竞争力，为缓解我国镍、铜、稀贵金属的供需矛盾以及支持相关产业的发展做出了重要贡献。

5.1　金川镍铜复合矿的特点

5.1.1　镍、铜等多金属共生

金川镍铜矿的特点是镍、铜等多金属共生，现已探明金川镍铜矿石地质储量达 5.2 亿吨，其中含镍 557 万吨、铜 351 万吨、钴 16 万吨、铂族金属 197 万吨。矿石中还有钴、铂、钯、金、银、锇、铱、钌、铑、硒、碲、硫、铬、铁、镓、铟、锗、铊、镉等元素，其中可回收利用的有价元素有 14 种。金川矿床中镍和铂族金属储量分别占全国已探明储量的 70% 和 80% 左右，其中，镍资源占世界镍储量的 4%，仅次于加拿大萨德伯里硫化铜镍矿床；铜金属储量仅次于江西德兴铜矿，钴金属储量仅次于四川攀枝花，均居全国第二位。

5.1.2　矿物组成

金川镍铜复合矿中的金属矿物主要以硫化物为主，此外还含有少量氧化物及微量自然元素、金属互化物、砷化物、铋化物、锑化物等。

硫化物主要有磁黄铁矿、镍黄铁矿和黄铜矿，其次为方黄铜矿、马基诺矿、墨铜矿、含铜镍黄铁矿、铜镍铁矿、含镍黄铜矿、闪锌矿、方铅矿等。氧化物有磁铁矿、铬尖晶石、赤铁矿及微量钛铁矿。

各类矿石中硫化物和氧化物绝大部分呈粒状和不规则集合体存在。除块状矿石全部由硫化物和氧化物组成外，其余各类矿石金属矿物嵌布在不同的造岩矿物之间。少量热液期金属矿物分布在造岩矿物和早期金属矿物之中。

5.1.2.1 磁黄铁矿

磁黄铁矿是矿石中最主要的金属硫化物，它与镍黄铁矿、方黄铜矿、黄铜矿、马基诺矿等共生，广泛分布在埋藏较深或氧化作用较弱的各类矿石中。其一般粒度为 0.1 ~ 0.4mm，细者在 0.01mm 以下，粗者可达 4mm 以上。矿物含量变化较大，一般为 0.75% ~ 5.95%，块状矿石可达 65% 左右。

磁黄铁矿不同矿样的成分波动较大，如表 5 - 1 所示。其成分中铁含量高者则镍、钴含量较低，反之亦然。

表 5 - 1　磁黄铁矿的成分举例　　　　　　　　（%）

编号	元　素					总　计
	Fe	Ni	Co	Cu	S	
1	60.5	0.5			40.8	101.8
2	59.43	0.49			40.08	100.00
3	60.2	0.5			40	100.7
4	59.78	0.50			39.72	100.00
5	57.78	1.38	0.028		39.01	98.20
6	58.83	1.40	0.03		39.69	99.95
7	58.1	0.957	0.019		39.43	98.51
8	58.97	0.99	0.02		40.02	100.00
9	50.2	8.3	0.07		43.8	102.37
10	48.74	8.06	0.68		42.52	100.00
11	54.4	4.8	0.8		37.7	97.7
12	55.68	4.91	0.82		38.59	100.00
13	53.0	3.2	0.7	2.3	39.3	98.5
14	53.81	3.25	0.71	2.34	39.9	100.01
15	53.7	4.3	0.5		40.2	98.7
16	54.41	4.36	0.51		40.73	100.01
17	52.9	6.1	微量	0.2	38.5	97.7
18	54.15	6.24	微量	0.20	39.41	100.00

5.1.2.2 镍黄铁矿

镍黄铁矿是矿石中最重要的含镍金属硫化物，其含量一般为 0.44% ~ 3.47%，块状矿石可达 10% 以上，仅次于磁黄铁矿。它和磁黄铁矿、黄铜矿、方黄铜矿共生，普遍分布在埋藏较深的各类矿石中。矿物粒度一般为 0.1 ~ 0.3mm，细者在 0.01mm 以下，粗者可达 3mm 左右。镍黄铁矿的成分举例列于表 5 - 2 中。

表 5 - 2　镍黄铁矿的成分举例　　　　　　　　　　　（%）

编 号	元 素				总 计
	Fe	Ni	Co	S	
1	33.5	30.6	0.7	30.4	95.20
2	35.19	32.14	0.74	31.93	100.00
3	34.0	36.3	0.1	32.2	102.6
4	33.14	35.38	0.10	31.38	100.00
5	32.2	33.9	0.5	32.7	99.3
6	32.43	34.14	0.5	32.93	100.00
7	30.1	37.4	1.1	29.1	97.7
8	30.81	38.28	1.12	29.79	100.00
9	30.4	37.5	0.2	32.6	100.7
10	30.19	37.24	0.20	32.37	100.00
11	34.3	31.7	0.7	30.3	97.0
12	35.36	32.68	0.72	31.24	100.00
13	33.5	30.3	0.7	32.2	96.7
14	34.64	31.33	0.72	33.30	99.99
15	33.03	31.50	0.67	34.79	99.99
16	33.42	32.51	0.63	33.36	99.92

5.1.2.3　黄铜矿

黄铜矿是矿石中最主要的含铜硫化物，是比较稳定的矿物。它分布广泛，在各类矿石中普遍存在且含量变化较大，一般为 0.22% ~ 3.24%，局部有富集现象，在块状矿石中可达 14.77%。黄铜矿的一般粒度为 0.05 ~ 0.3mm，有时可达 4mm。黄铜矿的成分举例列于表 5 - 3 中，可见与标准黄铜矿的值近似，其中铁的含量稍高。黄铜矿中还含有碲铅矿、碲银矿、金银矿、硫铋镍矿等细小包体。

表 5 - 3　黄铜矿的成分举例　　　　　　　　　　　（%）

编 号	元 素					总 计
	Cu	Fe	Ni	Co	S	
1	34.5	32.5			33	100.0
2	33.6	32.0			31.8	97.4
3	34.5	32.85			32.65	100.00
4	31.9	31.4			30.0	93.3
5	33.97	33.44			32.71	100.12
6	33.08	29.88	1.11	0.021	34.46	98.551
7	33.57	30.32	1.13	0.021	34.97	100.01
8	33.6	31.4			31.5	96.50

编号	元 素					总 计
	Cu	Fe	Ni	Co	S	
9	34.78	32.51			32.71	100.00
10	31.72	29.86	1.57	0.028	34.94	98.12
11	32.33	30.43	1.60	0.03	35.61	100.00
12	32.1	33.5			34	99.6
13	32.23	33.63			34.14	100.00

5.1.2.4 伴生元素

金川镍铜复合矿除含有镍、铜等重要金属元素之外，还有 20 多种可供综合回收利用的有价伴生元素，其中含量相对较大的有钴、铂、钯、铱、铑、锇、金、银等，含量相对较小的有硫、硒、碲及铬。此外，镓、锗、铟、铊、铼、镉等元素由于含量太低，回收利用意义相对较小。

A 伴生元素的分布

铂族、金、银、钴、硒、碲等 11 种主要伴生元素都表现出明显的亲硫性，与铜镍矿体关系密切。一般来讲，伴生组分含量随铜、镍含量的升高而增加，但在不同类型的矿体中其分布又有很大差异，即使在同一矿体中其分布也不均匀。例如，在熔离矿体中，金属硫化物含量较低，有益伴生组分的分布也较为均匀；而在本区最重要的深熔 - 贯入矿体中，铜、镍含量较高，有用伴生组分含量也较高，但分布很不均匀。表 5 - 4 所示为深熔 - 贯入矿体类型中，一个矿体伴生元素的含量变化幅度。由表 5 - 4 可以看出，元素含量变化很大，如金属铂的最高含量比其最低含量大 45 倍。

表 5 - 4 深熔 - 贯入矿体类型中，一个矿体伴生元素的含量变化幅度

项 目		含 量/g·t⁻¹								含量/%		
		Pt	Pd	Os	Ru	Ir	Rh	Au	Ag	Co	Se	Te
富矿	最高	9.10	1.32	0.083	0.070	0.082	0.026	3.1	26.8	0.064	0.0058	0.0035
	最低	0.2	0.07	0.001	0.001	0.002	0.000	0.0	2.5	0.027	0.0024	0.0002
	比值	4.55	18.9	83	70	41			10.7	2.4	2.4	17.5
贫矿	最高	0.25	0.09	0.013	0.013	0.013	0.005	2.0	7.0	0.022	0.0008	0.0006
	最低	0.05	0.04	0.001	0.001	0.002	0.001	0.0	0.8	0.012	0.0003	0.0000
	比值	5	2.5	13	13	6.5	5		7.8	1.8	2.7	
平均比值		5.2	6.6	1.4	1.2	1.7	2	5.5	2.6	2.5	4.4	4.5

注：比值 = 最高/最低，平均比值 = 富矿平均值/贫矿平均值。

B 伴生元素的赋存形态

有用伴生元素在矿石中的赋存形态主要有两种：一种是呈单独矿物存在，如已发现的铂族金属、金、银等单独矿物达 30 余种（见表 5 - 5）；另一种是以类质同象形式存在于其他金属矿物中。

表 5 – 5　有用伴生元素矿物

种　　类	矿　物　名　称
自然元素及金属互化物	自然铂，含钯自然铂，含金自然铂，含铂、钯自然铋，自然金，银金矿及金银矿，金铂钯矿，钯金矿，锡钯铂矿
碲化物	碲铅矿，碲银矿，碲铂矿
铋化物	单斜铋钯矿，含银铋钯矿，铋银矿
碲铋或碲铋化物	碲铋矿，碲铋镍矿，含钯（铂）碲铋镍矿，含钯银碲铋镍矿，碲铋铂矿，碲铋钯矿，含铂铋碲钯矿，含银铋碲钯矿
锑化物	锑铂矿，含金（钯）锑铂矿，含钯锑金铂矿，锑钯铂矿，锑铂钯矿
砷化物	砷镍矿，砷银矿，褐砷镍矿
砷硫化物	镍质砷钴矿，铁镍辉钴矿，钴毒砂，辉砷镍矿
硫铋化物	硫铋镍矿，硒硫铋矿

（1）铂。铂在矿石中有 62% ~99% 呈单体矿物存在。铂矿物发现五类共 17 种，粒度多在 0.07 ~0.5mm 之间。少量铂以类质同象形式分布在金属硫化物和氧化物中。

（2）钯。钯有 74% ~88% 呈单独矿物存在，主要是碲铋化物，常与磁铁矿共生，在磁选中大部分富集于磁性部分，少量以类质同象形式存在于硫化物中。

（3）金、银。金、银有 88% 以上呈单体矿物存在，最常见者为银金矿和金银矿，矿物粒度很细小，多在 0.076mm 以下。少量金、银存在于硫化物中。

（4）钴。绝大部分钴以类质同象形式存在于镍矿物中。

（5）硒。90% 以上的硒以类质同象形式存在于金属硫化物中。

5.2　金川镍铜复合矿综合利用的原则工艺流程

金川镍矿分为露天矿和地下矿两个矿区。露天矿平均含镍 0.5%，主要以紫硫镍铁矿 $(Fe,Ni)_3S_4$ 存在，它是由镍黄铁矿风化而成的，浮选比较困难，只能选出含镍 3% ~4% 的镍精矿。地下矿平均含镍 1.81%，可选出含镍 5% ~6% 的镍精矿。金川镍精矿的化学成分如表 5 – 6 所示。

表 5 – 6　金川镍精矿的化学成分　　　　　　　　　　（%）

矿种	Ni	Cu	Co	Fe	S	SiO_2	MgO	CaO	Al_2O_3	Ni/Cu
地下矿	5 ~6	2.5 ~3	0.12	31 ~32	约25	约12	约8	约1.5	约1.0	2
露天矿	3.4 ~4	1.5 ~2	0.10	约19	约10	约20	约21	约1.5	约1.5	约2

金川镍铜精矿处理的原则工艺流程如图 5 – 1 所示。将原矿经选矿得到的镍精矿进行造锍熔炼，产出含镍较少的低镍锍，低镍锍经转炉吹炼得到含镍较多的高镍锍，然后将其破碎并进行分选。首先进行磁选，得到含有贵金属的铜镍合金，余下部分经浮选产出镍精矿和铜精矿，分别熔炼后铸成阳极，进行电解精炼，产出电镍和电铜。磁选所得的镍铜合金再进行二次造锍熔炼，再次破碎进行磁选，得到贵金属含量更高（高于一次合金几十

倍)的二次合金，作为提取贵金属的原料，浮选所得的镍、铜精矿返回一次浮选产物一起处理。

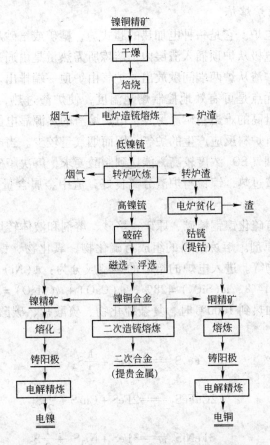

图 5-1　金川镍铜精矿处理的原则工艺流程

5.3　镍、铜的富选与分离

5.3.1　硫化镍精矿的造锍熔炼

5.3.1.1　精矿焙烧

为提高镍锍品位和强化生产，对硫化镍精矿先行焙烧以去除部分硫。焙烧可在回转窑或流态化炉内进行，或采用制粒或制团焙烧。

金川采用回转窑焙烧，处理含水 22% 的镍精矿滤饼。窑头高温区有耐火砖衬，设有重油烧嘴加热，焙砂从窑头排出。窑尾低温区设有砖衬，局部挂有链条，精矿由此处加入，烟气由此处排出。回转窑沿窑长按温度分为三段，即脱水区(200~400℃)、成粒区(400~800℃)和焙烧区(600~650℃)。焙砂从焙烧区排出，用料罐送往电炉。回转窑的脱硫率为 20%~30%，焙砂产出率为 85%。

金川原矿硫含量较低，一般采用回转窑焙烧；当原矿硫含量较高时，则改为制粒流化床焙烧。国外多采用流态化焙烧炉。与多膛炉相比，流态化焙烧炉结构简单，投资经营费用较低，焙烧过程能有效利用烟气余热；烟气 SO_2 浓度较高，可用于制酸；设备密封性好，环境污染小；易于机械化与自动化，还可根据镍锍品位调整脱硫率。

5.3.1.2 矿热电炉熔炼

造锍熔炼多采用电炉。它是一种电加热的膛式炉，精矿或焙砂从炉顶加入炉内，熔炼成液体镍锍和熔渣。电极从炉顶插入渣层内，熔炼所需热量是由通过电极之间的渣层电流转化而成的。镍锍和炉渣从炉两端间歇放出，炉气由炉顶一端排出。

电炉熔炼的突出优点是可有效地控制熔池温度，使炉渣过热，因而对炉料的适应性强，可熔炼氧化镁含量高的难熔精矿。另外，电炉熔渣的热源靠电能转化而来，没有燃料燃烧产生的烟气，只有炉料反应产生的炉气，因而烟气量较少。当电炉结构密封好，漏入炉内的空气量少时，烟气 SO_2 浓度较高，能达到制酸要求，解决了硫的利用和环境污染问题。电炉熔炼由于炉渣过热，镍锍与炉渣分离良好，渣中金属含量较低，金属回收率高，但电耗高。

加入电炉的物料有硫化镍铜精矿、原矿、焙砂、熔剂和液体转炉渣，有时还按一定配料比加入少量碳质还原剂。熔炼物料的组成有硫化物、氧化物、铁酸盐、硅酸盐、硫酸盐、碳酸盐及氢氧化物等。进入电炉的焙砂的典型成分为：$w(Ni) = 5\%$，$w(Cu) = 2\%$，$w(S) = 5\%$，$w(Fe) = 14\%$，$w(SiO_2) = 28\%$，$w(CaO) + w(MgO) = 20\%$。

在电炉内当物料加热到 $1000℃$ 时，复杂硫化物、硫酸盐、碳酸盐和氢氧化物产生热分解反应，如：

$$Fe_7S_8 = 7FeS + \frac{1}{2}S_2$$

$$2CuFeS_2 = 2FeS + Cu_2S + \frac{1}{2}S_2$$

$$3FeNiS_2 = 3FeS + Ni_3S_2 + \frac{1}{2}S_2$$

$$MSO_4 = MO + SO_3$$

$$MCO_3 = MO + CO_2$$

$$M(OH)_2 = MO + H_2O$$

当物料加热到 $1000℃$ 以上时，物料中各种化合物之间开始交互反应。当温度升至 $1250 \sim 1300℃$ 时交互反应完成，反应如下：

$$Cu_2O + FeS = Cu_2S + FeO$$

$$3NiO + 3FeS = Ni_3S_2 + 3FeO + \frac{1}{2}S_2$$

$$CoO + FeS = CoS + FeO$$

$$2Cu_2O + Cu_2S = 6Cu + SO_2$$

$$2Cu + FeS = Cu_2S + Fe$$

$$CuO \cdot Fe_2O_3 + (Cu_2S + FeS) = 3Cu + Fe_3O_4 + S_2$$

上述反应生成的各种硫化物互相溶解，生成电炉熔炼的主要产物——低镍锍，其中还溶解有贵金属和一部分磁性氧化铁。

氧化铁和其他碱性氧化物（MgO、CaO）与 SiO_2 反应生成各种硅酸盐 $mMO \cdot nSiO_2$，成为电炉熔炼的另一产物——炉渣。

主要造渣反应有：

$$10Fe_2O_3 + FeS = 7Fe_3O_4 + SO_2$$

$$3Fe_3O_4 + FeS + 5SiO_2 = 5(2FeO \cdot SiO_2) + SO_2$$

$$2FeO + SiO_2 = 2FeO \cdot SiO_2$$

$$CaO + SiO_2 = CaO \cdot SiO_2$$

$$MgO + SiO_2 = MgO \cdot SiO_2$$

熔融状态的低镍锍与炉渣因密度不同分为两层，分别从炉内定期放出。上述反应产生的 SO_2 进入烟气，电炉熔炼脱硫率一般为 15% ~ 20%。

为了从转炉渣中回收镍、铜、钴，需将转炉渣返回电炉，在电炉内借助对流运动与固体物料中硫化物熔剂和还原剂之间的良好接触，部分高价铁被还原成氧化亚铁并与二氧化硅结合进入渣相，其中的金属氧化物被还原成金属，使有价金属得到回收。其反应为：

$$(MO) + CO = [M]_{合金} + CO_2$$

式中，$[M]_{合金}$ 代表 Ni、Co、Cu、Fe。由于渣中铁的氧化物比其他金属氧化物多，大量被还原的是金属铁，生成了以铁为主的合金。这种合金溶解在低镍锍中形成金属化低镍锍，含有一定量单质金属的锍称为金属化锍。当金属化低镍锍的小滴通过渣层时，渣中镍、铜、钴的氧化物被铁还原，反应如下：

$$[Fe]_{合金} + (MO) = (FeO) + [M]_{合金}$$

式中，M 代表 Ni、Cu、Co。还原后的金属溶解在低镍锍中，再与 FeS 反应转化成硫化物，反应如下：

$$[M]_{合金} + [FeS]_{低镍锍} = [MS]_{低镍锍} + [Fe]_{金属化低镍锍}$$

当电炉中加入还原剂时，渣中的有价金属含量可进一步降低，从而提高了金属的回收率。因此，电炉熔炼的产物是低镍锍、炉渣和烟气。低镍锍和炉渣的典型成分如表 5 – 7 所示。

表 5 – 7　低镍锍和炉渣的典型成分　　　　　　　　　　（%）

低镍锍	Ni	Co	Cu	Fe	S		
	10 ~ 12	0.3	6 ~ 7	50 ~ 52	24		
炉渣	Ni	Cu	Co	FeO	SiO$_2$	MgO	CaO
	0.08 ~ 0.14	0.1	0.05	30	40	16 ~ 19	6 ~ 8

低镍锍主要由 Ni_3S_2、FeS、Cu_2S 组成，其中还含有 CoS 和一些游离金属及合金。炉料中的金、银及铂族金属也溶解在低镍锍中。一般低镍锍中镍与铜的含量为 13% ~ 25%，硫含量为 22% ~ 28%。这样低的硫量表明，低镍锍中不是全部金属都呈硫化物，部分金属是以元素状态(主要是铁)或氧化物状态(Fe_3O_4)存在的。低镍锍的密度取决于其成分，越贫则密度越小，一般为 4.6 ~ 5.0g/cm^3。低镍锍与炉渣的密度差越大，则两者分离得越完全。

电炉熔炼产出的炉渣的主要成分是 SiO_2、FeO、MgO、CaO 和 Al_2O_3，占总量的 97% ~ 98%。此外，渣中还含有少量磁性氧化铁、铁酸盐及有价金属的硫化物与氧化物。为了使其与低镍锍分离完全，应选择合理的渣型，确定一定的组成，使其具有熔点低、流动性好的性质，与低镍锍有较大的密度差。炉渣的密度一般选 2.7 ~ 2.9g/cm³。

电炉烟气数量和成分取决于处理物料的成分和炉顶密封程度，熔炼 1t 精矿产生的烟气（理论量）为 110 ~ 120m³，烟气含 SO_2 0.1% ~ 0.3%，这样的烟气如不采取措施进行回收处理，将对环境造成污染。

5.3.2　低镍锍的吹炼

熔融的低镍锍注入转炉中，由风口向熔体内鼓入空气，使其中的 FeS 氧化成 FeO、Fe_3O_4 和 SO_2。吹炼过程中加入石英熔剂，使 FeO 造渣除去，SO_2 进入烟气，吹炼后获得高镍锍（富集了较多的硫化镍与硫化铜的混合物）。此外，吹炼过程还能除去砷、锑、锌等杂质。

由于镍、铜与氧的亲和力小于铁与氧的亲和力，在吹炼过程中镍和铜很少被氧化，即使有少量被氧化，形成的氧化物又与 FeS 反应生成硫化物，重新进入镍锍中。吹炼产出的高镍锍含 Ni + Cu 75%、S_2 2% ~ 18%。高镍锍中除 Ni_3S_2 外，还含有金属镍、金属铜及残余的铁与钴，它们的含量取决于吹炼过程中的氧化程度，一般含铁 1% ~ 3%、钴 0.5% ~ 1%。

吹炼过程的主要反应如下：

硫化物的氧化　　　　$FeS + \dfrac{3}{2}O_2 === FeO + SO_2$

$$Cu_2S + \dfrac{3}{2}O_2 === Cu_2O + SO_2 \quad （镍钴硫化物按同样反应氧化）$$

$$Cu_2O + FeS === Cu_2S + FeO \quad （镍钴氧化物按同样反应硫化）$$

氧化亚铁造渣　　　　$2FeO + SiO_2 === 2FeO \cdot SiO_2$

硫化物的氧化和氧化亚铁的造渣过程放出大量的热，过程可自热进行，不需另加燃料，还能熔化某些返料。

部分 FeO 能再氧化成 Fe_3O_4，即：$3FeO + \dfrac{1}{2}O_2 === Fe_3O_4$。转炉温度越高且其中的 SiO_2 越多，则生成的 Fe_3O_4 越少。此外，吹炼过程还发生以下反应：

$$2Cu_2O + Cu_2S === 6Cu + SO_2$$

$$4Cu + Ni_3S_2 === 3Ni + 2Cu_2S$$

由于后三个反应，在转炉渣中含有 Fe_3O_4，在高镍锍中含有镍铜合金。

转炉渣一般成分是：$w(FeO) + w(Fe_3O_4) = 65\%$，$w(SiO_2) = 20\% ~ 25\%$，$w(Ni) + w(Cu) = 2\% ~ 3\%$，$w(Co) = 0.2\% ~ 1\%$。高镍锍的典型成分是：$w[Ni] = 48.7\%$，$w[Cu] = 25.74\%$，$w[Fe] = 3\%$，$w[Co] = 0.67\%$，$w[S_2] = 2.18\%$。

镍锍吹炼通常是在卧式转炉内进行的，温度控制在 1200 ~ 1250℃ 之间，温度过高，影响转炉寿命；温度过低，氧的利用率下降。一般吹炼 1t 高镍锍需要 15000 ~ 18000m³ 空气。

5.3.3　高镍锍的缓冷和磨浮分离

经转炉吹炼产出的高镍锍需进一步加工分离。高镍锍是由硫化镍、硫化铜和镍铜合金三种晶体组成的。为使硫化镍和硫化铜很好分离，高镍锍浇注时应进行缓慢冷却，使 Cu_2S 和 Ni_3S_2 晶粒充分长大。当温度降至约 1200K 时，固体 Cu_2S 形成。高镍锍进一步冷却时，有更多的 Cu_2S 从液相析出，而液相中镍含量相对增加，随着温度继续降低，趋向于生成粗粒结晶，缓冷增强了这种趋势。当温度降至约 973K 时，镍铜合金开始析出。温度继续降至 848K 时，Ni_3S_2 固相开始析出。将温度保持在 848K，直到全部液相完全转化成 Cu_2S、镍铜合金和 Ni_3S_2。

在 848K 温度下液体完全转化成固相。这种含有一定组分的液相称为三元共晶液相，848K 是铜－镍－硫三元系的最低凝固点，称为共晶点。在共晶点，镍在硫化亚铜中的溶解度小于0.5%，铜在硫化镍中的溶解度约为 6%。固体温度降到约 793K 时，硫化镍完成结构转化，由 β 型变成 β′型(低温型)，析出一些硫化亚铜和铜镍合金相，铜在 β′基体中的溶解度下降为 2.5%，793K 又称为三元类共晶点。温度继续下降，硫化镍相中不断析出硫化亚铜和铜镍合金相，直至 644K 为止，此时硫化镍铜含量小于 0.5%。

高镍锍缓冷是将转炉吹炼产出的高镍锍熔体注入保温铁模内冷却三天(72h)，以使其中的铜硫化物、镍硫化物和铜镍合金相分别结晶，以便于下一步相互分离。缓冷的目的就是让晶粒充分长大，以提高磨浮分离效果。因此，控制 1200～644K 间的冷却速度十分重要，特别是控制 848～793K 间的冷却速度，有利于硫化亚铜和铜镍合金相从固体硫化镍基体中析出，并和已存在的硫化亚铜和铜镍合金相晶粒结合。若冷却速度过快，则硫化镍基体中存在硫化亚铜和铜镍合金相的极细晶粒，不利于选矿分离。铜镍合金相吸收了高镍锍中几乎全部的金和铂族金属，而银则富集在硫化亚铜中。

冷却后首先用砸碎机破碎至不大于 340mm，再用三段开路碎矿破碎至不大于 25mm，最后送入球磨机和螺旋分级机的闭路磨矿系统内磨细。磨矿粒度为：一段小于 0.05mm (−280 目)的粒级占 95%～98%，二段小于 0.05mm 的粒级占 94%。

在第二段分级机返砂卸落处用磁选机选出合金，合金产率为 8%～10%。其后用浮选法分离铜、镍。浮选用丁基黄药作为硫化铜捕收剂，用氢氧化钠调整矿浆 pH 值。

经粗选、扫选和精选后得到硫化铜精矿及硫化镍精矿。铜精矿产率为 28%～30%，镍进入镍精矿的直收率为 85%～86%。高镍锍磨浮分离所得产品的化学成分如表 5－8 所示。高镍锍的磨浮分离实际上是将其破碎后磨细，先磁选出合金，再用浮选法将镍和铜分别以硫化镍精矿和硫化铜精矿的形式分离，而贵金属则主要富集在合金中。

表 5－8　高镍锍磨浮分离所得产品的化学成分　　　　　　　　　　　　　　（％）

产品	Ni	Cu	Fe	S
铜精矿	3.4～3.6	69～70	3	21
镍精矿	63～64	3.3～3.5	4	21
合金	68	17	8	5

5.4　铜、镍、钴的分离提取

5.4.1　铜精矿的处理

磨浮产出的铜精矿由于分离不完全，其中仍含有一定量的镍(3.4%～3.5%)，需要进一步除镍。

金川集团有限公司最初设计的流程是反射炉熔化 – 普通卧式转炉吹炼。由于铜精矿中的镍氧化成难熔的氧化镍，黏在炉口上，使转炉难以操作。故后来改为反射炉吹炼，即当铜精矿在反射炉内熔化后，插入铁管鼓入压缩空气，在反射炉内进行氧化吹炼，用重油还原后浇注成阳极，按常规的方法进行电解精炼。但反射炉存在吹炼效率低、重油消耗量大、冶炼周期长、烟气 SO_2 浓度低、造成环境污染等问题，而且吹炼过程不能脱镍。因此进行了氧气顶吹转炉熔炼半工业试验，试验炉容量为 1.5t，主枪为氧枪，副枪为油氧枪。典型试验结果如下：铜直收率 84%，氧化脱硫率 99.8%，脱铁率 99.7%，脱镍率 76%，烟尘率 1.13%，产出粗铜成分为 $w(Cu) = 97.1\%$、$w(Ni) = 1.65\%$、$w(Fe) = 0.022\%$、$w(S) = 0.063\%$。将吹炼所得粗铜电解精炼即产出电铜。

5.4.2 镍精矿的处理

高镍锍磨浮产出的镍精矿，在反射炉内熔化铸成硫化镍阳极以便于电解。反射炉用重油作燃料，油消耗量为 $0.3 \sim 0.4t/t$。炉子床能率为 $3.8t/(m^2 \cdot d)$。镍精矿熔化后经直线铸锭机铸成阳极，阳极需在保温坑内冷却 24h 以防爆裂。所得阳极成分为：$w(Ni) = 68\%$，$w(Cu) = 6\%$，$w(Fe) = 1.8\%$，$w(Co) = 1.0\%$，$w(Pb) = 0.006\%$，$w(Zn) = 0.005\%$，$w(S) = 22\%$。将此硫化镍阳极送去电解精炼。

电解在以帆布作隔膜的电解槽内进行，经净化后的溶液注入隔膜（阴极室）内，装入纯镍阴极始极片，阳极为硫化镍。始极片是在种板槽内生产出来的，在生产槽中电解 4 天后取出烫洗，剪切后即为电镍产品。

电解精炼过程两极的电解反应如下：

阴极反应 $\qquad\qquad\qquad\qquad Ni^{2+} + 2e \Longrightarrow Ni$

$\qquad\qquad\qquad\qquad\qquad\quad 2H^+ + 2e \Longrightarrow H_2$

阳极反应 $\qquad\qquad\qquad\qquad Ni_3S_2 - 6e \Longrightarrow 3Ni^{2+} + 2S$

由于或多或少有 SO_4^{2-} 产生并使电解液 pH 值下降，还有如下反应发生：

$$Ni_3S_2 + 8H_2O \Longrightarrow 3Ni^{2+} + 2SO_4^{2-} + 16H^+ + 18e$$

进入电解槽阴极室的纯电解液成分为：$\rho(Ni) = 60 \sim 70g/L$、$\rho(SO_4^{2-}) = 65 \sim 70g/L$、$\rho(NaCl) = 100g/L$、$\rho(H_3BO_3) = 10g/L$，电解液 pH $= 4.5 \sim 5.0$。但是阴极室内电解液的 pH $= 4.5$，主要由于在阴极也有氢析出，约有 5% 的阳极电流消耗于水分子放电析出氧，阳极 pH 值降低到 1.8。阳极液放出后经除铁、铜、钴净化，返回阴极室循环使用。

电解所得阴极镍经热水浸泡以除去表面结晶物，然后在 20% 的硫酸溶液中清洗，再用热水刷洗。阴极镍成分为：$w(Ni) = 99.95\%$，$w(Co) = 0.01\%$，$w(Cu) = 0.001\%$，$w(Fe) = 0.002\%$，$w(S) = 0.001\%$，$w(As) = 0.0005\%$，$w(Pb) = 0.0001\%$。阳极残极率为 25% 左右，清洗除掉阳极泥后返回熔铸车间再铸成阳极使用。阳极泥中 $w(S) = 80\% \sim 90\%$、$w(Ni) = 6\%$，还含有少量贵金属。在熔硫槽内采用间接加热，控制温度为 $135 \sim 150℃$，使硫熔化成液态，经热滤产出含硫 99% 的硫黄。热滤渣为提取贵金属的原料——贵金属精矿。镍电解槽由钢筋混凝土制成，以环氧玻璃钢或软聚氯乙烯塑料为防腐衬里。

5.4.3 钴的提取

5.4.3.1 含钴转炉渣的电炉贫化

转炉渣是一个极为复杂的多相多元系统,主要组分是铁橄榄石($2FeO \cdot SiO_2$)和Fe_3O_4,其余是磁化物,钴主要呈氧化物状态。金川镍矿转炉渣的化学物相法分析如表5-9所示。

表5-9 金川镍矿转炉渣的化学物相法分析 (%)

物相成分	Ni		Cu		Co		Fe	
	含量	分布率	含量	分布率	含量	分布率	含量	分布率
金属及硫化物	0.45	42.45	0.535	92.72	0.023	6.83	1.68	3.58
硅酸盐	0.46	43.40	0.018	3.12	0.25	74.18	37.36	79.52
铁酸盐	0.15	14.15	0.024	4.16	0.064	18.99		
磁性铁							7.94	16.90
合　计	1.06	100.00	0.577	100.00	0.337	100.00	46.98	100.00

低镍锍吹炼成高镍锍时,随着熔锍中铁含量的降低,铜、镍和钴等有价金属在渣中的含量加大,加上相当数量的渣中所夹杂的锍滴,存在于渣中的有价金属数量相当大,必须加以回收。由渣中回收有价金属的方法很多,其中较好的方法是将转炉渣在单独的电炉中进行贫化处理,以获取钴锍作为提取钴的原料,并同时回收其中的铜和镍。

转炉渣电炉还原硫化熔炼成钴锍,实质是用焦粉作还原剂来还原转炉渣中的钴,在硫化剂作用下形成CoS再生成钴锍,反应如下:

$$CoO + C === Co + CO$$
$$Fe_3O_4 + C === 3FeO + CO$$
$$3Fe_3O_4 + FeS === 10FeO + SO_2$$
$$FeO + C === Fe + CO$$
$$FeO + CO === Fe + CO_2$$
$$CoO \cdot SiO_2 + Fe === FeO \cdot SiO_2 + Co$$
$$CoO \cdot SiO_2 + FeS === FeO \cdot SiO_2 + CoS$$
$$CoO \cdot Fe_2O_3 + FeS === CoS + Fe_2O_3 + FeO$$

转炉渣贫化操作过程是将固态或液态转炉渣从炉顶加入电炉中,按预定的配料比加入焦粉,还原熔炼35~45min后,再加入硫化剂黄铁矿或硫化镍精矿,在1000~1400℃条件下进行硫化熔炼。贫化完成后,从炉内分别放出渣和钴锍,如果钴锍中钴的品位高,也可直接进行湿法处理。

电炉贫化技术操作条件是:焦粉3%,硫化剂20%,炉温1300~1450℃,贫化时间3~4h。在上述条件下,产出含Co约1.6%的钴锍,弃渣钴含量可降到0.05%以下。与转炉渣相比,钴锍中的钴富集了约4倍。

5.4.3.2 镍、钴与铜的分离

表5-10所示为金川钴锍的物相分析。分析表明,钴锍中的钴绝大部分呈金属相存在,铜主要以硫化物形态存在。由于镍、钴富集在合金相中,该合金具有磁性强、粒度粗、

延展性好、耐磨等特性，因此可用磁选法分选出合金相，使绝大部分镍、钴与铜分离。

表 5 – 10　金川钴锍的物相分析　　　　　　　　（％）

名称	Co		Ni		Fe		Cu	
	含量	分布率	含量	分布率	含量	分布率	含量	分布率
金属相	1.46	90.12	5.06	95.65	23.57	37.36	—	—
硫化物	0.13	8.03	0.17	3.21	33.23	52.67	3.38	99.56
氧化物	0.03	1.85	0.06	1.14	6.29	9.97	0.015	0.44
合计	1.62	100.00	5.29	100.00	63.09	100.00	3.395	100.00

钴锍经颚式破碎机破碎、球磨机磨细后，送磁场强度为 $64000A/m$ 的磁选机磁选。磁选尾矿为铜精矿，产出率约为 70%，其典型成分是：$w(Co)=0.34\%$，$w(Ni)=1.04\%$，$w(Cu)=10.2\%$，$w(Fe)=53.4\%$，$w(S)=31\%$；磁选精矿为钴合金，产出率约为 30%，其典型成分为：$w(Co)=4.87\%$，$w(Ni)=16.2\%$，$w(Fe)=73.3\%$，$w(S)=1.0\%$，$w(Cu)=1.12\%$。

5.4.3.3　钴合金的硫酸加压浸出

钴合金采用硫酸加压浸出，为减少浸出过程中氢气的生成量，合金浸出分两步进行：第一步采用硫酸常压浸出，排出大量氢气；第二步采用加压浸出，使浸出液中的亚铁氧化水解，水解产生的酸又用于浸出合金。

常压浸出在 $80\sim90℃$ 下进行，预浸出过程的主要反应如下：

$$(Fe^0,Co^0,Ni^0)+H_2SO_4 =\!=\!=\!= (Fe,Co,Ni)SO_4+H_{2(g)}$$

$$(Fe,Co,Ni)S+H_2SO_4 =\!=\!=\!= (Fe,Co,Ni)SO_4+H_2S_{(g)}$$

预浸出过程中，铁有 40% 被浸出，以 Fe^{2+} 进入溶液；钴浸出率约为 36%；镍浸出率约为 27%；铜不被浸出。预浸出排出大量氢气和硫化氢，为保护环境和综合利用，应设法回收这些气体。

钴合金在预浸出时仅有约 $1/3$ 的钴和镍被浸出，为进一步浸出有价金属并最大限度地使铁水解沉淀，预浸出后的矿浆再进行加压浸出。加压浸出用空气或纯氧作氧化剂，预浸出的 Fe^{2+} 被氧化成 Fe^{3+}，并水解释放硫酸。释放出的硫酸又与未溶解的合金继续反应，直到合金中的钴、镍绝大部分被浸出，铁基本上水解完全。加压浸出的主要反应如下：

$$4FeSO_4+O_2+2H_2SO_4 =\!=\!=\!= 2Fe_2(SO_4)_3+2H_2O$$

$$Fe_2(SO_4)_3+4H_2O =\!=\!=\!= 2FeOOH+3H_2SO_4$$

$$(Fe^0,Co^0,Ni^0)+H_2SO_4+\frac{1}{2}O_2 =\!=\!=\!= (Fe,Co,Ni)SO_4+H_2O$$

$$(Fe,Co,Ni,Cu)S+2O_2 =\!=\!=\!= (Fe,Co,Ni,Cu)SO_4$$

$$Fe_2(SO_4)_3+3H_2O =\!=\!=\!= Fe_2O_3+3H_2SO_4$$

加压酸浸技术条件如下：浸出温度 $130\sim144℃$，氧分压 $0.2MPa$，浸出压力 $1.5MPa$，浸出时间 4h。

5.4.3.4　P204 溶剂萃取法分离杂质

浸出液采用萃取净化方法去除杂质，通常分两段进行：第一段用 P204 溶剂萃取，除去铜、铁、锰、锌等杂质；除杂质后溶液再进行第二段净化，用 P507 溶剂萃取分离镍和钴。

P204 学名为磷酸二异辛酯，又称为磷酸二(2－乙基己基)酯、二(2－乙基己基)磷酸酯等，P204 为其常用商品名称，在国内外文献上常缩写为 D2EHPA，分子式为 $(C_8H_{17}O)_2POOH$，相对分子质量为 322.4。P204 是无色透明的黏稠性液体，含量(质量分数)高于 90% 的工业级商品略显淡黄色，几乎无气味，是一种用途非常广泛的萃取剂。萃取时 P204 发生阳离子交换，即 P204 中的 H^+ 离子与溶液中的金属离子 M^{n+} 交换，生成 P204 金属萃合物进入有机相(Or)，H^+ 离子则进入水相(aq)，其反应可用以下简式表示：

$$M^{n+}_{(aq)} + n(HX)_{(Or)} \Longrightarrow (MX_n)_{(Or)} + nH^+_{(aq)}$$

从上式可以看出，P204 萃取金属后释放出 H^+ 离子。金属萃取率随水相 pH 值的变化而变化。为了保持除杂质处于最佳 pH 值，不受萃取过程中 H^+ 离子变化的影响，除了需要调整进入料液的 pH 值外，应用 P204 前可先用浓碱液将 P204 转化为钠盐，此过程称为皂化，其反应式如下：

$$(RO)_2POOH + NaOH \Longrightarrow (RO)_2POONa + H_2O$$

控制 P204 的皂化率、萃取剂量及萃取温度，可以使料液中铜、铁、锰、锌等杂质与镍、钴有效分离。

典型的 P204 萃取过程如下：有机相为 10% P204 的磺化煤油溶液，使用前先用浓度为 500g/L 的氢氧化钠溶液进行均相皂化，皂化率为 75%。萃取后铜、铁、锰、锌等杂质进入有机相，称为负载有机相，用 0.8mol/L 盐碱洗涤，洗去少量进入有机相中的钴，洗涤后的负载有机相用 3mol/L 盐酸反萃取铜和锰，用 6mg/L 盐酸反萃取铁和锌。溶剂萃取除杂质后，萃取余液的典型杂质含量为：$\rho(Cu) < 0.002g/L$，$\rho(Zn) < 0.0002g/L$，$\rho(Fe) < 0.001g/L$，$\rho(Mn) = 0.001g/L$。可见，用 P204 可有效地除去铜、锰、铁、锌等杂质。

5.4.3.5 P507 溶剂萃取法分离镍、钴

镍和钴的性质很相似，分离较困难。20 世纪 80 年代初，我国自主研制了一种新萃取剂 P507，学名为 2－乙基己基膦酸单 2－乙基己基酯，也属于阳离子交换类型。P507 的分子式为 $C_{16}H_{35}O_3P$，相对分子质量为 306.4，是无色或淡黄色透明油状液体，溶于乙醇、丙酮等有机溶剂，不溶于水，燃点为 228℃，主要用于稀土、镍、钴及其他金属的提取分离。P507 萃取剂对各种金属离子的萃取顺序与 P204 类似，但在同样的萃取条件下，P507 的镍钴分离系数要比 P204 高出近百倍，为使料液的 pH 值稳定在一个适宜范围内，通常也用氢氧化钠皂化，制成 P507 钠盐后进行萃取。

P507 萃取分离镍钴的技术操作过程如下：萃取剂为 25% P507 的磺化煤油，皂化率为 70%～72%。萃取后钴进入有机相，负载有机相用 1.2mol/L 的盐酸洗涤，洗去进入有机相中的少量镍，然后用 2.5mol/L 的盐酸反萃取钴，用 6.0mol/L 的盐酸反萃取铁。萃取和反萃取都在 30～35℃下进行。反萃取后得到的氯化钴溶液的典型成分为：$\rho(Co) = 72.06g/L$，$\rho(Ni) < 0.01g/L$，$\rho(Cu) = 0.0016g/L$，$\rho(Fe) = 0.0012g/L$，$\rho(Mn) = 0.003g/L$，$\rho(Zn) = 0.003g/L$，$\rho(Ca) = 0.01～0.13g/L$，$\rho(Mg) = 0.024g/L$，$\rho(Pb) = 0.00027g/L$。萃余液为纯净的硫酸镍溶液，其典型成分为：$\rho(Ni) = 81.42g/L$，$\rho(Co) = 0.0061g/L$，$\rho(Cu) = 0.0002g/L$，$\rho(Fe) < 0.001g/L$，$\rho(Mn) = 0.00021g/L$，$\rho(Zn) = 0.00032g/L$，$\rho(Ca) = 0.0066g/L$，$\rho(Mg) = 0.099g/L$，$\rho(Pb) = 0.0001g/L$。

5.4.3.6 电解钴或氧化钴粉的制取

反萃后得到的纯氯化钴送去电解提钴。采用电积法在隔膜电解槽内生产电解钴，阳极

为石墨块，阴极从不锈钢板上剥制始极片，用隔膜与阳极分开。钴电解沉积的反应如下：

阴极反应 $$Co^{2+} + 2e === Co$$

阳极反应 $$2Cl^- - 2e === Cl_{2(g)}$$

阳极产生的氯气用氯化亚铁溶液淋洗塔淋洗吸收，以生产三氯化铁，淋洗塔内填充有铁屑。电解过程排出的阳极液由于含杂质少，通常不需要净化，用碳酸钴调整 pH 值后返回电解槽。始极片在电解槽内电积 2~3 天后取出，洗涤后即为电解钴。

反萃后的纯氯化钴也可用来生产精制氧化钴粉。该工艺简单，向纯净的氯化钴溶液中加入草酸铵会沉淀出草酸钴，然后在 450℃ 下煅烧草酸钴即可得到氧化钴粉，反应如下：

$$CoCl_2 + (NH_4)_2C_2O_4 === CoC_2O_{4(s)} + 2NH_4Cl$$

$$4CoC_2O_4 + 3O_2 === 2Co_2O_3 + 8CO_{2(g)}$$

5.4.3.7 电解镍或镍粉的制取

分离钴后的萃余液可以生产电解镍或用氢还原生产镍粉。值得指出的是，萃余液中还含有约 30mg/L 的 P507，必须想办法除去，以免影响电解镍质量。

5.4.3.8 从镍电解钴渣中提钴

镍电解过程中阳极净化除钴所得的钴渣的典型成分为：$w(Co) = 10\%$，$w(Ni) = 30\%$，$w(Cu) = 0.5\%$，$w(Fe) = 2\% \sim 4\%$，$w(SiO_2) = 4\% \sim 9\%$。利用这种钴渣可以制取氧化钴粉、电解钴和钴盐。其主要生产过程包括钴渣还原酸溶、黄钠铁矾除铁、溶剂萃取净化、反萃钴液制取氧化钴、钴盐和电解钴等工序。用净化钴渣制取氧化钴粉的原则工艺流程如图 5-2 所示。

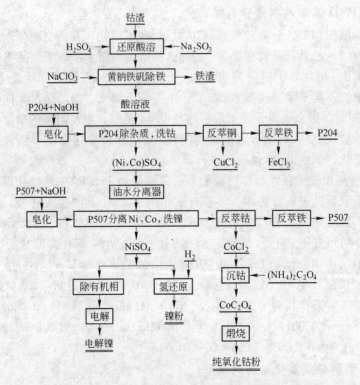

图 5-2 用净化钴渣制取氧化钴粉的原则工艺流程

5.5　贵金属的提取

高镍锍经磨浮分离后，贵金属主要进入合金中，少量随硫化镍电解进入阳极泥中。贵金属的提取包括贵金属精矿的富集和贵金属精矿的分离提纯。

5.5.1　贵金属精矿的富集

铜镍硫化矿中所含贵金属在火法熔炼时被金属相捕集，高锍磨浮时除银进入铜精矿外，其余大部分富集于铜镍合金中。当合金产率为10%时，合金可捕收95%以上的贵金属，与高镍锍相比，合金中的贵金属品位提高了7倍。

为了减少合金处理量，进一步提高合金中贵金属的品位，通常将一次铜镍合金在转炉内进行硫化熔炼，产出二次高镍锍。二次高镍锍再经磨碎磁选产出二次合金，二次合金量只有一次合金量的1/5。

从二次合金中富集贵金属精矿的工艺流程如图5-3所示，其主要过程包括盐酸浸出、控制电位氯化浸出、浓硫酸浸煮和四氯乙烯脱硫等工序。

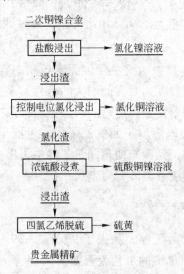

图5-3　从二次合金中富集贵金属精矿的工艺流程

5.5.1.1　盐酸浸出

二次合金的一般化学组成为：$w(Ni) = 70\%$，$w(Cu) = 18\%$，$w(Co) = 1.0\%$，$w(Fe) = 3\%$，$w(S) = 6\%$，贵金属约为800g/t。合金中的贱金属主要呈金属固溶体状态存在，少量以硫化物状态存在。盐酸浸出是利用镍、铁在一定条件下可溶于盐酸溶液，铜仅少量溶解，而贵金属不溶解的特性，优先分离出镍和铁。盐酸浸出是在常压卧式机械搅拌釜内连续进行的。盐酸浸出典型技术条件如下：固液比1:6，盐酸浓度6mol/L，浸出温度75~80℃，合金停留时间12h，镍浸出率85%~90%，渣率25%~30%。

5.5.1.2　控制电位氯化浸出

控制电位氯化浸出贱金属的原理是基于铜、镍等贱金属的氧化电位较负，而贵金属的氧化电位较正,选取适当电位进行浸出,使贱金属进入溶液而贵金属留在渣中,从而达到贵、贱金属分离的目的。在盐酸浸出渣中,除贵金属以外主要是金属相铜、铜镍硫化物和铜镍固溶体。控制电位进行氯化浸出时,残留的镍几乎全部溶解,铜则发生下列反应:

$$Cu + Cl_2 \Longrightarrow Cu^{2+} + 2Cl^-$$
$$2Cu^+ + Cl_2 \Longrightarrow 2Cu^{2+} + 2Cl^-$$
$$Cu_2S + Cu^{2+} \Longrightarrow CuS + 2Cu^+$$
$$CuS + Cu^{2+} \Longrightarrow 2Cu^+ + S$$

控制电位氯化浸出实际就是控制电位,使铜尽量浸出而贵金属不被浸出。浸出是在氯化浸出釜中连续进行的。盐酸浸出渣经螺旋加料器连续均匀地给入氯化釜内。盐酸经高位槽自动流入氯化釜,氯气经减压后送入。釜内装有铂汞电极,用来测定溶液的氧化电位。控制电位氯化浸出的典型技术条件为:浸出温度 80℃,盐酸浓度 2mol/L,溶液氧化电位 (400 ± 20)mV。

5.5.1.3　浓硫酸浸煮

浓硫酸是强氧化剂,加热时能氧化很多贱金属及其硫化物,使其成为盐类进入溶液,而贵金属不溶于浓硫酸。浓硫酸浸煮技术条件为:固液比 1 : $(1.5 \sim 1.7)$,反应温度 $165 \sim 175℃$,浸煮时间 3h。浸煮后的矿浆用水浸出,经过滤即得浸煮渣。

5.5.1.4　四氯乙烯脱硫

浸煮渣硫含量高达 60%,其中的硫主要以元素硫状态存在。四氯乙烯脱硫利用硫可溶于四氯乙烯中且其溶解度随温度的升高而增大的特性,来脱除浸煮渣中的元素硫,产出贵金属精矿。该工序是在耐酸搪瓷釜内进行的。浸煮渣加入搪瓷釜内,四氯乙烯由高位槽流入釜内,然后升温至 95℃使硫溶解于四氯乙烯中。过滤出含硫的四氯乙烯,在另一台装有水冷夹套的反应器内冷却,元素硫便从四氯乙烯中析出,分离后即可得到硫黄,四氯乙烯可以返回使用。脱硫后的浸煮渣即为贵金属精矿。

5.5.2　贵金属精矿的分离提纯

经二次合金至贵金属精矿等工序,除去了 99.0% ~99.9% 的贱金属,硫的脱除率也在 90% 以上。贵金属精矿分离提纯的工艺流程如图 5-4 所示,其主要过程包括氧化蒸馏提取锇、钌,铜粉置换分离金、铂、钯和铑、铱,铂、钯、金、铑、铱的分离提纯。

5.5.2.1　氧化蒸馏分离提取锇、钌

贵金属精矿中一般含锇、钌仅 0.5% ~0.7%。为了提高锇、钌的回收率,我国改变了传统的工艺,采用贵金属精矿先氧化蒸馏,优先分离出锇、钌的工艺。这是分离提纯工艺的一大进步,大大地提高了锇、钌的回收率。

氧化蒸馏分离提取锇、钌,包括蒸馏锇、钌,加热赶锇,沉淀锇钠盐,二次蒸馏锇,甲醇分离钌,加压氢还原,氢气煅烧还原锇,浓缩沉钌和煅烧还原等操作步骤。

蒸馏与吸收锇、钌都在搪瓷反应釜内进行。锇、钌的氧化物对金属有强腐蚀作用,蒸馏釜与吸收釜之间全部采用玻璃管连接。

贵金属精矿加入蒸馏釜内,用 7.5mol/L 的硫酸浆化,加入氯酸钠作氧化剂,氯酸钠用量为精矿量的 1.5 ~1.7 倍,在 100℃左右下蒸馏 8 ~13h。

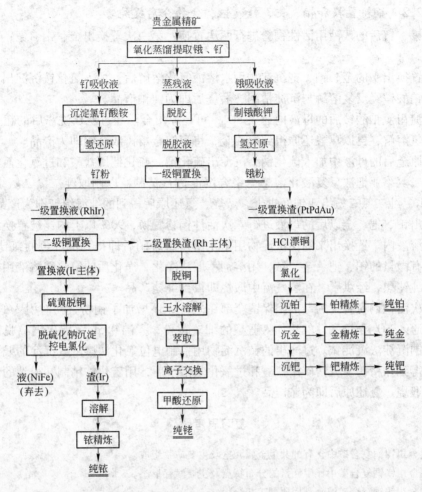

图 5-4 贵金属精矿分离与提纯的工艺流程

钌吸收釜内装有盐酸和乙醇的吸收液，锇吸收釜内装有氢氧化钠和乙醇的吸收液。吸收釜装有水冷夹套，通低温水冷却吸收液，以提高吸收效率。

蒸馏结束后，排出钌吸收釜夹套内的低温水，通入蒸汽加热钌吸收液，将进入钌吸收釜内的 OsO_4 蒸发至锇吸收釜内。

向锇吸收釜内通入 SO_2 并加入 H_2SO_4，将锇吸收液中和至 pH=6，使锇呈锇钠盐沉淀。过滤出的锇钠盐用 3mol/L 的硫酸浆化，加入氯酸钠氧化，进行二次蒸馏。二次蒸馏得到的富锇吸收液中仍有微量钌，用甲醇选择性还原，钌呈氢氧化物沉淀。纯锇溶液用 KOH 处理沉淀出锇酸钾，经过滤、酒精洗涤后，用 0.8mol/L 的盐酸浆化，在加压釜内用氢气还原成锇粉。纯锇粉经洗净、烘干后在氢气流中煅烧，并在 920℃ 下退火，冷却后即为纯锇产品。

钌吸收液的处理比较简单，只需将吸收液加热浓缩至含钌 30g/L 左右，利用锇比钌更易氧化为四氧化物的性质，加入氧化性比氯酸钠弱的过氧化氢将锇蒸出。然后向纯钌溶液中加入氢化铵即可沉淀出氯钌酸铵 $(NH_4)_2RuCl_6$，氯钌酸铵经煅烧、氢还原即可得到纯的钌粉。

5.5.2.2　铜粉置换和铂、钯、铑、铱、金的分离提纯

蒸馏锇、钌后的残液用活性铜粉进行两次置换：第一次置换出金、铂、钯；第二次置换出铑。

一次置换出来的金、铂、钯沉淀物用水溶液氯化溶解后，加入氯化铵沉淀出粗氯铂酸铵。粗氯铂酸铵经反复溶解与沉淀精制、煅烧后即为纯铂产品。

向沉淀粗氯铂酸铵后的母液内通入 SO_2，可还原出金。经过滤、洗涤后的粗金用盐酸和过氧化氢溶解，再以草酸还原得到海绵金，将海绵金熔铸成金锭即为产品。

在还原金后的母液中加入硫化钠，沉淀出硫化钯。硫化钯用盐酸和过氧化氢溶解，然后用二氯二氨络亚钯法反复酸化溶解与络合沉淀进行精制，以制取纯二氯二氨络亚钯 Pd $(NH_3)_2Cl_2$，纯二氯二氨络亚钯经烘干、煅烧、氢还原后得到的纯海绵钯即为产品。

分离出铂、钯、金以后的母液进行二次活性铜粉置换，90% 以上的铑被置换沉淀，而铱则留在溶液内。置换出来的铑沉淀物用王水溶解，赶硝后即得到深红色的氯铑酸溶液。溶液中含有微量的铂、钯、金、铱，用溶剂萃取法净化，净化后的氯铑酸溶液用甲酸还原后即得到纯铑黑，经烘干、在氢气流中煅烧即得到纯铑产品。

经两次活性铜粉置换的母液除保留全部铱之外，还增加了铜粉置换时引入的大量铜。向母液内通入 SO_2 至饱和，然后加入适量的细硫黄粉，煮沸 0.5h 沉淀出铜。脱铜后的滤液用硫化钠沉淀法沉淀铱。过滤出的铱沉淀物用控制电位氯化法溶解其沉淀的贱金属，过滤后即可得到铱精矿。铱精矿用盐酸和过氧化氢溶解后，用硫化铵精制，得到的铱沉淀物经烘干、煅烧、氢还原后即为铱产品。

复习思考题

5-1　简述金川镍铜复合矿中含有的共生金属元素及主要矿物组成。

5-2　简述金川镍铜复合矿中伴生元素的分布特点及主要赋存形态。

5-3　简述金川镍铜复合矿综合利用原则工艺流程。

5-4　金川镍铜复合矿通过造锍熔炼可达到什么目的？

5-5　高镍锍是通过什么工艺获得的，高镍锍的缓冷和磨浮分离的目的是什么？

5-6　简述从金川镍铜复合矿中获得铜精矿和镍精矿的处理工艺流程。

5-7　简述金川镍铜复合矿中钴的提取工艺流程。

5-8　简述金川镍铜复合矿中贵金属的富集方法及分离提纯工艺流程。

6 其他复合矿资源

我国的复合矿资源丰富，除前述典型的攀枝花、包头、金川三大复合矿资源外，还有辽东硼铁矿、广西高铁铝土矿以及分布广泛的铅锌复合矿等。这些复合矿资源由于其矿物组成复杂等原因，综合利用规模还有待进一步扩大。至今，人们仍在努力对这些资源的综合利用开展相关研究。

6.1 硼 铁 矿

6.1.1 硼资源与硼铁矿

硼广泛应用于冶金、化工、轻工、医药、电子等各部门。例如，在制造玻璃时加入适量的硼可降低玻璃膨胀系数，提高热稳定性和强度，增强光泽和透明度，因此，高级光学玻璃、仪器玻璃、药用器皿玻璃以至灯泡、眼镜玻璃镜片等皆含有硼。钢中含有少量的硼则可提高其强度和耐腐蚀性、耐热性。在医药方面，硼化物用来防腐、杀菌。硼的有机化合物硼烷和硼氢化锂是火箭推进器的燃料。可见，硼是国民经济建设中的重要资源。

我国现有硼矿床 58 个、矿点 42 个，按 B_2O_3 计，工业可能利用的储量为 3933 万吨。硼矿资源按其成因可分为三大类，即沉积变质型、现代盐湖型和硅卡岩型，其分类储量见表 6-1。目前工业上开采利用的主要为沉积变质型硼矿中的硼镁石矿。所谓沉积变质型矿床，是指各种已形成的岩石和矿物在地壳内压影响下，由于物理化学条件的改变，使原有的成分、结构和构造发生变化而逐步形成的新的岩石和矿物。这种转化再生作用称为变质作用。在变质作用过程中有用组分富集则形成变质矿体，沉积变质矿床是沉积矿床受到区域变质作用而形成的矿床。

表 6-1 硼矿资源储量 （以 B_2O_3 计）

类　　型		矿床数	储量/万吨	含量/%
全国合计		58	3933.3	100.00
沉积变质型	硼镁石矿	32	282.4	7.18
	硼铁矿		2276.9	57.88
现代盐湖型	固体矿	20	370.3	22.12
	液体矿		446.6	11.35
硅卡岩型		4	51.2	1.30
硼铁多金属共生矿			51.2	1.30
其　他		2	7.0	0.18

由表 6-1 可以看出，我国可利用的主要是沉积变质型硼矿，而硼镁石矿储量不多。

现代盐湖型硼矿虽有相当规模的储量，但因地处青海、西藏等边远地区，开发利用尚有困难。因此，硼铁矿的开发利用已迫在眉睫。

6.1.2　辽东硼铁矿

6.1.2.1　资源概况

硼铁矿是硼、铁共生并含有微量铀的复合矿，主要分布在辽东凤城和宽甸县。凤城翁泉沟矿规模最大，已探明的矿石储量为 2.8 亿吨，其中 B_2O_3 储量为 2185 万吨。我国虽是硼资源大国，但目前适于工业应用的仅是硼镁石矿，其资源储量有限，因此，开发利用占我国硼资源约 60% 的辽东硼铁矿资源已势在必行。

自 1958 年发现辽宁省翁泉沟硼铁矿区后，国内许多单位对该矿的开发利用进行了大量研究。在 20 世纪 70 年代初，国家先后组织了地矿、化工、冶金和辽宁省的有关研究单位和企业进行了联合攻关，取得了比较显著的成效。目前，对硼铁矿的研究主要有湿法分离、火法分离、作烧结矿添加剂以及制备 Fe – Si – B 母合金等。

对低品位硼铁矿的综合利用不但能为我国的硼化工行业提供新的资源，还能缓解当前硼需求紧张的局面。在矿山资源枯竭、环境意识日益增强的今天，立足于环境保护，依靠科技进步，从硼铁矿的资源特点出发，全面回收利用矿石中的铁、硼、镁、铀等有价组分是矿山可持续发展的必然选择。随着科学的发展和技术的进步，对硼铁矿的综合开发应该重视新工艺的研究，最大限度地发挥硼、镁等组分的经济效益，充分利用好硼铁矿这一资源。

6.1.2.2　化学成分及矿物组成

辽东矿区分为三个矿段，即业家沟、翁泉沟和东台子矿段。矿石及脉石矿物成分较为复杂，主要有用矿物为硼镁石 $MgHBO_3$ 和磁铁矿，其次为硼镁铁矿 $(Mg, Fe)O$、$(B, Fe)_2O_3$；脉石矿物主要是蛇纹石 $Mg_3Si_4O_{11} \cdot 3Mg(OH)_2 \cdot H_2O$，其次为金云母、斜硅镁石、镁橄榄石、透闪石等。硼铁矿的主要矿物组成及化学成分列于表 6 – 2 及表 6 – 3 中。

表 6 – 2　硼铁矿的主要矿物组成　　　　　　　　　　　（%）

矿　段	磁铁矿	硼镁石	硼镁铁矿	晶质铀矿	蛇纹石
业家沟	42.26	17.65	0.45	0.00078	29.97
东台子	38.62	20.01	2.40	0.00584	27.06
翁泉沟	33.09	17.31	5.12	0.00449	37.90

表 6 – 3　硼铁矿的主要化学成分　　　　　　　　　　　（%）

矿　段	TFe	FeO	B_2O_3	MgO	SiO_2
业家沟	32.15	17.15	6.22	24.37	16.19
东台子	31.34	15.57	7.29	23.60	14.35
翁泉沟	26.35	15.06	7.11	25.79	14.94

辽东硼铁矿含铁 30% 左右、B_2O_3 7% 左右，按其储量已经构成大型或特大型矿床。该矿利用的关键是如何实现硼、铁分离，如能机械分离则最为理想，但由于矿物结构极其复

杂，致使处理难度很大。

硼铁矿属于沉积变质矿床，矿石中大部分磁铁矿和纤维状硼镁石都是由硼铁矿分解而来的。因此，除了少量原生磁铁矿、板柱状硼镁石粒度较粗外，绝大部分的磁铁矿和纤维状硼镁石浸染粒度微细。纤维状硼镁石的一般粒度为 $0.02 \sim 0.03mm$，磁铁矿粒度一般为 $0.03 \sim 0.04mm$，它们之间的共生关系十分密切，连晶十分复杂，呈犬牙交错状、网络状、放射状、树枝状等。这种极不规则的接触形态给磁铁矿与硼镁石的彼此离解带来了极大困难。因此，该矿属于品位低、选矿难度大的共生矿。

硼铁矿中还含有少量的铀，全区平均品位为 0.0048%。主要含铀矿物为晶质铀矿，其含量甚低，不适于开采。由于矿床储量大，已构成大型铀矿，同时考虑到在矿石加工提取过程中铀对产品质量的影响以及放射性的危害问题，铀的回收不可忽视，必须加以解决。

6.1.3 硼铁矿综合利用工艺

6.1.3.1 硼铁矿的选矿分离

由硼铁矿矿物工艺粒度特点可知，若使硼镁石、磁铁矿单体离解，必须进行细磨才能实现，这是进入选分前的先决条件。可采用两段磨矿：第一段磨矿至小于 $0.074mm$（ -200目）的粒级占 97%；第二段磨矿至小于 $0.03mm$（ -500 目）的粒级占 97%。经磁浮流程选别，硼铁分离效果良好，可以得到 TFe 品位为 $62\% \sim 66\%$、回收率为 $82\% \sim 95\%$ 的铁精矿和 B_2O_3 品位为 $21\% \sim 27\%$、回收率为 $71\% \sim 81\%$ 的硼精矿。对含有硼镁铁矿物（铁镁硼酸盐矿物）的矿石采用强磁选回收，可获得独立的硼镁铁矿精矿。

选矿实验室研究虽已取得进展，但受我国细磨工艺技术和细粒产品脱水技术的限制，上述细磨精选工艺在我国目前的技术经济条件下尚难在工业上实施。因此，目前硼铁矿实现硼铁分离只能采用火法或湿法冶金工艺流程。硼铁矿综合利用的目标是分离提取矿石中的硼和铁，在获得铁的同时，可为硼化工提供加工性能良好的含硼原料，要求富硼渣中硼的活性好、浸出率高。目前试验效果较好的流程有两种，即硼铁矿高炉冶炼流程和硼铁矿直接还原－电炉熔分流程。

6.1.3.2 硼铁矿高炉冶炼

20 世纪 80 年代中期，东北大学根据硼镁铁矿的化学组成及矿物结构特点，在理论及实验基础上提出了高炉法综合开发硼铁矿工艺流程，并在 $13m^3$ 高炉进行了硼铁分离试验，处理矿石 8000 多吨，生产出硼砂、硼酸、含硼生铁和一水硫酸镁等产品，生产工艺流程如图 6 - 1 所示。硼铁矿经过火法冶炼后的两种产品是含硼生铁和富硼渣，含硼生铁应用于机械、冶金、化工、建材、农机等领域，可以替代硼铁合金、铬、钼、镍等价格高的金属。大部分的硼进入熔渣中，渣中的 B_2O_3 含量为 $10\% \sim 15\%$，经缓冷处理后可制取硼砂和硼酸。实践证明，该工艺体现了以提硼为主，其他元素铁、镁利用率高等特点，是综合开发利用大型低品位硼铁矿的可选技术路线之一。

A 硼、铁分离的可行性

高炉冶炼的目标是使硼、铁较完全地分离。硼、铁分离程度取决于其氧化物在高炉条件下的稳定性。由氧化物标准生成自由能图可以看出，B_2O_3 的化学稳定性远高于 FeO，

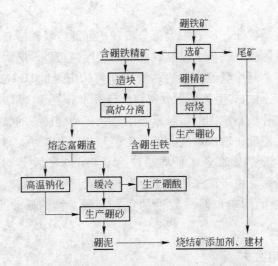

图 6-1　硼铁矿高炉冶炼生产工艺流程

与 SiO_2 相近。众所周知，SiO_2 在高炉条件下只有少量被还原，绝大部分进入渣相。由此可见，以高炉作为反应器，实现硼、铁分离是完全可行的。

在高炉炉缸条件下，硼、铁氧化物被碳还原的反应如下：

$$（B_2O_3）+3C ＝＝ 2[B]+3CO \qquad \Delta G^{\ominus} = 754584 - 498.86T \text{（J/mol）}$$

反应开始温度 $t_1 = 1240℃$。

$$（FeO）+C ＝＝ [Fe]+CO \qquad \Delta G^{\ominus} = 123679 - 135.23T \text{（J/mol）}$$

反应开始温度 $t_2 = 642℃$。

从以上反应可知，在高炉条件下 FeO 和 B_2O_3 均可被碳还原生成[Fe]、[B]，即渣中 B_2O_3 可被还原成金属后进入铁水，但当渣中存在 FeO 时渣-铁间存在如下反应：

$$3（FeO）+2[B] ＝＝（B_2O_3）+3[Fe] \qquad \Delta G^{\ominus} = -383547 + 93.18T \text{（J/mol）}$$

$（B_2O_3）$ 开始被还原进入生铁的温度与 $（FeO）$ 含量之间的关系见图 6-2。由图可见，$（B_2O_3）$ 还原程度受温度和 $w(FeO)$ 控制。终渣中一般含 FeO 0.5% 左右，只要温度控制得

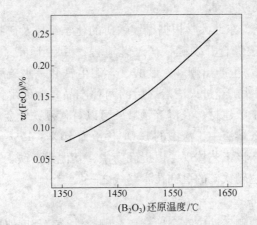

图 6-2　$（B_2O_3）$ 开始被还原进入生铁的温度与 $（FeO）$ 含量之间的关系

当，即可控制（B_2O_3）的还原。

B 富硼渣的特性

采用高炉冶炼需要考虑的另一个问题是炉渣的物理性质。根据计算，渣、铁分离后，渣相中的 MgO 含量将高达 40%，如此高的氧化镁含量在常规条件下将引起炉渣难熔。但是，高含量的 B_2O_3 却赋予炉渣相反的特性。B_2O_3 的熔点很低，仅 450℃，在钢铁生产中常用作助熔剂，它能明显降低炉渣的熔点，其性能与萤石相似。根据测定，由矿石脉石和焦炭灰分所组成的熔渣，其熔点为 1400～1430℃，虽比普通渣的熔点高，但相当于攀钢含钛炉渣，其物理性质可适应高炉冶炼的要求。

硼铁矿已成功地在 13m³ 高炉上进行了硼、铁分离试验。原料采用含铁 35%～37%、$B_2O_3$7.5% 的原矿。试验过程中，高炉顺行，渣铁畅流，获得的两种产品为含硼 1% 左右的生铁和 $w(B_2O_3)\geqslant12\%$ 的富硼渣，但入炉焦比高达 1.8～1.7t/t。含硼生铁的主要成分为：$w[B]=(1.0\pm0.2)\%$，$w[Si]=(3.0\pm0.25)\%$，$w[S]=0.20\%$。硼在高炉冶炼过程中大约有 14% 进入铁相，86% 进入渣相。

自然冷却的含硼高炉渣活性很差，不适宜浸硼处理。因此，在高炉出铁场设置保温装置，控制炉渣的冷却速度，使其尽量形成 $2MgO\cdot B_2O_3$、$3MgO\cdot B_2O_3$、$MgO\cdot B_2O_3$ 等硼镁酸盐相，以利于提高硼渣的活性。

C 高炉流程评价

利用高炉实现硼、铁分离是一个值得深入开发的流程，因为高炉技术是成熟的，硼铁矿冶炼虽有其特殊性，但可利用高炉冶炼的一切成熟经验，而且利用现有的高炉装置起步投资少、工艺流程易于实施。但是，高炉流程也存在不足和需要完善之处，主要是：

（1）在冶炼过程中，由于焦比高、灰分多、渣量大，硼渣易被贫化，不利提硼；

（2）高炉渣活性差，不能自然冷却后直接用于提硼，需控制冷却速度做改性处理，在工艺实施上尚需深入研究；

（3）生铁硫含量高，不利于后续使用。

6.1.3.3 硼铁矿直接还原－电炉熔分

针对高炉分离硼铁矿存在的问题，同时以煤和电代替焦炭，改变流程能源结构，提出了直接还原－电炉熔分流程方案。

该法是先将原矿在回转窑中用煤进行固相还原，使铁氧化物还原为金属铁，金属化率大于 90%，然后经电炉熔化分离得到半钢和硼渣，后者可作为硼工业原料用于提硼。

在还原条件下，铁氧化物按 $Fe_3O_4\rightarrow FeO\rightarrow Fe$ 的顺序逐级还原。由于 $Fe_3O_4\rightarrow FeO$ 的还原比较容易，不是影响还原过程的限制环节，铁的还原仅取决于 $FeO\rightarrow Fe$ 的还原条件，其反应如下：

$$FeO + C =\!=\!= Fe + CO \qquad \Delta G^{\ominus} = 143300 - 146.45T \text{ (J/mol)}$$

反应开始温度为 706℃。硼氧化物在固相条件下用碳还原的反应为：

$$B_2O_3 + 3C =\!=\!= 2B + 3CO \qquad \Delta G^{\ominus} = 909435 - 503.4T \text{ (J/mol)}$$

反应开始温度为 1533℃。由这些数据可以看出，在固相还原温度（低于 1150℃）条件下，即使是纯 B_2O_3 也不能被还原，在回转窑中可实现硼、铁的选择性还原。

如前所述，在熔分过程中只要 $w(FeO)$ 和温度控制得当即可实现硼、铁分离，形成半钢和富硼渣两种产品。

实验室扩大试验表明，硼铁矿用煤作还原剂在回转窑内直接还原，还原后经电热法熔分，可获得 S、P 含量合格的含硼($w[B]<1.0\%$)生铁。熔分渣中 B_2O_3 的品位取决于原矿 B_2O_3 和铁的品位。当矿石中含铁 30% ~ 35% 时，熔分渣中 B_2O_3 的品位约为原矿的一倍，可达 20% 左右。熔分渣活性高，不需采用改性处理，可直接用碳碱法或酸法浸硼。

6.1.3.4　硼铁矿湿法分解

硼铁矿湿法分解原则工艺流程如图 6-3 所示。该工艺是将硼铁矿原矿与盐酸混合，将矿石中的硼、铁、镁分解在盐酸溶液中，然后根据其各自的特性从液相中分离沉淀，分别回收有用组元。该工艺流程主要分为以下三个过程。

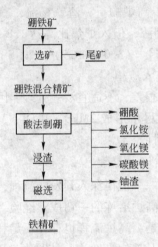

图 6-3　硼铁矿湿法分解原则工艺流程

A　原矿酸浸分解

原矿中的主要含硼矿物为硼镁铁矿($Mg,Fe)_2 \cdot Fe \cdot BO_5$ 和硼镁石矿 $B_2O_3 \cdot 2MgO \cdot H_2O$，其盐酸分解的主要反应为：

$$(Mg,Fe)_2 \cdot Fe \cdot BO_5 + 10HCl \Longrightarrow 2MgCl_2 + 3FeCl_2 + H_3BO_3 + 2H_2O + \frac{3}{2}H_{2(g)}$$

$$B_2O_3 \cdot 2MgO \cdot H_2O + 4HCl \Longrightarrow 2H_3BO_3 + 2MgCl_2$$

$$Fe_2O_3 + 6HCl \Longrightarrow 2FeCl_3 + 3H_2O$$

$$FeO + 2HCl \Longrightarrow FeCl_2 + H_2O$$

酸浸分解条件为：浸出物粒度小于 0.074mm 的粒级占 85%，浸出温度 90℃，浸出时间 30min，盐酸用量 2.4t/t。

硼、铁的浸出率可分别达到 96%、90%。

B　母液净化除铁

在酸浸母液中主要含有硼酸、氯化铁和氯化镁。首先使铁从母液中分离出来，它以氢氧化铁的形式产出。母液中的二价铁先经氧化剂(如氯酸钾)氧化作用转化为三价铁，然后在沉淀剂(氨水)的作用下生成氢氧化铁沉淀产出，其反应如下：

$$FeCl_3 + 3NH_4(OH) \Longrightarrow Fe(OH)_{3(s)} + 3NH_4Cl$$

铁的沉淀率接近铁的浸出率，除铁较为完全。

C 冷却结晶分离硼酸

净化除铁后的母液中主要含有硼酸和镁盐。利用它们溶解和结晶温度存在差异的特性，在适宜的浓度、温度条件下使硼酸先结晶，实现硼、镁分离。当结晶温度为 13～15℃、结晶时间为 6h、结晶溶液 pH < 2 时，结晶率约为 65%，其余 30% 左右的硼酸可采用萃取的方法进行回收，硼酸的总回收率可达 95%。镁盐留在母液中，MgO 的回收率可达 92%，这样即可实现硼、铁、镁的分离回收。

该工艺流程的特点是：矿石中各种有用的元素得到了充分利用，硼、铁分离比较彻底；但是耗酸量比较大，且盐酸对设备腐蚀严重，工人操作及检修不方便，环境污染较大。

6.1.3.5 硼铁矿的其他利用方法

A 硼铁矿作烧结矿添加剂

将一定量的硼铁矿加入到烧结料中以改善烧结矿的质量，也是硼铁矿开发利用的一条途径。有关含硼添加剂的研究和应用在我国已经有 20 多年的历史。B_2O_3 熔点低，可以与许多氧化物形成低熔点固溶体，促进烧结过程中液相的形成。半径很小的 B^{3+} 可以扩散进入 $\beta - 2CaO \cdot SiO_2$ 中，冷却过程中不以 $\gamma - 2CaO \cdot SiO_2$ 相析出，因此能有效减少烧结矿因体积膨胀而形成的大量粉末。硼铁矿中的 MgO 含量在 25% 左右，MgO 在烧结过程中形成钙镁橄榄石和镁黄长石等，它们的生成替代了 $2CaO \cdot SiO_2$。同时，MgO 能固溶于 $2CaO \cdot SiO_2$ 中，抑制 $\beta - 2CaO \cdot SiO_2$ 晶型向 $\gamma - 2CaO \cdot SiO_2$ 的转变，从而能减少烧结矿的自然粉化率，提高烧结矿的强度。

B 硼铁矿制备 Fe-Si-B 母合金

东北大学和辽阳铁合金厂、鞍山热能院等单位用宽甸五道岭的硼铁矿进行了制备 Fe-Si-B 母合金的联合研究，利用炭热法制备出了 Fe-Si-B 非晶母合金。由于成本较低，为 Fe-Si-B 母合金的工业化生产创造了条件。非晶态的 Fe-Si-B 可代替硅钢片用于变压器铁芯，重量可降低 1/3，磁损可降低 1/4，还可同时提高电阻率、降低交流电的涡流损耗等。

6.2 铝 土 矿

6.2.1 铝工业与铝土矿

我国铝工业经历了半个多世纪的发展，现已成为年产 500 多万吨原铝、600 多万吨氧化铝、年产值上千亿元的大型产业。我国是世界第一原铝生产国、第二氧化铝生产国，在世界铝工业中具有举足轻重的地位。

铝土矿是目前氧化铝生产中最主要的矿石资源，世界上 95% 以上的氧化铝是用铝土矿为原料生产的。铝土矿中氧化铝的含量变化很大，低的在 40% 以下，高的可达 70% 以上。铝土矿是一种组成复杂、化学成分变化很大的含铝矿物，其主要化学成分为 Al_2O_3、SiO_2、Fe_2O_3、TiO_2，此外还含有少量的 CaO、MgO、S、Ga、V、Cr 和 P 等。

我国铝土矿资源较为集中，主要分布在山西、河南、贵州、广西四省区，其保有储量占全国保有储量的 91.1%。分布在山西、河南、贵州的铝土矿矿床以沉积型为主；而储存于广西、云南的铝土矿主要是堆积型矿床，约占我国总储量的 11%。我国已探明的铝土矿矿区有 315 处，按矿产储量最新分类计，我国铝土矿保有储量约为 5.39 亿吨，基础储量为 7.16 亿吨，资源量为 17.87 亿吨，资源总储量为 25.03 亿吨。

资源总储量是指可开发的资源总量，包括二级边界品位部分；资源量是指包括矿区外围附近边界品位的资源量；基础储量包括可开发的工业品位和一级边界品位的资源，是已查明的矿产资源的一部分；保有储量（储量）包括可开发的工业品位的总量，是指基础储量中的经济可采部分。

铝土矿的质量主要取决于其中氧化铝存在的矿物形态和杂质含量，不同类型的铝土矿其溶出性能差别很大。衡量铝土矿的质量一般考虑以下几个方面：

（1）铝土矿的铝硅比。铝硅比是指矿石中 Al_2O_3 与 SiO_2 的质量分数比，一般用 A/S 表示。氧化硅是生产氧化铝过程中最有害的杂质，所以铝土矿的铝硅比越高越好。

（2）铝土矿的氧化铝含量。氧化铝含量越高，对生产氧化铝越有利。

（3）铝土矿的矿物类型。铝土矿的矿物类型对氧化铝的溶出性能影响很大。三水铝石型铝土矿中的氧化铝最容易被苛性碱溶液溶出，一水软铝石型次之，而一水硬铝石中氧化铝的溶出则较难。铝土矿的矿物类型对溶出以后各湿法工序的技术经济指标也有一定的影响。因此，铝土矿的矿物类型与溶出条件及氧化铝的生产成本有着密切关系。

我国铝土矿的矿物类型绝大多数为一水硬铝石型铝土矿，其中的主要含铝矿物为一水硬铝石。这是一种难浸出的矿物，用传统的拜耳法处理这类矿石要求溶出温度高，使用的碱液浓度也高，因而生产上采用的工艺条件比用三水铝石或一水软铝石为原料时苛刻，这给拜耳法系统的溶出、分解、蒸发等重要工序的技术和装备带来了一系列困难。

我国铝土矿中二氧化硅含量高，大部分属于中低品位矿，因此不宜直接用单纯的拜耳法处理，会造成流程复杂、能耗物耗高，这是与国外铝土矿不同的又一特点。国内外铝土矿资源状况的对比情况见表 6-4。

表 6-4   国内外铝土矿资源状况的对比情况

资源状况	储量 /亿吨	基础储量 /亿吨	人均储量 /t	A/S	矿体大小 /t	矿石类型	矿物类型
国外	246	340	4.0	>10	大型 >1.0 亿	三水铝石 软铝石	大部分简单 高岭石、石英
国内	5.39	7.16	0.4	4~7	中小型 <0.3 亿	一水硬铝石	大部分复杂 高岭石、伊利石

6.2.2   广西高铁铝土矿

1987 年，广西境内发现了高铁高硅三水铝土矿，据初步估算，仅贵港市、横县和宾阳三县市总储量即达 1~2 亿吨。贵港市境内，矿石分布于数乡镇的开阔岩区，赋存于低缓的红土小坡。矿石呈巨砾状、豆粒状等，混于松散的泥土中。矿层埋藏很浅，大部分露出地表，极易开采。矿层平均厚度为 2.2m，平均含矿率为 53.3%。

贵港高铁高硅铝土矿的主要化学组成为：$w(Fe_2O_3) = 35\% \sim 50\%$，$w(Al_2O_3) = 25\% \sim 32\%$，$w(SiO_2) = 8\% \sim 15\%$，灼减 $16\% \sim 20\%$。此外，还含有钒、镓等稀散金属。该矿的主要有用元素是铁、铝，单独按照铁、铝的含量考虑均难以达到各自所要求的工业品位，且在利用时互为干扰，所以，只有采用综合回收的工艺才具有开采利用价值。矿石的粒度大小不一，大者可达 1m，小者可在 1mm 以下。高铁高硅铝土矿的矿石粒度、含矿率及化学成分如表 6-5 所示。由表 6-5 可以看出，粒度越大则 Al_2O_3 含量越高，同时铝硅比也随之增高。

表 6-5　高铁高硅铝土矿的矿石粒度、含矿率及化学成分

矿石粒度/mm	含矿率/%	Al_2O_3/%	SiO_2/%	Fe_2O_3/%	灼减/%	Al_2O_3/SiO_2
>50	4.05	28.75	7.47	41.02	17.21	3.85
30 ~ 50	2.01	27.12	7.99	41.01	16.95	3.39
10 ~ 30	15.61	27.43	9.22	43.35	16.96	2.98
1 ~ 10	34.08	24.72	9.31	45.62	15.80	2.65
累　计	55.65	25.85	9.10	44.52	16.27	2.84

矿石的主要矿物为针铁矿、三水铝石 $Al_2O_3 \cdot 3H_2O$ 以及赤铁矿等（针铁矿是一种分布广泛的矿物，作为一种水合铁氧化物，在现有铁矿矿物中的重要性仅次于赤铁矿）。作为主要矿物的三水铝石和针铁矿并不是完全独立存在，三水铝石矿物如同胶体一样其中混有针铁矿，而针铁矿中也混有三水铝石。据初步估算，有近五分之一的 Al_2O_3 以类质同象形式存在于针铁矿的晶格中。该矿石中有用矿物的赋存形态非常复杂，采用机械分选的方法难以将铁、铝分开，这就增加了其综合利用工艺的难度。

6.2.3　铝土矿综合利用工艺

通过多年的选冶工艺研究，综合回收广西高铁三水铝土矿中的铁和铝在技术上已可行，在经济上也呈现出巨大的开发利用价值。由于高铁三水铝石型铝土矿资源中铁、铝的含量均没有达到单一铁矿和铝矿的工业应用要求，因此其开发利用必须以同时回收铁、铝为前提。针对高铁三水铝石型铝土矿铁、铝分离回收的研究已有很多报道，总的来说可以归纳为"先选后冶"、"先铝后铁"和"先铁后铝"三种较可行的基本综合利用工艺流程。

6.2.3.1　"先选后冶"工艺

"先选后冶"工艺是采用选矿方法将铁、铝富集分离并去掉部分脉石矿物，然后将获得的铁磁性物和铝磁性物分别用来炼铁和生产氧化铝。国内外曾先后经过浮选、磁选、电选、重选及联合法等试验研究。大量研究均表明，对于结构简单的高铁铝土矿矿石，"先选后冶"工艺可以较好地实现铝、铁分离；但对于铁铝矿物粒度细微、相互胶结、类质同象现象明显、嵌布关系复杂的矿石，则因矿物的单体离解性能差，难以实现铁、铝的有效分离富集及获得合格的铁磁性物和铝磁性物。因此，对于贵港三水铝石矿，无法通过现有选矿技术来实现铁、铝的有效分离，此方案在技术上不可行。

6.2.3.2　"先铝后铁"工艺

"先铝后铁"主要工艺为：首先采用拜耳法在低温常压下用氢氧化钠溶液溶出氧化

铝，同时获得拜耳法高铁赤泥，然后运用催化还原焙烧技术将高铁赤泥中的铁矿物还原为金属铁，再经磁选分离获得铁精矿（海绵铁）。该方案的主要优点有：

（1）充分利用了高铁三水铝土矿中三水铝石的易于浸出特性和针铁矿（赤铁矿）的良好还原性能；

（2）工艺流程相对较简单，只有催化还原过程为高温环节，除碱和还原煤外不需再添加其他物料，使能耗和物料消耗大为降低。

其主要缺点有：

（1）运用拜耳法在低温常压下仅能溶出矿石中三水铝石相的氧化铝，金属回收率总体偏低，一般氧化铝的浸出率约为56%，铁的回收率约为85%；

（2）该矿有效氧化铝含量较低，而活性氧化硅含量较高，因此铝硅比值低，导致拜耳法生产氧化铝过程中氢氧化钠的损失量较大。

6.2.3.3 "先铁后铝"工艺

"先铁后铝"主要工艺为：运用电炉或高炉将高铁三水铝土矿中的铁矿物完全还原成液态的金属铁（含钒），同时制取自粉性铝酸钙炉渣，然后用碳酸钠溶液溶出炉渣，获得铝酸钠（含镓）溶液，再通过脱硅、碳酸化分解、焙烧生产氧化铝。该方法的主要优点有：

（1）通过电炉或高炉熔炼，可实现高铁三水铝土矿石中铁、铝的有效分离；

（2）金属回收率高，其中铁的实收率可在98%以上，矿石中的全部 Al_2O_3 均可提取，包括针铁矿和高岭石等矿物中的 Al_2O_3，氧化铝的实收率也在85%以上，同时还可综合回收有益元素钒和镓；

（3）提取氧化铝后的浸渣可用作水泥原料，基本实现无废料排放。

其主要缺点有：

（1）电或焦炭等能源消耗大；

（2）熔剂石灰岩、还原煤等物料消耗较大。

国内近些年在这方面的研究主要包括四种工艺，即烧结－高炉冶炼－氧化铝提取工艺、金属化预还原－电炉熔分－氧化铝提取工艺、生铁熟料法以及粒铁法。

（1）烧结－高炉冶炼－氧化铝提取工艺。烧结－高炉冶炼－氧化铝提取工艺是将矿石（大于1mm的净矿）按比例配入石灰石、煤粉和生石灰，混料后烧结，烧结矿入高炉冶炼。在高炉内完成将铁矿物还原成铁水、铝矿物生成铝酸钙渣系和渣、铁分离的过程。铝酸钙渣用碳酸钠循环母液进行两次浸出，经脱硅、分解和焙烧生产氧化铝，浸出渣用于生产水泥，从分解母液中可回收镓。该工艺以高铁三水铝石型铝土矿为原料，可以生产供高炉冶炼的超高碱度（3.46~5.04）烧结矿。烧结矿的主要矿物组成为铁酸钙、铝酸钙及钙铝黄长石等，具有优良的冷强度、良好的冶金性能和较低的低温还原粉化性能。但此工艺流程过长，经济效益不高；此外，高铁三水铝石型铝土矿中的氧化铝含量相对较低，使得炉渣的碱度远高于一般高炉炉渣，大量的氧化铝和氧化钛存在易导致炉渣的黏度急剧增大，熔炼温度高，能耗高，物料消耗大，操作困难。

（2）金属化预还原－电炉熔分－氧化铝提取工艺。金属化预还原－电炉熔分－氧化铝提取工艺是将铝土矿破碎，配入一定量的石灰石和煤混合后加入回转窑，在1100℃下进行还原焙烧，完成物料加热、矿石脱水、石灰石分解及铁矿物部分还原等过程。从回转窑出来的高温炉料直接进入电炉,在1500℃高温下铁矿物还原为金属铁,同时炉料熔化并完成渣、铁分离过程。用碳酸钠溶液浸出渣中的 Al_2O_3,浸出后残渣主要含 CaO 和 SiO_2,可用于生产水泥。应用该法处理后铁的回收率达到98%,Al_2O_3 的浸出率为80%。此工艺流程简单,技术成熟,金属回收率高,可同时得到合金钢、氧化铝和水泥等多种产品,是一个铝土矿资源无废利用的流程。另外,此工艺可以有效地回收矿石中的钒与镓,钒可以通过铁水吹钒得到钒渣而回收,镓可以利用现有工艺从循环母液中回收。但该工艺耗时长、电耗高,待这些问题解决后即可适用于工业生产。

(3)生铁熟料法。生铁熟料法是将铝土矿、石灰石和燃料按一定比例配料,在回转窑内1480℃高温下,将铁矿物还原成铁水并定期放出,铁水可经吹钒后炼钢,而得到的铝酸钙熟料可用于浸出氧化铝。此工艺所用矿石为大于1mm的净矿,充分利用了铝土矿资源,不但金属回收率高(铁的回收率达到90%以上,Al_2O_3 的回收率可达到80%),矿石中的稀散金属钒和镓也能得到回收利用。但该工艺能耗偏高且回转窑还原时在高温下容易结圈,不利于生产。由于回转窑中与铁水接触部分的炉衬寿命短,因此尚有待开发高温耐磨耐火材料作为更合适的炉衬材料。

(4)粒铁法。粒铁法是将铝土矿、石灰石和还原煤按比例配合,于1400~1450℃高温下在回转窑内将铁矿物还原成粒铁,铝矿物反应生成铝酸钙熟料,还原炉料经缓冷后自粉,磁选后使粒铁与铝酸钙熟料分离,粒铁用于炼钢,铝酸钙熟料用于浸出氧化铝。试验结果表明,在炉料不进行滚动的条件下,铁不能有效地聚合,磁选分离铁时非磁性物所剩无几,试验未达到预期目的,工艺技术上困难较大。同时,粒铁法工艺中所用还原设备为回转窑,还原温度在1400℃以上,存在与生铁熟料法相同的回转窑结圈、炉衬寿命短问题。

综上所述,为了进一步改善还原条件,降低焙烧能耗,强化铝、铁分离效率,同时回收金属铁、氧化铝及伴生或共生稀散金属,在开展广泛深入的理论研究基础上,仍需进一步开发高铁铝土矿综合利用,尤其是铝、铁分离的新方法。

6.3 铅锌复合矿

6.3.1 重金属复合矿的特点

我国的重金属矿床大多数是多金属共生矿。除锡的矿物外,其他金属主要是以硫化矿的形态存在,如镍矿80%是硫化矿、20%为氧化矿,从重金属矿物原料中回收硫是重金属冶金工业的一项重要任务。目前世界上大部分硫酸是由重金属冶金工厂生产的,我国重金属冶金工厂生产的硫酸量占全国硫酸产量的约1/5。除硫之外,重金属矿物原料中还伴生有多种稀散金属和贵金属,所以重金属冶金工厂也是生产稀散金属和贵金属的工厂,如全国黄金产量的40%是从铜资源中回收的,从铅锌资源综合回收的银占全国矿产银的70%以上。重金属冶金工厂可以向国家提供20多种金属及化工产品,包括元素周期表中ⅢA、ⅣA、ⅤA、ⅥA、ⅠB、ⅡB及Ⅷ族中的大部分金属元素,如表6-6所示。双线框内的元素均可由重金属冶金工厂生产,方括号内的元素为重金属生产的主要元素。10种重金属冶炼的原料、方法及主要回收元素如表6-7所示。

表6-6 重金属冶金工厂产品中所包含的主要元素

						ⅢA	ⅣA	ⅤA	ⅥA
						B	C	N	O
		Ⅷ		ⅠB	ⅡB	Al	Si	P	[S]
Fe	[Co]	[Ni]	[Cu]	[Zn]	Ga	Ge	As	Se
Ru	Rh	Pd	Ag	[Cd]	In	[Sn]	[Sb]	Te
Os	Ir	Pt	Au	[Hg]	Tl	[Pb]	[Bi]	Po

表6-7 10种重金属冶炼的原料、方法及主要回收元素

金属	原 料	预处理	金属提取	精 炼	主要回收元素
铜	硫化矿 氧化矿	焙烧、造锍熔炼 浸出-萃取	转炉熔炼 电积	电解	S, Au, Ag, Bi, Be Te, Ni, Co, Pb, Zn
镍	硫化矿 氧化矿	造锍熔炼-磨浮 造锍熔炼-焙烧	碳还原 还原	电解 电解	Co, S, Cu, 铂族
钴	泥金矿 铜镍矿伴生物	加压氨浸 硫酸化焙烧-浸出	加压氢还原 还原-电解		Co
锌	硫化矿	烧结 焙烧-浸出-净化	碳还原 电积	精馏	S, Cl, In, Ge, Ga, Co Cu, Pb, Ag, Hg
镉	烟尘浸出渣	浸出-净化	锌置换电积	精馏	Tl
铊	硫化矿	烧结	碳还原	电解 火法精炼	S, Ag, Bi, Tl, Sn Sb, Se, Te, Cu, Zn
铋	硫化矿 铅铜伴生物		铁还原 碳还原	电解 火法精炼	Pb, Cu, Ag, Te
锡	氧化矿	精选-浸出-焙烧	碳还原	火法精炼 电解	Cu, Pb, Bi
锑	硫化矿	焙烧 浸出	碳还原 电积	火法精炼	Au, S, Se, Te
汞	硫化汞	焙烧	热分解		Hg, S

稀散金属无单独的矿床，几乎都是与重金属矿伴生的。硒、碲可以从铜、铅、锌、锑矿中回收，镓、铟、锗、铊均从铅、锌矿中回收。

我国铅锌资源伴生有益组分达50多种。开发利用铅锌资源的同时，可回收其他金属和非金属。目前我国从铅锌矿综合回收的品种有铜精矿、锡精矿、硫精矿、铁精矿、碳酸锰、萤石精矿等，尚有磷、毒砂、重晶石、天青石等未予回收。铅锌冶炼厂综合回收的品种有金、银、铋、铟、锑、锡、汞、镉、锗、钴、镓、碲、铌、硫等有益组分。

在铜、铅、镍生产中，几乎全部原料中的贵金属都富集于电解精炼的阳极泥中，可分别从中提取稀散元素和贵金属。熔炼锡精矿时有价金属富集在渣中，从渣中可回收有价组分。铅锌氧化矿采用烟化法处理时，烟尘中含锗 0.025% ~ 0.032%。硫化锌矿在湿法冶

金中，铟、锗富集在浸出渣挥发的烟尘中，其中含 In 0.05% ~ 0.06%、Ge 0.003% ~ 0.005%。总之，在重金属矿中伴生元素虽然品位不是很高，但在重金属的熔炼过程中都能富集在一个产物中，这为回收利用创造了有利条件。

6.3.2 铅锌复合矿资源及其组成

在自然界中铅锌共生的几率几乎超过任何金属，而且伴生有益组元繁多，是非常重要的复合矿资源。我国铅锌矿类型多、分布广、储量大，在已评价和勘探的铅锌矿产地中有特大型矿点(铅或锌金属储量大于 1000 万吨)1 处，大型矿点(大于 50 万吨)20 处、中型矿点(5 ~ 50 万吨)120 处、小型矿点(小于 5 万吨)297 处，保有铅锌金属储量达 9000 余万吨。

铅锌矿石自然类型的划分方式有多种，如按矿床主要围岩岩性划分，我国铅锌矿床可分为六大类(见表 6 - 8)。其中，变质岩是指由岩浆岩、沉积岩及先生成的变质岩经变质作用所形成的岩石；综合岩是指赋存于各种围岩的脉状矿床，其围岩有火成岩、沉积岩、变质岩、碳酸盐等。

表 6 - 8 我国铅锌矿床的类型

矿床类型	工业规模	矿石品级	主要金属矿物	实 例
硅卡岩型	小，中	贫，中	方铅矿，闪锌矿，黄铁矿，黄铜矿	连南，桓仁，天宝山
变质岩型	中，大	中，富	方铅矿，闪锌矿，黄铁矿，黄铜矿	锡铁山
碳酸盐岩型	小，大	中，富	方铅矿，闪锌矿，黄铁矿	凡口，黄沙坪，泗顶
喷出沉积岩型	中，大	中，富	方铅矿，闪锌矿，黄铁矿，黄铜矿	小铁山，黄岩
综合岩型	大，大	贫，富	方铅矿，闪锌矿，萤石，黄铁矿	桃林，银山，清水溏，浦北
风化残余型	大，中	中，富	白铅矿，铅矾，菱锌矿，水锌矿	会泽，澜沧，个旧，太平

目前已知的铅矿物有 144 种，锌矿物有 58 种。在矿石中最常见的含铅矿物是方铅矿(PbS)，其矿物量占全国铅矿总储量的 80% 以上。最常见的含锌矿物是闪锌矿(ZnS)，其矿物量占全国锌矿总储量的 90% 以上。全国铅锌总储量平均品位为 3.74%，工业储量平均品位为 4.30%，远景储量平均品位为 3.36%。

铅锌矿中伴生的有益组分多达 50 余种，目前可回收利用的有铁、铜、锰、金、银、铋、锑、锡、汞、镉、锗、铟、钴、镓、碲、铊、硫等。表 6 - 9 中列出了铅锌矿中主要金属元素的赋存状态。

表 6 - 9 铅锌矿中主要金属元素的赋存状态

元 素	赋 存 状 态
Cu	铜在铅锌矿中可成为主要成矿元素之一，铜与锌可形成富集矿床，铜与铅的富集呈反消长关系
Fe	铁在各类矿床中的含量都很高，但只呈菱铁矿和磁铁矿形态存在时才有回收价值，一般都以硫化物形态出现
Bi	很少见到铋独立矿物，其一般以类质同象或微细矿物混入方铅矿或其他矿物中，含量高时可达 1% 以上

元　素	赋　存　状　态
Ag	银是一些铅锌矿中的重要伴生元素，有时含量可高达100g/t以上，其赋存状态主要有两种，即呈独立矿物或以类质同象形式存在于方铅矿中
Cd	镉是铅锌矿床中伴生的分散元素，利用价值较大，主要以单独矿物（黄硫镉矿、硫镉矿）存在，含量从10^{-5}到10^{-3}以上数量级不等
Sn	锡在某些矿床中含量较高，但在大部分矿床中一般不超过10^{-6}数量级，主要以独立矿物存在
Mn	锰是某些铅锌矿中的重要伴生元素，主要以菱锰矿、锰方解石等矿物赋存
Sb	锑一般与方铅矿共生，在碳酸盐型矿床中含量高，常达$10^{-4} \sim 2 \times 10^{-3}$数量级
As	砷主要以独立矿物存在于矿石中，在硅卡岩型及花岗岩类矿床中含量最高
Se, Te	硒、碲常共生，以类质同象形式赋存于硫化物中，含量可达$10^{-5} \sim 10^{-4}$数量级
Ga, In, Ge	镓、铟、锗常共生于闪锌矿和方铅矿中，含量一般为$10^{-6} \sim 10^{-5}$数量级
Tl	铊一般含于方铅矿中，含量仅为10^{-6}数量级

6.3.3　铅锌复合矿综合利用实例

由于铅锌矿共生难以分选，多采用鼓风炉熔炼铅锌矿，同时产生铅和锌，铅锌矿与熔剂配料后，先在烧结机上进行烧结焙烧。热烧结块与热焦炭一起进入鼓风炉进行还原熔炼，所得锌蒸气与炉气一起从炉顶排出，进入铅雨冷凝器冷凝，再经冷却使铅、锌分离，锌即为产品，所得铅再返回冷凝使用。还原熔炼所得铅和炉渣从炉缸排出，炉渣送往烟化处理，粗铅送去精炼。

鼓风炉炼锌又称帝国熔炼法（ISP，Imperial Smelting Process），其工艺流程如图6-4所示。

鼓风炉炼锌有其自身的特点，具体如下：

（1）要求有合理的还原气氛和炉温。在鼓风炉内有如下反应发生：

$$2C + O_2 \Longrightarrow 2CO + 5107 \quad kJ/kg$$
$$2CO + O_2 \Longrightarrow 2CO_2 + 13067 \quad kJ/kg$$
$$CO_2 + C \Longrightarrow 2CO - 5860 \quad kJ/kg$$
$$ZnO + CO \Longrightarrow Zn_{(g)} + CO_2 - 1695 \quad kJ/kg$$
$$PbO + CO \Longrightarrow Pb_{(l)} + CO_2 + 157 \quad kJ/kg$$
$$3Fe_2O_3 + CO \Longrightarrow 2Fe_3O_4 + CO_2$$
$$Fe_3O_4 + CO \Longrightarrow 3FeO + CO_2$$

按冶炼要求，为了使氧化锌和氧化铅尽量还原成金属，而铁只还原成FeO造渣，就要使炉内在一定的温度下保持合理的还原气氛。根据反应的平衡常数：

$$FeO + CO \Longrightarrow Fe + CO_2$$

$$K_p = \frac{p_{CO_2}}{p_{CO}} \qquad \lg K_p = \frac{969}{T} - 1.14$$

可求得在焦点区（鼓风炉的最高温度区）温度为1250～1350℃的情况下，$p_{CO}/p_{CO_2} = 1.57 \sim 3.3$。实际操作中，控制$p_{CO}/p_{CO_2} = 1.5 \sim 2.5$的气氛。

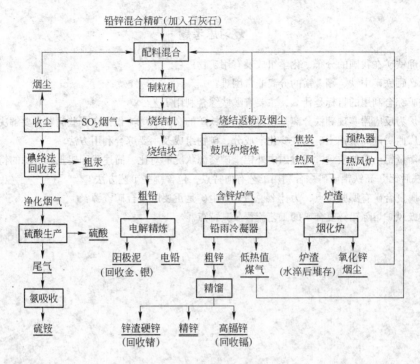

图 6－4　鼓风炉炼锌工艺流程

鼓风炉炼铅锌要保证焦点区有足够的温度。根据反应：

$$(ZnO) + CO \rlap{=\!=\!=} Zn_{(g)} + CO_2$$

$$K_p = (p_{Zn} \cdot p_{CO_2})/(p_{CO} \cdot a_{(ZnO)})$$

式中，平衡常数 K_p 随温度的升高而增加，温度越高则反应越完全。为了提高焦点区温度，需要采用熔点较高的炉渣（约 1250℃）和高的风温。

（2）要保证能从锌蒸气浓度低且含有大量 CO_2 的混合气体中将锌冷凝下来。即炉顶温度必须高于反应的平衡温度，才能从低浓度的锌蒸气炉气中冷凝得到液体锌。为此，生产实践中采用了高温密封炉顶和铅雨冷凝器。加入炉内的是热炉料和热焦炭（800～850℃），同时采用热风措施，保证进入冷凝器的炉气温度不低于 1000℃，使锌蒸气不致重新氧化。用锌雨冷凝器不能顺利实现从低锌、高二氧化碳的炉气中冷凝锌，必须采用铅雨冷凝器。铅具有蒸气压低、熔点低、对锌的溶解度随温度变化大以及热容量大等特点，给急冷创造了条件。铅雨在与气流充分接触时，能迅速吸收炉气的热量，使炉气急冷至600℃以下。炉气通过冷凝通道继续冷却，使离开冷凝器的炉气温度降至 450℃，铅液以440℃左右的温度从炉气出口端进入冷凝器。在该温度下，锌在铅中的饱和溶解度为2.02%。铅在冷凝器内温度升至 560～670℃，再从冷凝器入口端泵出，此时铅中锌的溶解度为 2.26%（未饱和），比原来提高了 0.24%。由此可算出，冷凝锌所需要的循环铅量为产锌量的 417 倍（100/0.24）。

（3）采用高钙渣以保证渣中 ZnO 含量低。由于鼓风炉炼锌采用高钙、高温、强还原气氛作业，渣中铅和锌的含量均比鼓风炉炼铅低，一般为 Pb 0.5%、Zn 3%～8%。

鼓风炉炼锌产出的是粗锌和粗铅，还要进一步提纯才能满足用户要求。锌可采用精馏法提纯，铅可经火法精炼后再电解精炼。

复习思考题

6-1　简述硼铁矿在我国的分布、化学组成及有用矿物。

6-2　为什么硼铁矿中铁、硼、镁的分离非常困难？

6-3　硼铁矿综合利用的目标是什么，主要有哪些综合利用工艺？

6-4　以高炉为反应器实现硼铁分离是否可行，硼铁矿的高炉冶炼流程存在哪些问题需要解决？

6-5　简述广西贵港高铁铝土矿的主要化学成分、矿物组成及主要综合利用方法。

6-6　如何衡量铝土矿的质量？通过国内外铝土矿资源状况的对比，简述我国铝土矿资源的特点。

6-7　"先铁后铝"高铁铝土矿综合利用工艺有何特点，包含哪些工艺方法？

6-8　重金属复合矿有哪些特点，为什么说铅锌共生矿是重要的复合矿资源？

6-9　简述鼓风炉熔炼铅锌复合矿的工艺流程及其特点。

二次资源综合利用

7 冶金过程排放与二次资源综合利用

进入新世纪以来，我国正进入快速工业化阶段，矿产资源的人均消耗量及消费总量高速增长，与此同时，废弃物排放量也随之增长，产生大量、多种污染物质，对环境造成巨大影响。因此，在重视高效利用资源、改革工艺流程、提高工艺技术以实现节能减排的同时，加强二次资源的综合利用和环境保护措施，以循环经济为指导思想，实现冶金工业的可持续发展显得尤为迫切。

本章以钢铁冶金工艺过程为例，介绍主要废弃物排放特点及二次资源综合利用的意义。

7.1 冶金产业的特征

7.1.1 典型的流程制造业

现代冶金工业是个庞大的工业系统，如钢铁生产部门包括采矿、选矿、烧结与球团、炼铁、炼钢、钢材压延等；此外还包括大量的辅助生产部门，如焦化、耐火材料、机修、动力、运输等。生产工艺流程的特点决定了钢铁产业是一个最有条件、最具潜力发展循环经济的产业之一。生产工艺流程所具有的高温特点使其具备能源转化、消纳社会废弃物的巨大潜力。金属铁材料是人类社会最重要的基础性、功能性材料，也是最易于回收和可再生的资源，钢铁企业通过实施清洁生产和物质循环，能够生产出性能更好、寿命更长和环境更加友好的优质产品。冶金企业发展循环经济欲实现"资源→产品→再生资源"的物质反复循环运动，就应该将这种企业的优势转化为社会的优势，实现与社会的共存及和谐发展。

7.1.2 广泛的产业关联性

冶金产业作为一个原材料的生产和加工部门，处于产业链的中间位置，联系并影响着许多上游产业。钢铁工业生产要消耗大量的铁矿石、煤炭、电力、石油等原材料，使用大量的机电设备，而且是交通运输消耗的大户，对原料、运输、煤炭、电力等行业产品的需求带动了这些行业的发展。钢铁工业提供的产品又是其他许多下游产业的基本原材料，主要包括机械电子工业、汽车制造业、建筑业、五金制品业、交通运输业等。强烈的产业关联性使得钢铁产业可以与其他产业建立循环经济产业链，构筑钢铁产业链和非钢铁产业链的有机结合，推动相关行业向高效化、绿色化发展，成为循环经济的重要组成部分，实现经济效益、环境效益和社会效益的协调统一，促进工业经济的可持续发展。

7.1.3 高物耗、高能耗、高排放产业

冶金企业是能源、资源消耗和污染物排放的大户。目前，钢铁行业的能耗占全国总能耗的10%以上，钢铁行业的水耗占全国工业水耗的9%左右。而且，我国钢铁工业的能耗、水耗指标远远高于国外的先进水平。我国钢铁工业每生产1t钢需要消耗6~7t原料和燃料，其中80%以上以各种废物的形式排入环境。以高炉-转炉长流程为例，生产1t钢大约需要消耗1500kg铁精矿、600kg炼焦煤、200kg石灰石和萤石、175kg废钢和15t新水，同时产生10t左右外排废水、15000m³（标态）废气、1.2kg烟尘、3kg工业粉尘、3.1kg SO_2 和500kg左右废渣。钢铁工业废气、废水、废渣的排放量占全国的10%~15%。随着我国钢铁工业的快速发展，将会带来一系列更加严重的资源和环境问题。实现二次资源的综合利用、发展循环经济、建设资源节约型企业是钢铁产业的必然选择。

7.2 冶金生产流程及废弃物排放

7.2.1 烧结与球团

烧结生产工艺流程及其排污状况如图7-1所示。

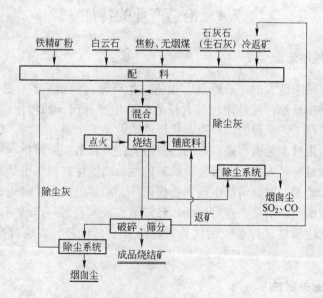

图 7-1 烧结生产工艺流程及其排污状况

烧结过程污染物的排放主要来自于原料装卸作业（导致空气含尘）和烧结过程的燃烧反应，烧结废气含有粉尘以及其他燃烧产物，如 CO、CO_2、SO_x、NO_x，它们的浓度取决

于所用的原料以及燃烧条件。此外，排放物还包括由焦炭屑、含油轧制铁鳞中挥发物生成的挥发性有机物质（VOCs，volatile organic compounds），在某些操作条件下由有机物生成的二恶英，从所用原料中挥发出的金属（包括放射性同位素）和卤化成分生成的酸蒸汽（如HCl 和 HF）。

烧结废气通常采用干式静电除尘器（ESP）来净化，这类除尘器能处理烧结过程中产生的大量含尘气体，可以大大降低粉尘排放量，但对其他排放物的去除效果很差，只有通过工艺参数和原料选择来加以控制。对于不同输料点、破碎装置和筛分装置的充满粉尘的废气，通常采用单独的小型除尘器来净化。除尘器收集的粉尘通常返回混料场。

球团工艺流程类似于烧结，污染物产生及排放也与烧结过程基本相同，其污染物在很大程度上取决于生产操作条件和所用的原料。

7.2.2　炼焦生产

炼焦煤经破碎、筛分、配煤后装入炼焦炉中，在隔绝空气的条件下高温干馏（1300℃，15~21h），生成焦炭。焦炭在高炉中主要是用作还原剂、发热剂并提供料柱骨架作用，以便气体顺利通过高炉料层。

炼焦炉是焦化厂最主要的生产设备，一个焦炉组可能拥有40个或更多个被加热室隔开的、带有耐火墙的焦化室。煤加热过程中干馏出的以焦油和焦炉煤气（COG）形式出现的蒸馏产物，被收集在焦炉组的总管中，送往蒸馏装置。当加热周期结束时，焦炉与总管分离开，端门被打开，固体焦炭被推入运焦车。在冷却塔内，将新水或循环水喷洒在炽热的焦炭上，使其温度降至200℃以下。另有一种干熄焦法，是使惰性气体（如 N_2）重复循环地通过热焦炭，回收的焦炭显热用于发生蒸汽。炼焦生产工艺流程及其排污状况如图 7-2 所示。

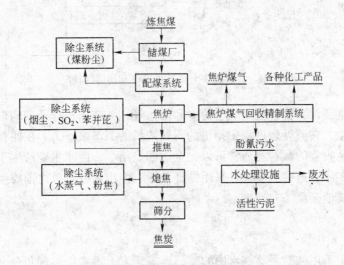

图 7-2　炼焦生产工艺流程及其排污状况

在钢铁联合企业中焦化厂是污染大户，其主要污染物为废气、废水以及少量固体废物。焦炉煤气是炼焦过程中干馏出的一种复杂混合物，它含有氢、甲烷、一氧化碳、二氧化碳、氮氧化物、水蒸气、氧、氮、硫化氢、氰化物、氨、苯、轻油、焦油蒸气、萘、烃、多环芳烃(PAHs)和凝聚的颗粒物。这种气体逸出可能来自门、盖、罩等没有得到密封的地方，只能通过维修保养和密封作业来减少此类排放。

7.2.3　高炉炼铁

高炉是一个封闭的系统，含铁原料(铁矿石、烧结矿和球团矿)、添加剂(造渣剂，如石灰石)和还原剂(焦炭)通过装料装置分批加入炉内，装料系统可防止高炉煤气逸出。热风(有时富含氧)和辅助燃料从炉缸风口喷入，以便提供逆流还原气体。鼓风与焦炭反应生成一氧化碳，将氧化铁还原成铁。铁水连同炉渣聚集在炉缸内定期排出，铁水由罐车运往炼钢厂；炉渣则被加工生产成骨料、粒料，可供公路建设和水泥制造综合利用；高炉炉顶煤气经过净化后，配送到其他工序作为燃料。高炉炼铁生产工艺流程及其排污状况如图 7-3 所示。

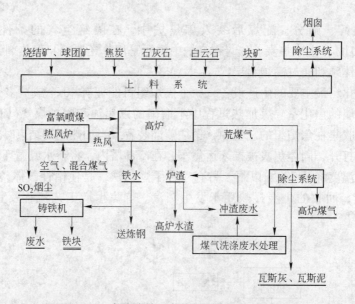

图 7-3　高炉炼铁生产工艺流程及其排污状况

炼铁产生的主要污染物包括废气、粉尘和废水等，如在出铁作业期间以及一些辅助作业排放的含铁粉尘、在渣处理过程中排出的不同数量的 H_2S 和 SO_2。在拥有高炉出铁场排气系统的情况下，收集的颗粒物通常可以完全返回烧结厂。废水主要产生于高炉煤气湿式净化和炉渣处理工序，这些工序往往采用循环装置，但出水在排放之前要经过处理，以便去除悬浮固体及其他杂质。

7.2.4　转炉炼钢

转炉炼钢过程采用纯氧去除铁水中的碳、硅等元素，添加助熔剂和合金元素去除熔体中的杂质，改变组分，从而将来自高炉的铁水精炼成钢。

转炉(BOF)炼钢主要的废气和粉尘排放来自吹氧过程中的 BOF 炉口。转炉煤气成分主要是 CO，部分在炉内进一步氧化(二次反应)产生一些 CO_2，强度取决于炉口上方烟雾罩的设计。如设计合理，能够最大限度地减少空气进入，则可最大限度地增加转炉气中 CO 的含量。如果 CO 含量足够高，这种气体就可以收集用作宝贵的能源。烟尘主要由氧化铁和氧化钙组成，来源于氧枪对钢水熔池的作用以及一些铁被氧化成细微氧化铁颗粒的过程。粉尘中可能含有废钢铁所产生的重金属（如锌）以及渣和石灰微粒。所产生的粉尘量取决于吹氧系统、操作条件（如流速）和是否使用泡沫渣以及废钢的质量等。转炉炼钢和连铸生产工艺流程及其排污状况如图 7 - 4 所示。

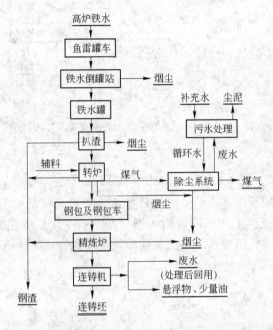

图 7 - 4   转炉炼钢和连铸生产工艺流程及其排污状况

7.2.5   电炉炼钢

电炉（EAF）炼钢的主要原料是废钢，它包括来自炼钢厂内的废钢（如切余料）及消费后的废钢。直接还原铁（DRI）也因其杂质含量低和多变的废钢价格而越来越多地被用作原料。电炉炼钢和连铸生产工艺流程及其排污状况如图 7 - 5 所示。

粉尘主要由氧化铁和其他金属与重金属（包括锌和铅）组成，它们是从镀层钢或合金钢中挥发出来的，或产生于废钢加料中的有色金属碎片。EAF 粉尘的氧化锌含量可能高达 30% ，电炉排放的粉尘总量可达 $10 \sim 18 kg/t$ 。

在 EAF 加工处理之后，钢水被注入钢水包，并通过添加铁合金来调整组分。在浇注之前，可能要对钢水做成分和温度的进一步调整，其中包括钢包炉精炼、真空脱气或惰性气体搅拌。

钢包炉（LF）精炼方法是由日本特殊钢公司在 1971 年开发研制的，它所处理的钢种几乎涉及从特钢到普钢的所有钢种。在我国，随着连铸比的大幅度提高，LF 迅速地发展起来。LF 所产生的粉尘较少，且本身不产生废水。其他二次精炼作业（如真空脱气（VD）等）会产生需要处理以便去除悬浮物（SS）的废水。

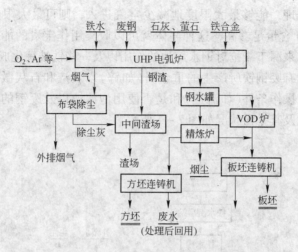

图 7-5　电炉炼钢和连铸生产工艺流程及其排污状况

7.2.6　轧钢

轧钢有热轧与冷轧两种生产工艺。热轧是将加热到符合轧制要求温度的钢坯或钢锭，通过可逆式轧机或连轧机组生产不同规格的钢材产品；冷轧是将热轧钢板或钢带经酸洗后，在常温下通过可逆式轧机或连轧机组轧成冷轧钢板或带材。轧钢生产工艺流程及其排污状况如图 7-6 所示。

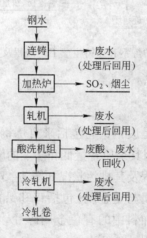

图 7-6　轧钢生产工艺流程及其排污状况

热轧阶段的主要排放物包括来自加热炉和(或)均热炉的燃烧废气(如 CO、CO_2、SO_2、NO_x、颗粒物)，它们将取决于燃料类型和燃烧条件，此外还包括来自轧制和润滑油的挥发性有机化合物(VOCs)。在轧钢过程的每一个阶段都用高压喷水管去除表面铁鳞。这种水含有铁鳞和油，虽然往往会采用闭路循环水系统，但这些系统的出水在排放之前必须经过处理，以便去除 SS 和油。固体废物包括铁鳞皮和切余料，它们经常被分别返回烧结厂和 BOF。加热炉的废耐火材料通常进行填埋处置。

冷轧产生的污染物包括来自退火炉和回火炉的燃烧产物、轧钢油产生的 VOCs 和油雾以及酸洗过程产生的酸性气溶胶。废水来自冷轧过程的 SS 和油乳化液以及酸洗过程的酸洗废水。固体废物包括切余料、酸洗池污泥、酸再生污泥和废水处理装置的氢氧化物污泥，它们或被回收（切余料）、出售（酸再生污泥），或被填埋处置。

7.3　冶金废弃物的分类及特点

7.3.1　废气

钢铁厂的烧结、球团、炼焦、化工副产、炼铁、炼钢、轧钢、锻压、金属制品与铁合金、耐火材料、碳素制品及动力等生产环节，含有排放大量烟尘的各种窑炉。全国钢铁工业每年废气排放量可达 $1.2 \times 10^{12} m^3$ 左右，其中二氧化硫等外排放废气约占全国排放量的 1/6，其排放量仅次于电力工业，居全国第二位。钢铁工业在各工业部门中是废气污染环境的大户之一。

钢铁企业排放的废气大体可分为三类：第一类是生产工艺过程化学反应产生的废气，如冶炼、烧结、焦化、化工产品生产和钢材酸洗过程中产生的烟尘和有害气体等；第二类是燃料在炉窑中燃烧产生的烟气和有害气体；第三类是原料和燃料在运输、装卸及加工等过程中产生的粉尘。

钢铁工业废气的特点如下：

（1）排放量大，污染面广。钢铁企业的工业窑炉规模庞大、设备集中，从矿石到吨钢的废气排放量（标态）约为 $20000 m^3$。在全国 40 个行业中，钢铁工业废气年排放量占全国总排放量的 18%，位居第二。

（2）烟尘颗粒细、吸附力强。钢铁冶炼过程中排放的多为氧化铁烟尘，其粒度在 $1 \mu m$ 以下的占多数。烟尘由于粒度细、比表面积大、吸附力强，易成为吸附有害气体的载体。

（3）废气温度高，治理难度大。冶金窑炉排出的废气温度部分可达 $400 \sim 1000 ℃$，最高可达 $1400 \sim 1600 ℃$。在钢铁企业中有 1/3 的烟气净化系统处理高温烟气，处理烟气量占整个钢铁企业总烟气量的 2/3。由于烟气温度高，对管道材质、构件结构以及净化设备的选择均有特殊要求。高温烟气中含硫、一氧化碳，在烟气净化处理时必须妥善处理好"露点"及防火、防爆问题。所有这些特点构成了治理高温烟气的艰巨性和复杂性，使处理技术难度大、设备投资高。

（4）烟气阵发性强，无组织排放多。金属冶炼是非常复杂的反应过程，其间烟气的产生具有阵发性，而且随着冶炼过程的不同，散发烟气的成分及数量也不同，波动极大。一般净化系统主要是控制烟气量最大的冶炼过程（即一次烟气），而对一次集尘系统未捕集到以及其他辅助工艺过程所散发的烟气（即二次烟气），则形成了无组织地通过厂房或天窗外逸。虽然二次烟气中的烟尘一般仅占烟尘量的 7% ~ 10%，但其尘粒细、分散度高，对环境的污染影响更大。

（5）废气具有回收价值。钢铁生产排出的废气虽然对环境有害，但高温烟气中的余热可通过热能回收装置转换为蒸汽或电能；可燃成分（如煤气）可作为燃料；净化过程收集的尘泥多数含有氧化铁以及其他有价元素，可以回收利用。

7.3.2 废水

钢铁工业用水量很大，从矿石到吨钢需用 $200 \sim 250 m^3$ 水，外排废水量约占全国的 1/7，仅次于化工工业，位居第二。钢铁生产过程中排出的废水主要来源于生产工艺过程用水、设备与产品冷却水、设备和场地清洗水等，其中 70% 的废水来源于冷却用水，生产工艺过程排出的只占一小部分。废水含有随水流失的生产用原料、中间产物和产品以及生产过程中产生的污染物。

钢铁工业废水通常可分为三类：第一类按所含的主要污染物性质，可分为以含有机污染物为主的有机废水和以含无机污染物（主要为悬浮物）为主的无机废水以及仅受热污染的冷却水；第二类按所含污染物的主要成分，可分为含酚氰污水、含油废水、含铬废水、酸性废水、碱性废水和含氟废水等；第三类按生产加工对象，可分为烧结厂废水、焦化厂废水、炼铁厂废水、炼钢厂废水和轧钢厂废水等。

钢铁工业废水的特点如下：

（1）废水量大，污染面广。从原料准备到钢铁冶炼以至成品轧制的钢铁工业生产全过程中，几乎所有工序都要用水，都有废水排放。

（2）废水成分复杂、污染物质多。钢铁工业废水污染特征不仅多样，而且往往含有严重污染环境的各种重金属和多种化学毒物。

（3）废水水质变化大，造成废水处理难度大。钢铁工业废水的水质因生产工艺和生产方式不同而有很大的差异，有的即使采用同一种工艺，水质也有很大变化。例如，氧气顶吹转炉除尘污水在同一炉钢的不同吹炼期，废水的 pH 值可在 $4 \sim 13$ 之间、悬浮物含量可在 $250 \sim 25000 mg/L$ 之间变化。间接冷却水在使用过程中仅受热污染，经冷却后即可回用。直接冷却水因与物料等直接接触，含有与原料、燃料、产品等成分相关的各种物质。由于钢铁工业废水水质的差异大、变化大，无疑会加大废水处理工艺的难度。

7.3.3 废固

钢铁工业固体废物是指钢铁生产过程中产生的固体、半固体或泥浆等废弃物，主要包括采矿废石、矿石洗选过程排出的尾矿、冶炼过程产生的各种冶炼矿渣、轧钢过程中产生的氧化铁皮、各生产环节净化装置收集的各种粉尘、污泥以及工业垃圾。

钢铁工业固体废物的特点如下：

（1）量大面广，种类繁多。钢铁生产需消耗大量的原料、燃料，且大部分又以各种形式的废物排出。其中除废水外，以质量计又以固体废物为主，即每生产 1t 钢的固体废物排放量超过 0.5t。我国现已成为世界第一产钢大国，其固体废物产生量之大不言而喻，约占我国工业固体废物发生总量的 1/5，排在矿业和电力行业之后，位居第三。

（2）蕴含有价元素，综合利用价值高。钢铁工业原料多为各种元素共生矿物。生产过程中"取主弃辅"必然导致排出废物中蕴含各种不同的有价元素，如铁、锰、钒、铬、钼、铝等金属元素和钙、硅、硫等非金属元素。这些元素对主产品或许是无益甚至是有害的，但对其他产品生产则可能是重要原料。因此，钢铁工业固体废物是一项可再利用的大宗二次资源。有些固体废物稍加处理即可成为其他生产部门的宝贵原料，如高炉渣经水淬处理成为粒化高炉矿渣，是生产矿渣水泥的重要原料。尤其应指出的是，含铁固体废物是钢铁厂内部循环利用的金属资源，不仅综合利用价值高，而且可减少废物外排，有利于减少污染。

（3）有毒废物少，便于处理与利用。钢铁工业除金属铬与五氧化二钒生产过程产生的水浸出铬渣和钒渣、特殊钢厂铬合金钢生产过程中产生的电炉粉尘以及碳素制品厂产生的焦油、轧钢过程表面处理废水治理产生的含铬污泥等少量有毒有害废物之外，其他固体废物，如尾矿、钢铁渣、含铁尘泥等虽然量大，但基本属于一般工业固体废物。因此，较易燃、易爆以及具有腐蚀性、毒性的危险固体废物易于收集、输送、加工、处理，也便于作为二次资源加以利用。

7.4 二次资源综合利用的意义

7.4.1 新型经济模式——循环经济

"循环经济"一词最初是由美国经济学家波尔丁在20世纪60年代提出的，是对物质闭环流动型经济的简称。循环经济本质上是一种可持续发展的生态经济，它要求按照自然生态系统的物质循环和能量流动规律重构经济系统，使经济系统和谐地纳入到自然生态系统的物质循环过程之中。在循环经济发展模式中，每一生产过程产生的废物都可变成下一生产过程的原料，所有物质都能得到循环往复的利用，从而把经济活动对自然环境的影响降低到尽可能小的程度。循环经济是以资源高效利用和循环利用为核心，以"减量化(reducing)、再利用(reusing)、资源化(recycling)"为原则，以低消耗、低排放、高效率为基本特征，符合可持续发展观念的经济增长模式。循环经济的实质是以尽可能少的资源消耗、尽可能小的环境代价实现最大的经济和社会效益，力求把经济社会活动对自然资源的需求和生态环境的影响降低到最低程度。循环经济模式与传统经济模式有着本质的不同，如表7-1所示。

表7-1 循环经济模式与传统经济模式的比较

经济增长方式	特 征	物质流动	理论指导
循环经济模式	对资源的低开采、高利用，污染物的低排放	"资源→产品→再生资源"的物质反复循环运动	生态学规律
传统(线性)经济模式	对资源的高开采、低利用，污染物的高排放	"资源→产品→污染物"的物质单向流动	机械学规律

循环经济在宏观层面上贯穿于经济社会发展的各个领域，在各个环节中建立全社会的资源循环利用体系，在减量化基础上实现资源高效利用和循环利用。微观层面上的循环经济(即清洁生产)，是指企业在生产过程中的节能降耗、提高资源利用效率、对生产过程产生的废物进行综合利用等。其内涵可延伸到废旧物资的回收和利用、根据资源条件和产业布局合理延长产业链并促进产业间的共生与组合。

7.4.2 发展循环经济的需要

二次资源综合利用是冶金企业转变发展模式，实施循环经济的重要举措，既是企业实现可持续发展的必然选择，也是我国国家发展战略的必然要求。

（1）资源短缺。资源短缺是全世界面临的难题。随着我国经济的快速增长和人口的不断增加，水、土地、能源、矿产等资源不足的矛盾越来越突出，国内资源供给不足，重要资源对外依存度不断上升。一些主要矿产资源的开采难度越来越大，开采成本增加，供给形势相当严峻。钢铁产业是能源、水资源、矿石资源消耗大的资源密集型产业，同时面临资源不足、环境污染的严重制约。

（2）提高经济效益。目前，我国资源利用效率还较低，突出表现在资源产出率低、资源利用效率低、资源综合利用水平低、再生资源回收和循环利用率低。较低的资源利用水平已经成为企业降低生产成本、提高经济效益和市场竞争力的重要障碍，大力发展循环经济，提高资源利用效率，是人们面临的一项重要而紧迫的任务。钢铁工业的固体废弃物资源通常被称为"放错地方的资源"，因而具有发展循环经济的极大潜力。

（3）保护生态环境。当前，我国生态环境总体恶化的趋势尚未得到根本扭转，环境污染状况日益严重。钢铁产业是资源、能源消耗和污染物排放的大户，生产流程中的每个环节都会消耗大量的资源和能源，同时也给生态环境带来严重污染，排放出的大量废水、废气和固体废弃物，严重威胁着人们赖以生存的自然环境。所以，实现废弃物的减量化、资源化、无害化是保护生态环境的紧迫要求。

7.4.3　实现产业多重功能的发挥

循环经济有小循环（企业层面）、中循环（区域层面）及大循环（社会层面）三个层面，相应地要求钢铁企业与区域、社会形成共生产业链，发挥多重功能。即使其不仅具有钢铁生产功能，而且还具有能源转换、社会部分大宗废弃物处理及为相关行业提供原料等功能，实现物质和能源的大、中、小循环。

（1）企业层面的小循环。在小循环企业层面上，钢铁企业发展循环经济可从源头节约原材料和能源，减少废弃物的排放量及其危害性；可在企业内部交换物流和能流；可以扩大产品品种，提高产品质量及其生命周期，从而在企业内部实现资源利用最大化和环境污染最小化，实现内涵化增长和集约化经营，以提高经济增长的质量和效益。

（2）区域层面的中循环。在中循环工业园区层面上，钢铁企业可以把自己产业的副产品和废弃物作为其他相关企业的投入和原材料，共享基础设施，并且有完善的信息交换系统，实现物质闭路循环和能量逐级利用，达到物质能量利用最大化和废弃物排放最小化，使钢铁企业可以同时获得丰厚的经济效益、环境效益和社会效益。

（3）社会层面的大循环。在大循环社会层面上，钢铁企业可以利用生产的余热为城市居民提供热水和供暖，可以与社会共建污水处理系统和水循环利用系统，还可以发挥社会上废钢铁、废塑料、废轮胎的回收系统的作用，废钢铁回收加工后供钢铁企业生产优质钢材，废塑料、废轮胎加工后投入高炉或焦炉，既消除了污染又节约了能源，取得一举两得的效果。

通过以上三个层面的循环经济，钢铁产业具有以下多重功能并得以充分发挥：一是具有生产钢铁产品的功能；二是具有能源转换功能，如用焦炉干熄焦产生的热能发电、用高炉压差和煤气发电等；三是具有消纳废弃物的功能，如电炉以废钢铁为原料生产优质钢材，用高炉或焦炉消纳废塑料、废轮胎；四是具有废弃物资源化功能，为相关产业提供原料，如用高炉水渣作为水泥的原料，用焦化副产品为化肥厂、化工厂和制药厂提供原料，用轧钢铁皮为粉末冶金厂提供原料等。

7.5   曹妃甸——钢铁循环经济的范本

曹妃甸地处河北省唐山市唐海县城南 18km 处，原来是一个只有 4km² 陆地的沙岛，人烟稀少，寂静荒漠。近年来随着环渤海区域经济发展和钢铁工业调整，这块昔日处女地如新星升空，越来越引起人们的关注，一个无名小岛正向一个大型经济开发区和大型钢铁基地过渡。

2005 年 2 月，国务院批准了首钢搬迁调整规划，要求按照循环经济理念，联合唐钢在河北曹妃甸建设具有国际先进水平的节能环保生态型钢铁精品基地。2005 年 10 月，曹妃甸工业区被列为国家第一批发展循环经济试点产业园区，按照循环经济理念，实现工业区开发与环境的和谐发展。至此，在以"大码头、大钢铁、大化工、大电能"为主导的曹妃甸工业区总体框架下，具有国际先进水平、现代化、生态型的首钢曹妃甸钢铁基地建设拉开了帷幕。

7.5.1   曹妃甸钢铁基地发展循环经济的目标

首钢曹妃甸钢铁基地发展循环经济的目标是：以资源、能源高效循环利用为核心，以减量化、再利用、资源化为原则，以低消耗、低排放、高效率为特征，具有钢铁生产、能源转换、消纳社会废弃物和为相关行业提供资源的功能，对生产中的余热、余压、余气、废水、含铁物质和固体废弃物充分循环利用，基本实现废水、固体废弃物零排放，成为环境友好、服务社会、资源节约型示范工厂。

新钢铁厂吨钢综合能耗（标准煤）为 0.669t，吨钢消耗新水 3.84t，水循环率为 97.5%，吨钢粉尘排放量为 0.3kg，吨钢 SO_2 排放量为 0.42kg。这些指标优于我国《钢铁产业发展政策》的标准，接近或达到目前国际先进水平。

首钢曹妃甸钢铁基地发展循环经济的架构是实现物质和能源的大、中、小循环。小循环是以钢铁资源为核心的上下生产工序之间的循环，中循环是各生产分厂之间的物质和能量循环，大循环是钢铁企业与社会之间的物质和能量循环。

7.5.2   曹妃甸钢铁基地发展循环经济的措施

曹妃甸钢铁基地发展循环经济的主要措施是"减量化"、"再利用"及"资源化"。在减量化方面，应用大型装备、先进的工艺技术和现代管理理念，通过源头削减、过程控制，降低资源消耗，减轻废弃物产生，节约资源，减轻污染（见表7-2）。在再利用方面，对生产过程中的余热、余压、余气、废水、含铁物质充分回收利用（见表7-3）。在资源化方面，通过钢铁厂与社会资源大循环，实现钢铁废弃物的社会资源化及社会废弃物的钢铁资源化（见表7-4）。

表7-2   曹妃甸钢铁基地发展循环经济的减量化措施

工序	减 量 化 措 施
炼焦	采用大型焦炉和干熄焦技术、分段供气和废气循环技术、单个炭化室压力控制技术等，与传统工艺相比，提高生产效率60%以上，每年降低水耗217万吨，年发电4亿千瓦时

工序	减 量 化 措 施
烧结	采用大型烧结机和低温厚料层烧结及烟气脱硫等技术，与传统工艺相比，减少燃料消耗 10% 以上，节电 7%；球团采用年产 400 万吨规模的带式焙烧机生产，节电 40%
炼铁	采用大型高炉和精料、高温热风炉、富氧大喷煤、环保渣处理、高炉软水密闭循环和煤气干法除尘等技术，高炉焦比降到 270kg/t，高炉渣比降到 250kg/t，与传统工艺相比，年节约焦炭 100 万吨，减少外排渣量 54 万吨，节约水资源消耗 50%
炼钢	采用大型转炉和全"三脱"炼钢、溅渣护炉、活性白灰、烟气干法除尘、汽化冷却等技术，实现负能炼钢，与传统工艺相比，每年节约能源(标准煤)33 万吨，节水 46%
轧钢	采用热装热送工艺和加热炉汽化冷却技术，与传统工艺相比，节约能耗 30% 以上
节水	采用海水直接冷却及海水淡化技术，每年淡化海水 1800 万吨；污水和雨水经收集处理后作为工业水的补充水，每年减少水消耗 665 万吨

表 7 – 3　曹妃甸钢铁基地发展循环经济的再利用状况

项　目	再 利 用 状 况
废水循环	对各工序产生的废水循环利用，做到一水多用，提高污水处理浓缩倍数，提高水循环利用率
二次能源发电	高炉余压发电、干熄焦发电、富余煤气等二次能源发电 25 亿千瓦时，折合标准煤 104 万吨/年
副产煤气回收	回收高炉煤气、转炉煤气、焦炉煤气折合标准煤 244 万吨/年
高温废气回收	回收烧结高温尾气产生蒸汽，利用热风炉高温废气加热助燃空气和煤粉干燥，回收蒸汽总量折合标准煤 51 万吨/年
粉尘、炉渣回收	高炉和转炉除尘灰、轧钢氧化铁皮、转炉钢渣等含铁物质经加工处理后，返回烧结再利用

表 7 – 4　曹妃甸钢铁基地发展循环经济的资源化效益

项　目	资 源 化 效 益
高炉水渣利用	高炉水渣用于制造水泥和混凝土掺和料，每年可减少水泥石灰石开采量约 250 万立方米，减少二氧化碳排放约 220 万吨，减少能源消耗(标准煤)约 22 万吨，减少粉尘排放约 7 万吨
转炉钢渣利用	转炉钢渣、电厂粉煤灰用于制造建筑材料，可节约山石开采约 35 万立方米
社会固废利用	每年消纳社会废钢 100 万吨，利用焦炉、高炉消纳社会废塑料 20 万吨
钢厂余热利用	利用钢铁厂余热，每年向社会提供 200 ~ 300 万平方米居民住户采暖热源
海水淡化	海水淡化产生的高含盐废水可向社会提供良好的制盐资源，提高制盐效率，降低制盐成本
煤气净化	通过煤气净化，每年向社会提供硫铵、焦油、轻苯、重精苯等优质化工原料 27 万吨

7.5.3　曹妃甸钢铁基地循环经济产业链的构成

以钢铁产业作为曹妃甸开发区循环经济生态链的原点，实现了产业之间、产业与社会之间的合理循环。高炉释放的低热值煤气在实施压差发电综合利用后，送至焦化厂用于焦炭生产，由此置换出高热值焦炉煤气，用于烧结和轧钢；钢铁厂工业余热经回收后提供给煤化工和城市生活，以节省能源和减少污染；钢铁工业的废渣经回收制成超细粉后，用于生产建筑材料；工业废水经深化处理后重复使用，浓缩废水用于拌和原料，经燃烧消除最终污染；发电厂的冷却余热用于发展海水养殖；海水淡化的浓缩卤水经加工后用于氯碱工业，以降低淡水成本。企业设置互为依存、互为利用，构成循环经济的产业链条，从而实现气体废弃物的大量减少和基本实现污水及固体废弃物零排放。

　　按照循环经济理念建设的首钢曹妃甸钢铁基地，将对我国钢铁企业按循环经济理念改善环境指标发挥示范作用。它将进一步带动曹妃甸工业区实现循环经济的进程，为我国发展清洁的钢铁工业积累经验，也对国际钢铁工业的循环经济建设具有可资借鉴的现实意义。

复习思考题

7-1　简述冶金产业的基本特征。

7-2　试以典型钢铁工业流程为例，简述"三废"排放的分类及特点。

7-3　简述二次资源综合利用的意义。

7-4　试比较循环经济模式与传统经济模式，简述循环经济的实质，并指出其所包含的三个循环层面。

7-5　以曹妃甸钢铁基地为例，简析我国钢铁工业发展循环经济的目标及应采取的措施。

8　高炉渣的资源化

在高炉冶炼过程中，从炉顶加入的铁矿石、熔剂和焦炭经加热、还原、熔融，成为铁水和炉渣。渣相浮在铁水之上，从渣口排出，经冷却凝固成为固态高炉渣，也称高炉矿渣，它由铁矿中的脉石、燃料中的灰分和熔剂（一般是石灰石）中的非挥发组分组成。高炉炼铁流程概图如图 8-1 所示。

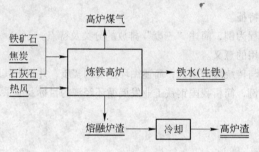

图 8-1　高炉炼铁流程概图

高炉渣的产生量与铁精矿的品位、焦炭中的灰分以及石灰石、白云石的用量有关，也与冶炼工艺有关。近代选矿和炼铁技术的提高，使每吨生铁产生的高炉渣量大大下降。例如，鞍钢高炉渣比为 290~320kg/t，平均为 305kg/t，年产高炉水渣约 670 万吨。近年来，随着我国钢铁工业的迅猛发展，高炉渣的排放量随之增加，对高炉渣的综合利用已引起高度重视。目前，探求高炉渣资源化利用新途径和开发高附加值产品，使之成为钢铁企业新的经济增长点，已成为国内外研究的热点之一。

8.1　高炉渣的组成与分类

8.1.1　高炉渣的化学组成

高炉渣含有 15 种以上化学成分，普通高炉渣的主要成分是 CaO、MgO、Al_2O_3、SiO_2，它们约占高炉渣总质量的 95%，如表 8-1 所示。

表 8-1　我国高炉渣与天然岩石、硅酸盐水泥的化学成分比较（质量分数）　　（%）

化学成分	普通渣	高钛渣	锰铁渣	含氟渣	硅酸盐水泥	花岗岩	玄武岩
CaO	38~49	23~46	28~47	35~45	64.2	2.15	8.91
SiO_2	26~42	20~35	21~37	22~29	22	69.92	48.78
Al_2O_3	6~17	9~15	11~24	6~8	5.5	14.78	15.85
MgO	1~13	2~10	2~8	3~7.8	1.40	0.97	6.05
MnO	0.1~1	<1	5~23	0.1~0.8	1.5	0.13	0.29

化学成分	普通渣	高钛渣	锰铁渣	含氟渣	硅酸盐水泥	花岗岩	玄武岩
FeO	0.07～0.89		0.05～0.31	0.07～0.08	1.34	1.67	6.34
TiO$_2$		20～29			0.30	0.39	1.39
V$_2$O$_5$		0.1～0.6					
P$_2$O$_5$						0.24	0.47
S	0.2～1.5	<1	0.3～3	含F7～8			

高炉渣中的 SiO_2 和 Al_2O_3 主要来自矿石中的脉石和焦炭中的灰分，CaO 和 MgO 主要来自助熔剂石灰石等。由于矿石品种以及冶炼生铁的种类不同，高炉渣的化学成分波动较大。但在冶炼炉料组成固定和冶炼工艺正常时，高炉渣的化学成分变化不大。

高炉渣属于硅酸盐质材料，它的化学组成与天然岩石和硅酸盐水泥相似。因此，其可代替天然岩石和作为水泥生产原料等使用。

通常，高炉渣中的主要碱性氧化物之和与酸性氧化物之和的比值称为高炉渣的碱度，用 R 表示，即：

$$R = \frac{w(\text{CaO}) + w(\text{MgO})}{w(\text{SiO}_2) + w(\text{Al}_2\text{O}_3)}$$

高炉渣按其碱度大小可分为：

（1）碱性渣，$R > 1$；

（2）中性渣，$R = 1$；

（3）酸性渣，$R < 1$。

我国高炉渣大部分接近中性渣（$R = 0.99 \sim 1.08$），高碱性及酸性高炉渣数量较少。按碱度分类是高炉渣最常用的一种分类方法，它比较直观地反映了高炉渣中碱性氧化物和酸性氧化物含量的关系。

8.1.2 高炉渣的矿物组成

高炉渣中的各种氧化物以各种硅酸钙或铝酸钙矿物形式存在。碱性高炉渣中最主要的矿物有黄长石、硅酸二钙、橄榄石、硅钙石、硅辉石和尖晶石。黄长石是由钙铝黄长石（$2CaO \cdot Al_2O_3 \cdot SiO_2$）和钙镁黄长石（$2CaO \cdot MgO \cdot SiO_2$）所组成的复杂固溶体。硅酸二钙（$2CaO \cdot SiO_2$）的含量仅次于黄长石。其次为假硅灰石（$CaO \cdot SiO_2$）、钙长石（$CaO \cdot Al_2O_3 \cdot 2SiO_2$）、钙镁橄榄石（$CaO \cdot MgO \cdot SiO_2$）、镁蔷薇辉石（$3CaO \cdot MgO \cdot 2SiO_2$）以及镁方柱石（$2CaO \cdot MgO \cdot 2SiO_2$）等。

酸性高炉矿渣由于其冷却的速度不同，形成的矿物也不一样。当快速冷却时，全部凝结成玻璃体；当缓慢冷却时（特别是弱酸性的高炉渣）则往往出现结晶的矿物相，如黄长石、假硅灰石、辉石和斜长石等。

高钛高炉渣的矿物成分中几乎都含有钛，其主要矿物有钙钛矿（$CaO \cdot TiO_2$）、安诺石（$TiO_2 \cdot Ti_2O_3$）、钛辉石（$7CaO \cdot 7MgO \cdot TiO_2 \cdot 7/2Al_2O_3 \cdot 27/2SiO_2$）、尖晶石（$MgO \cdot Al_2O_3$）。锰铁渣中的主要矿物是锰橄榄石（$2MnO \cdot SiO_2$）。镜铁矿渣中的主要矿物是蔷薇

辉石($MnO \cdot SiO_2$)。高铝矿渣中的主要矿物是铝酸一钙($CaO \cdot Al_2O_3$)、三铝酸五钙($5CaO \cdot 3Al_2O_3$)、二铝酸钙($CaO \cdot 2Al_2O_3$)等。

8.1.3　高炉渣的分类及特性

熔融高炉渣常用的冷却方法有急冷(也称水淬)、半急冷和慢冷(又称热泼)三种,其对应的成品渣分别称为水渣、膨胀渣和重矿渣。由于冷却方式的不同,所得到的高炉渣性能也不同。

8.1.3.1　水渣

水渣是高炉熔渣在大量冷却水的作用下急冷形成的海绵状浮石类物质。在急冷过程中,熔渣中的绝大部分化合物来不及形成稳定化合物,而以玻璃体状态将热能转化成化学能封存其内,从而构成了潜在的化学活性。

水渣的化学活性主要取决于其化学成分和矿物结构,其活性大小通常用水淬渣活性率(M_c)或水淬渣质量系数(k)表示,即:

$$M_c = \frac{w(Al_2O_3)}{w(SiO_2)}$$

$$k = \frac{w(CaO) + w(MgO) + w(Al_2O_3)}{w(SiO_2) + w(MnO)}$$

$M_c \geq 0.25$ 时为高活性矿渣,$M_c < 0.25$ 时为低活性矿渣;$k > 1.9$ 时为高活性矿渣,$k = 1.6 \sim 1.9$ 时是中活性矿渣,$k < 1.6$ 时为低活性矿渣。

不同化学成分、不同矿物结构的水渣,其化学活性具有一定差异。碱性水渣含大量的硅酸二钙,因而具有良好的活性。酸性水渣中 Al_2O_3 含量高,其在水淬急冷过程中极利于形成玻璃体,因而酸性水渣也具有良好的活性。MgO 能降低矿渣的黏度,在急冷过程中易进入玻璃体,对水渣活性有利。而 MnO 对玻璃体的形成不利,因而对水渣活性有不利影响。

水渣具有潜在的水硬胶凝性能,在水泥熟料、石灰、石膏等激发剂作用下可显示出水硬胶凝性能。

8.1.3.2　重矿渣

重矿渣是高温熔渣在空气中自然冷却或淋少量水慢速冷却而形成的致密块渣。重矿渣的物理性质与天然碎石相近,其块渣容重大多在 $1900 kg/m^3$ 以上,其抗压强度、稳定性、耐磨性、抗冻性、抗冲击能力(韧性)均符合工程要求,可以代替碎石用于各种建筑工程中。

重矿渣是缓慢冷却形成的结晶相,绝大多数矿物不具备活性。但是,重矿渣中的多晶型硅酸二钙、硫化物和石灰会出现晶型变化及发生化学反应,当其含量较高时,会导致矿渣结构破坏,这种现象称为重矿渣分解。因此,在使用重矿渣,特别是将其作为混凝土骨料使用时,必须认真分析和检验重矿渣的组成,防止重矿渣分解现象的出现。

由于硅酸二钙晶型转变、体积膨胀所导致的重矿渣自动碎裂或粉化的现象,称为硅酸盐分解。图 8-2 所示为硅酸二钙晶型随温度的变化曲线。

由图 8-2 可见,硅酸二钙在不同温度下有 α、α′、β、γ 四种存在状态。其中,前三种有活性,只有 γ 型无活性。当加热温度在 780~830℃ 之间时,γ 型缓慢变成 α′型。当

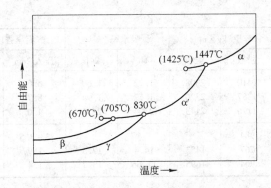

图 8 - 2 硅酸二钙晶型随温度的变化曲线
(括号内的温度为过冷极限；○为对应的温度点)

温度为 1447℃时，α′型变成 α 型。冷却时，α 型在 1425℃时变为 α′型。α′型在 670℃时变为 β 型。β 型在 525℃时变为 γ 型。由于 β 型硅酸二钙与 γ 型硅酸二钙的密度差别较大，当 β 型硅酸二钙转变为 γ 型硅酸二钙时，密度变小导致体积增大 10% 左右，致使已凝固的重矿渣中产生内应力，当内应力超过重矿渣本身的结合力时就会导致重矿渣开裂、酥碎，甚至粉化。按英国、法国、德国、日本等国家的重矿渣使用标准，含有较多硅酸二钙的重矿渣不得用作混凝土骨料和道路碎石。

重矿渣中当含有 FeS 与 MnS 等硫化物时，便会在水解作用下生成相应氢氧化物，体积相应增大 38% 和 24%，导致块渣开裂和粉化，这种现象称为铁、锰硫化物分解。我国重矿渣含 Fe 与 Mn 的硫化物较少。若采用重矿渣作混凝土骨料和碎石，可按 YBJ 205—1984《混凝土用高炉重矿渣碎石技术条件》中的规定要求执行。

若重矿渣中含有石灰颗粒，遇水消解，也能产生体积膨胀，导致重矿渣碎裂。

8.1.3.3 膨珠

膨珠大多呈球形，其粒度与生产工艺和生产设备密切相关。膨珠表面有釉化玻璃质光泽，珠内有微孔，孔径大的为 350 ~ 400μm，小的为 80 ~ 100μm，其堆积密度为 400 ~ 1200kg/m³。膨珠呈现由灰白到黑的颜色，颜色越浅，玻璃体含量越高，灰白色膨珠的玻璃体含量可达 95%。膨珠除孔洞外，其他部分是玻璃体，松散容重大于陶粒、浮石等轻骨料，粒度大小不一，强度随容重的增加而增大，自然级配的膨珠强度均在 3.5 MPa 以上，其微孔互不连通，吸水率低。表 8 - 2 所示为膨珠的主要物理力学性质。

表 8 - 2 膨珠的主要物理力学性质

品 种	粒度/mm	容重/kg·m⁻³		吸水率/%		筒压强度/MPa		孔隙率/%
		松散	颗粒	1h	24h	压入 2cm	压入 4cm	
北台膨珠	自然级配	1032	1689	4.05	4.75	4.8	28.2	38.7
	5 ~ 10	857	1667	4.00	5.27	4.1	15.3	42.7
	10 ~ 20	810	1481	3.44	4.10	2.1	6.1	44.9
首钢膨珠	自然级配	1400	2224	3.66	4.17	7.1	29.8	37.2
	5 ~ 10	1208	2224	2.55	3.45	4.1	16.9	45.8
	10 ~ 20	1010	2167	3.26	4.23	2.2	5.8	49.3

品　种	粒度/mm	容重/kg·m⁻³		吸水率/%		筒压强度/MPa		孔隙率/%
		松散	颗粒	1h	24h	压入2cm	压入4cm	
鞍钢膨珠	自然级配	1410	2308	1.72	1.60	6.6	40	38.8
	5~10	1357	2320	1.52	1.94	8.7	42.7	41.7
	10~20	1176	2143	2.04	2.36	4.0	13.6	45.3
承德膨珠	自然级配	984				3~3.5		
	5~20	767	1453	14.4	17.5	1.9		47.3
	<5	964	1695	11.66	13.7	1.4		37.3

由于膨珠是由半急冷作用所形成的，珠内存有气体和化学能，除了具有与水淬渣相同的化学活性外，还具有隔热、保温、质轻、吸水率低、抗压强度和弹性模量高等优点，因而是一种很好的建筑用轻骨料和生产水泥的原料，也可作为防火隔热材料。

8.2　高炉渣的处理工艺

8.2.1　水淬处理

水淬处理就是将熔融状态的高炉渣置于水中急速冷却，限制其结晶，并使其在热应力作用下发生粒化。水淬后得到沙粒状的粒化渣，非晶态含量超过95%，可以用作硅酸盐水泥的部分替代品来生产普通硅酸盐水泥。但此法要消耗大量新水并不可避免地释放出大量硫化物，污染地下水源，渣粒研磨前必须干燥，能源消耗大，消除污染投资大，循环水系统的磨损大。

8.2.1.1　底滤法

底滤法（OCP法）是高炉熔渣在冲制箱内由多孔喷头喷出的高压水进行水淬，水淬渣流经粒化槽，然后进入沉渣池，沉渣池中的水渣由抓斗吊车抓出，堆放于渣场继续脱水（见图8-3）。沉渣池内的水及悬浮物通过分配渠流入过滤池，过滤池内设有砾石过滤层，过滤后的水经集水管由泵加压后送入冷却塔冷却，循环使用，水量损失用新水补充。底滤法冲渣水的压力一般为0.3~0.4MPa，渣水比为1:10~1:15，水渣含水率为10%~15%。此法的滤池总深度较低，具有机械设备少，施工、操作、维修方便的特点。此外，

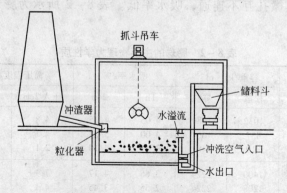

图 8 - 3　OCP法水淬工艺示意图

循环水质及水渣质量较好，冲渣系统用水可实现100%循环使用，没有外排污水，有利于环保。其缺点是占地面积大，系统投资也较大。

8.2.1.2 拉萨法

拉萨法(RASA法)为搅拌槽泵送式冷却工艺流程，如图8-4所示。熔渣经水淬后，和水一起流入搅拌池中，被冲成的渣水混合物由泵打入分配槽内，再进入脱水槽中将渣与水过滤分开。渣由卸料口卸入翻斗机，运到料场堆积起来。水穿过脱水槽的金属网，进入集水管并流入集水池。在搅拌槽底部，为了防止水冲渣沉降并使渣、水混匀输送，装有泵抽水管和给水管，并配备有$\phi80mm$的搅拌喷嘴。为防止熔渣冷却产生大量水蒸气和硫化氢气体污染环境，在搅拌槽上部设置排气筒。

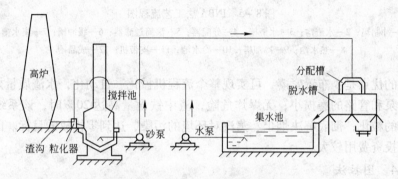

图8-4　RASA法水淬工艺示意图

拉萨法水冲渣系统是由日本钢管公司与英国拉萨贸易公司共同研制成功的，1967年在日本福山1号高炉($2004m^3$)上首次使用。我国宝钢1号高炉($4063m^3$)首次从日本拉萨商社引进了这套工艺设备(包括专利技术)，但在2005年大修后采用了新的因巴法。

搅拌槽泵送法水淬工艺机械化程度高，能实现冲渣水闭路循环，占地面积小，污染环境小，脱水效果好。但砂泵与输送管道磨损严重，动力消耗大，投资大，在新建的大型高炉上一般已不再采用。

8.2.1.3 因巴法

因巴法(INBA法)水渣处理系统是20世纪80年代初，由比利时西德玛(SIDMAR)公司与卢森堡P&W公司共同开发的一项渣处理技术。我国首次引进该技术用于宝钢2号高炉($4063m^3$)，于1991年6月29日投产。目前我国使用该处理技术的有武钢、马钢、鞍钢、本钢、太钢等钢铁公司。因巴法的工艺流程为：高炉熔渣由熔渣沟流入冲制箱，被冲制箱的压力水冲成水渣后进入水渣沟，然后流入水渣方管、分配器、缓冲槽，落入滚筒过滤器。随着滚筒过滤器的旋转，水渣被带到滚筒过滤器的上部，脱水后的水渣落到筒内皮带机上运出，然后由外部皮带机运至水渣槽(见图8-5)。

INBA法有热INBA法、冷INBA法和环保型INBA法之分，不同之处主要在于水系统。热INBA法只有粒化水系统，粒化水直接循环；冷INBA法的粒化水系统设有冷却塔，粒化水冷却后再循环；环保型INBA法的水系统分为粒化水和冷凝水两个系统，冷凝水系统主要用来吸收蒸汽、二氧化硫、硫化氢。与冷、热INBA法相比，环保型INBA法的最大优点是硫的排放量很低，它把硫大部分转移到循环水系统中。

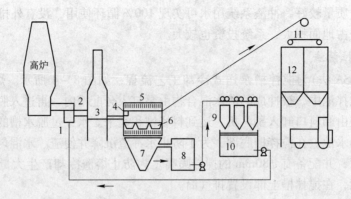

图 8-5   INBA 法工艺流程图

1—冲制箱；2—水渣沟；3—水渣槽；4—分配器；5—滚筒过滤器；6—缓冲槽；7—集水槽；
8—热水池；9—冷却塔；10—冷水池；11—皮带机；12—成品槽

因巴法的优点是：布置紧凑，可实现整个流程机械化、自动化，水渣质量好；冲渣水闭路循环，泵和管路的磨损小；无爆炸危险，渣中铁含量高达 20% 时，该系统还能安全地进行炉渣的粒化；彻底解决烟尘、蒸汽对环境的污染，达到零排放的目标。因该法为引进技术，故投资费用较大。

8.2.1.4   图拉法

图拉法(TYNA 法)是高炉熔渣先经机械破碎，然后进行水淬工艺的典型代表(见图 8-6)。图拉法水渣处理技术是由俄罗斯国立冶金工厂设计院研制的，在俄罗斯图拉厂 2000m³ 级高炉上首次使用，该装置自投入使用以来状况良好。该法在我国首次使用的情况是：1997 年唐钢原 1 号高炉易地大修为 2560m³ 高炉时，对应高炉的 3 个铁口，从俄罗斯引进了 3 套粒化渣处理设备，于 1998 年 9 月 26 日高炉建成投产时同时投入并运行至今。

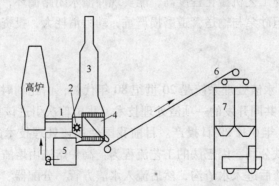

图 8-6   TYNA 法工艺流程图

1—熔渣沟；2—粒化器；3—排气筒；4—脱水器；5—热水池；6—皮带机；7—成品槽

图拉法与其他水淬法不同，在渣沟下面增加了粒化轮，炉渣落至高速旋转的粒化轮上被机械破碎、粒化，粒化后的炉渣颗粒在空中被水冷却、水淬，产生的气体通过烟囱排出。该法工艺流程为：炉渣粒化及冷却→水渣脱水→水渣输送与外运→冲渣水循环。图拉法最显著的特点是彻底解决了传统水淬渣易爆炸的问题。其熔渣处理在封闭状态下进行，环境友好，循环水量少，动力能耗低，成品质量好。

8.2.2 干法处理

干法处理是在不消耗新水的情况下，利用高炉渣与传热介质直接或间接接触进行高炉渣粒化和显热回收的工艺，几乎没有有害气体排出，是一种环境友好的新式处理工艺。它主要包括风淬法、滚筒转鼓法和离心粒化法，20世纪70年代国外就开始对其进行研究，但至今尚无一种真正实现工业化。

判断一种干式粒化技术是否属于急冷处理工艺，最直观的指标是处理所得产品的玻璃体含量，这决定了产品能否大量掺入水泥（必须通过国标规定的活性指数检测）。参照水渣工艺，鉴于某些水渣玻璃体含量为91%~95%，一般认为所得产品的玻璃体含量大于90%（国外认为大于95%）的干式粒化工艺即可划分到急冷处理范畴。

8.2.2.1 风淬法

风淬法处理高温熔渣在日本、德国、瑞典、韩国等国家均有研究，尽管目的不尽相同。其中，日本在高温熔渣（不但包括高炉渣，而且包括钢渣）风淬粒化和余热回收方面的工作比较突出。新日铁、日本钢管、川崎制铁、神户制钢、住友金属和日新制钢6家公司从1982年开始，在新日铁名古屋3号高炉上进行了为期6年的风淬法高炉渣干式粒化试验，工艺流程如图8-7所示。从高炉排出的1450℃液态渣流入风洞中的粒化区域内，在高压、高速的气流作用下将熔渣吹散、微粒化。大部分渣粒与安装在风洞内的分散板和内壁碰撞而落下（此时渣粒的温度已经降到1050℃），在渣粒下落的过程中，从风洞下部吹入的冷却空气使渣粒冷却到800℃并从风洞中排出。排出的粒化渣经热筛筛出大颗粒炉渣后，储存在高温漏斗内，然后在多段流动层内进行二次热交换，把粒化渣进一步冷却到150℃左右。

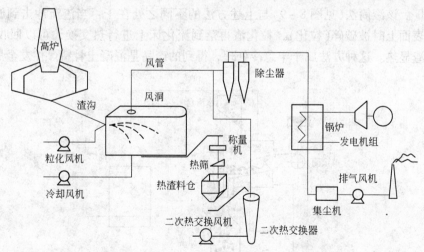

渣沟 → 造粒区 → 风洞 → 称量机 → 热筛 → 热渣料仓 → 二次热交换器 → 产品料仓

图8-7 新日铁高炉渣风淬处理工艺流程

日本钢管公司（NKK）和三菱重工合作研究的钢渣风淬粒化工艺以及俄罗斯乌拉尔钢铁研究院为查布罗什钢铁厂研制的钢渣风淬粒化和热能回收装置，在整体思路上与新日铁的风淬高炉渣工艺类似。由于钢渣自身的性质,风淬法处理钢渣不考虑粒化渣玻璃体含量的问题,而更关注热能的回收。因此严格来讲,钢渣风淬不是急冷处理方法。但是,它们对于研究急冷干式粒化及余热回收工艺来说仍有重要的参考价值。

风淬与水淬相比冷却速度慢,为防止粒化渣在固结之前黏附到设备表面上,就要加大设备尺寸,因此存在设备体积庞大、结构复杂等不足。此外,风淬法得到的粒化渣的颗粒直径分布范围较宽,不利于后续处理。

8.2.2.2 滚筒转鼓法

图 8-8 所示为日本钢管公司在福山 4 号高炉上进行的内冷双滚筒法粒化高炉渣试验。滚筒在电动机带动下连续转动,带动熔渣形成薄片状黏附其上,滚筒中通入的有机高沸点(257℃)流体迅速冷却薄片状熔渣,这样就得到了玻璃化率很高的渣(质量与水渣相当),黏附在滚筒上的渣片由刮板清除。有机液体蒸汽经换热器冷却后返回滚筒(循环使用),回收的热量用来发电。

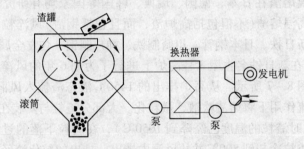

图 8-8　日本钢管公司的内冷双滚筒法粒化高炉渣

日本住友金属于 20 世纪 80 年代曾经建立了采用单滚筒法粒化高炉渣、能力为 40t/h 的试验工厂。该滚筒法(见图 8-9)与上述方法的不同之处在于:当渣流冲击到旋转着的单滚筒外表面上时被破碎(粒化),粒化渣再落到流化床上进行热交换,可以回收 50% ~ 60% 的熔渣显热。这种方法属于半急冷处理,得到的产品是混凝土骨料。住友金属的单滚

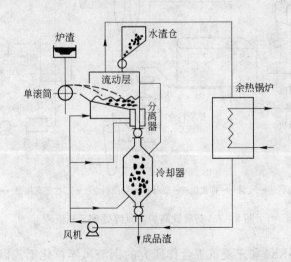

图 8-9　日本住友金属的单滚筒法粒化高炉渣

筒工艺破碎粒化熔渣的能力低，渣粒的粒度分布范围大，与换热介质的换热面积小，换热效率低，粒化渣玻璃体含量不足，不能作水泥原料。

8.2.2.3　离心粒化法

离心粒化法又称转杯或转碟法，该项技术在英国、日本、澳大利亚等国家均有研究。英国的 Keveaner Davy 公司在此技术上颇有建树，它使用可变速的转杯（或称转盘、转碟）对液渣进行粒化。熔渣通过覆有耐火材料的流渣槽从渣沟流至转杯中心，在离心力作用下熔渣在转杯的边缘被粒化，然后渣粒在飞行中被冷却（温降为 100～200℃），渣粒碰到粒化器内壁时已经足够硬，不会粘到壁上，这一点因水冷壁的存在得以强化（温降约为 150℃）。

初步冷却后的渣粒收集和二次热交换有两种形式：

（1）流化床式，见图 8-10。从内壁上反弹落下的渣粒进入主流化床进行热交换，它约占回收总热量的 43%；溢出的渣粒进入副流化床进一步进行热交换，它约占回收总热量的 20%，处理好的粒化渣由副流化床排出。

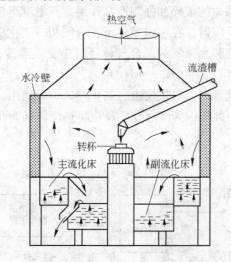

图 8-10　转杯法离心粒化高炉渣（流化床式）

（2）移动床式，见图 8-11。冷却的渣粒落到粒化器内部的环形出料槽（移动床）内，

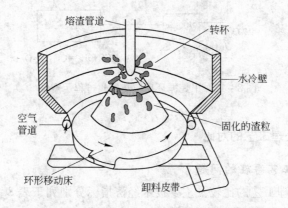

图 8-11　转杯法离心粒化高炉渣（移动床式）

进一步吹风冷却至300℃，经过出料口和皮带排出，环形出料槽由与水平面成小角度吹入的气体推动。从装置上方排出的气流温度可达 400～600℃，在集气罩上设有余热回收系统。

8.2.3　化学处理

化学粒化处理是将高炉渣显热作为化学反应的热源来回收高炉渣余热。其工艺流程是：使用高速混合气体吹散熔渣使其粒化，并利用吸热化学反应将高炉渣显热以化学能的形式储存起来，然后将反应物输送到热交换器中进行逆向化学反应，释放热量，参与热交换的化学物质可以循环使用。

甲烷(CH_4)和水蒸气(H_2O)的混合物在高炉渣高温热的作用下，通过吸热反应 $CH_{4(g)} + H_2O_{(g)} = 3H_{2(g)} + CO_{(g)}$ 可将高炉渣的显热转移出来。在反应过程中，反应的焓约为 206kJ/mol，此反应所需的热量来自于液态高炉渣冷却成粒状小颗粒时所放出的热量。

用高速喷出的 $CH_4 + H_2O$ 混合气体对液态高炉渣流进行冷却粒化，两者进行强烈的热交换，液态高炉渣因受到风力的破碎和强制冷却作用，其温度迅速下降并粒化成细小的颗粒。生成的气体进入下一反应器，在一定条件下，氢气和一氧化碳气体反应生成甲烷和水蒸气，放出热量。高温甲烷和水蒸气的混合气体经过热交换器冷却，重新返回循环使用。其反应方程式为：$3H_{2(g)} + CO_{(g)} = CH_{4(g)} + H_2O_{(g)}$。

热交换出来的热量经处理后，可供发电、高炉热风炉等使用。整个甲烷循环反应热回收的过程如图 8–12 所示。此法因为经过化学反应将热能转换为化学能，再转化为热能来应用，其换热效率较低。

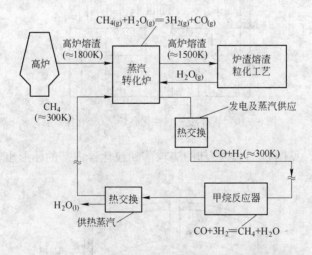

图 8–12　甲烷循环反应热回收过程示意图

8.2.4　水淬与干法处理工艺的对比

8.2.4.1　水淬工艺存在的问题

不同炉渣水淬处理工艺的比较及主要技术经济指标分别列于表 8–3、表 8–4 中。由两表可见，这几种方法的主要问题可归纳如下：

（1）消耗大量水资源。高炉水淬渣工艺不但消耗了大量的新水资源，而且产生 SO_2 和 H_2S 等气态硫化物，对环境造成污染。

（2）能源浪费严重。水淬渣产生大量低温蒸汽，目前除少数钢铁企业用于冬季取暖外，其余全部散失。

（3）能源消耗较大。水淬后炉渣含水率达 10% 以上，作为水泥原料，其使用时必须进行干燥处理，仍要消耗一定的能源。

（4）电耗和系统维护的工作增加。对于水渣系统，电耗和系统维护的工作量也非常大。水冲渣系统的循环水中含有大量微细颗粒，对水泵和阀门等部件的磨损和堵塞非常严重，使用一段时间后，导致系统的水压下降、电耗增加，冲渣效果变坏。若要清除水中的微粒则需要高的资金投入。

表 8 – 3　几种炉渣水淬处理工艺的比较

项　　目	底滤法	拉萨法	因巴法	图拉法
作业率	高	较高	较高	高
动力消耗	较小	大	较大	小
设备重量	轻	重	较轻	较轻
占地面积	大	较小	小	小
环保条件	差	好	好	好
水渣含水率	高	低	低	低
机械化程度	低	较高	高	高
基础投资	较高	高	较低	低

表 8 – 4　几种高炉渣水淬处理工艺的技术经济指标

技术经济指标	底滤法	拉萨法	因巴法	图拉法
耗电量/kW·h·t^{-1}	约8.0	15.0 ~ 16.0	约5.0	约2.5
循环水量/m^3·t^{-1}	约10	10 ~ 15	6 ~ 8	约3
新水耗量/m^3·t^{-1}	约1.2	约1.0	约0.9	约0.8
水渣含水率/%	15 ~ 20	15 ~ 20	约15	8 ~ 10
国内钢厂采用情况	最多	很少	多	较多

8.2.4.2　干法处理工艺的展望

目前，水淬法处理工艺安全性能高，技术上成熟，应用广泛。但干法处理工艺具有明显的优势，如耗水少、炉渣显热回收率高、污染物排放少、可减少环境污染、工艺操作简单、成渣质量高以及可满足水泥掺和料的要求等。干式粒化工艺虽然还没有达到工业应用的程度，但符合我国建设资源节约型、环境友好型社会的大趋势，因此，开发新型急冷干式粒化工艺来替代传统的渣处理工艺迫在眉睫。

具有代表性的三种急冷干式粒化工艺的工业试验参数及特点总结见表 8 – 5。干式粒化工艺目前仍处于实验研究或半工业试验阶段，需解决的关键技术有：选取合适的热交换介质或合理的热交换工艺，提高热量回收率；严格控制高炉渣的冷却速度，以产生足够数量的玻璃体渣，满足水泥掺和料的需求；确定机械粒化装置的结构和尺寸，以满足工业化生产的需求。

表 8 – 5　三种急冷干式粒化工艺的工业试验参数及特点总结

项　目	NKK 双滚筒法	风淬法	离心粒化法
处理能力	不详（渣罐供渣）	100t/h（3 分流）	1 ~ 6t/min
主要部件尺寸	滚筒 1 对：$\phi 2m \times 1m$	风洞：$25m \times 7m \times 13m$	水冷套外径：$\phi 18 ~ 20m$
粒化部件工艺参数	冷却液流速 6 ~ 7m/s，滚筒转速 9.5r/min	造粒风机 4000m³/h	转杯转速 1500r/min
熔渣温度/℃	>1400	1400 ~ 1600	最大 1550
出渣温度/℃	900	150	250 ~ 300
热回收率/%	38	62.6	58.5（计算值）
冷却（换热）介质	烷基联苯	空气	空气
产品玻璃化率/%	平均 95	>95	平均 97 ~ 98
产品形状及尺寸	薄板状，厚度 2 ~ 3mm	不规则颗粒，小于 5mm 的粒级比例大于 95%	较规则球状颗粒，平均直径 1 ~ 3mm
特点总结	处理能力不高，设备作业率低，不适合在现场大规模连续处理高炉渣，通常只能接受来自渣罐的熔渣；排渣温度高，热回收率低	动力消耗很大，设备体积庞大，结构复杂，造价高；粒化渣的颗粒直径分布范围较宽，不利于后续处理	设备简单，动力消耗小，处理能力大，适应性好，产品粒度分布范围窄

8.3　高炉渣的资源化

8.3.1　水渣的利用

8.3.1.1　生产水泥

利用粒化高炉渣生产水泥是国内外普遍采用的技术。在前苏联和日本，50% 的高炉渣用于水泥生产。我国约有 3/4 的水泥中掺有粒状高炉渣。在水泥生产中，高炉渣已成为改进性能、扩大品种、调节标号、增加产量和保证水泥安定性合格的重要原材料。目前，我国利用高炉渣生产的水泥主要有矿渣硅酸盐水泥、普通硅酸盐水泥、石膏矿渣水泥、石灰矿渣水泥和钢渣矿渣水泥五种。

（1）矿渣硅酸盐水泥。矿渣硅酸盐水泥简称矿渣水泥，是我国水泥产量最大的水泥品种。它是由硅酸盐水泥熟料和粒化高炉渣加 3% ~ 5% 的石膏，经混合、磨细或分别磨细后再加以混合均匀制成的水硬性胶凝材料，其生产工艺流程如图 8 – 13 所示。水渣的加入量应根据所生产的水泥标号而定，一般为 20% ~ 70%（质量分数）。由于这种水泥配渣量大，被广泛采用。目前，我国大多数水泥厂采用 1t 水渣与 1t 水泥熟料加适量石膏来生产 400 号以上的矿渣硅酸盐水泥。矿渣硅酸盐水泥与普通水泥相比具有如下特点：

1）具有较强的抗溶出性和抗硫酸盐侵蚀性能，故能适用于水上工程、海港及地下工程等，但在酸性水及含镁盐的水中，矿渣水泥的抗侵蚀性比普通水泥差；

2）水化热较低，适合于浇筑大体积混凝土；

3）耐热性较强，使用在高温车间及高炉基础等容易受热的地方比普通水泥好；

4）早期强度低，而后期强度增长率高，所以在施工时应注意早期养护；

5）在循环受干湿或冻融作用条件下，其抗冻性不如硅酸盐水泥，所以不适宜用在水位时常变动的水工混凝土建筑中。

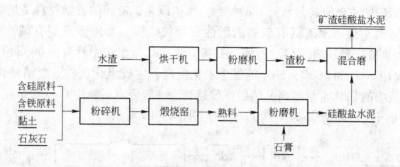

图 8 – 13 矿渣硅酸盐水泥生产工艺流程

（2）普通硅酸盐水泥。普通硅酸盐水泥是由硅酸盐水泥熟料、少量高炉水渣和3% ~ 5%的石膏共同磨制而成的一种水硬性胶凝材料。高炉水渣的掺量按质量百分比计不超过15%。符合国标规定的水渣可作为活性混合材。这种水泥质量好、用途广。

（3）石膏矿渣水泥。石膏矿渣水泥是一种将干燥的水渣和石膏、硅酸盐水泥熟料或石灰，按照一定的比例混合磨细或者分别磨细后再混合均匀所得到的水硬性胶凝材料，也称为硫酸盐水泥。在配制石膏矿渣水泥时，高炉水渣是主要的原料，一般配入量可高达80%左右。石膏在石膏矿渣水泥中属于硫酸盐激发剂，它的作用在于提供水化时所需要的硫酸钙成分，激发矿渣中的活性。一般石膏的加入量以15%为宜。少量硅酸盐水泥熟料或石灰则属于碱性激发剂，对矿渣起碱性活化作用，能促进铝酸钙和硅酸钙的水化。在一般情况下，如用石灰作碱性激发剂，其掺入量宜在3%以下，最高不得超过5%；如用普通水泥熟料代替石灰，其掺入量在5%以下，最大不超过8%。这种石膏矿渣水泥有较好的抗硫酸盐侵蚀性能和抗渗透性能，但周期强度低，易风化起砂，适用于混凝土的水工建筑物和各种预制砌块。

（4）石灰矿渣水泥。石灰矿渣水泥是一种将干燥的粒化高炉矿渣、生石灰或消石灰以及5%以下的天然石膏，按适当比例配合、磨细而成的水硬性胶凝材料。石灰的加入量一般为10% ~ 30%。它的作用是激发矿渣中的活性成分，生成水化铝酸钙和水化硅酸钙。石灰加入量太少，矿渣中的活性成分难以充分激发；加入量太多，则会使水泥凝结不正常、强度下降和安定性不良。石灰的加入量往往随原料中氧化铝含量的高低而增减，氧化铝含量高或氧化钙含量低时应多加石灰，通常先在12% ~ 20% 范围内配制。石灰矿渣水泥可用于蒸汽养护的各种混凝土预制品，水中、地下、路面等的无筋混凝土以及工业与民用建筑砂浆。

（5）钢渣矿渣水泥。钢渣矿渣水泥是由45%左右的转炉钢渣加入40%的高炉水渣及适量的石膏，经磨细制成的水硬性胶凝材料，可适量加入硅酸盐水泥熟料以改善性能。该水泥目前有225、275、325 和425 四种标号。这种水泥以钢铁渣为主原料，投资少，成本低，但早期强度偏低。

此外，高炉水渣还可代替黏土作水泥原料，只需在配料时加入适量的石灰石及铁粉（氧化铁），就可符合水泥化学组成的要求。当其用作水泥原料再次煅烧时，可以大大缩短熟料的烧成时间，减少燃料消耗，同时也能提高熟料质量。

8.3.1.2　生产矿渣砖

生产矿渣砖的主要原料是水渣和激发剂。水渣既是矿渣砖的胶结材料又是骨料，用量占 85% 以上。一般要求水渣具有较高的活性和颗粒强度。常用激发剂有碱性激发剂（石灰、水泥）和硫酸盐激发剂（石膏）两种。石灰中的 CaO 与水渣中具有独立水硬性或低水硬性的矿物 $CaO \cdot SiO_2$ 和 $2CaO \cdot SiO_2$ 等发生水化反应，生成水化产物，凝结硬化后产生强度。所用石灰中的 CaO 含量越高，砖的强度越高。一般要求石灰中 CaO 含量在 60% 以上，MgO 含量应小于 10%。矿渣砖生产工艺流程如图 8-14 所示。

图 8-14　矿渣砖生产工艺流程

水渣中加入一定量的水泥等胶凝材料，经过搅拌、轮碾、成型和蒸汽养护而制成矿渣砖。所用水渣粒度一般不超过 8mm，入模蒸汽温度为 80~100℃，养护时间为 12h，出模后即可使用。将 87%~92% 的粒化高炉矿渣、5%~8% 的水泥加入 3%~5% 的水混合，所生产的砖的强度可达到 10MPa 左右，能用于普通房屋建筑和地下建筑。

如果将高炉矿渣磨成矿渣粉，按质量比加入 40% 的矿渣粉和 60% 的粒化高炉矿渣，然后加水混合成型，再在 1~1.1MPa 的蒸汽压力下蒸压 6h，可得到抗压强度较高的砖。矿渣砖具有良好的物理力学性能，但容重较大，一般为 2120~2160kg/m³。其适用于上下水或水中建筑，不适宜在高于 250℃ 的环境中使用。

8.3.1.3　湿碾矿渣混凝土

湿碾矿渣混凝土是以水渣为主要原料配入激发剂（水泥、石灰、石膏），放在轮碾机中加水碾磨，制成砂浆后与粗骨料拌和而成的一种混凝土。原料配合比不同，得到的湿碾矿渣混凝土的强度也不同。

湿碾矿渣混凝土的各种物理力学性能，如抗拉强度、弹性模量、耐疲劳性能和钢筋的黏结力均与普通混凝土相似，但它具有良好的抗水渗透性能，可以制成不透水性能很好的防水混凝土；同时也具有很好的耐热性能，可以用于工作温度在 600℃ 以下的热工工程中，能制成强度达 50MPa 的混凝土。此种混凝土适宜在小型混凝土预制厂生产混凝土构件，但不适宜在施工现场浇筑使用。

8.3.2　重矿渣的利用

（1）配制矿渣碎石混凝土。矿渣碎石配制的混凝土具有与普通混凝土相近的物理力学性能，而且还有良好的保温、隔热、耐热、抗渗水和耐久性能。矿渣碎石混凝土的应用范围较为广泛，可以作为预制、现浇和泵送混凝土的骨料。矿渣混凝土的使用在我国已有 50 多年的历史，许多重大建筑工程中都采用了矿渣混凝土，使用效果良好。

（2）用于地基工程。重矿渣用于处理软弱地基在我国也有几十年的历史。由于矿渣的块体强度一般都超过 50MPa，相当于或超过一般质量的天然岩石，因此组成矿渣垫层的颗粒强度完全能够满足地基的要求。一些大型设备基础的混凝土，如高炉基础、轧钢机基础、桩基础等，都可用矿渣碎石作骨料。

（3）用于道路工程。矿渣碎石具有缓慢的水硬性，这个特点在修筑公路时可以利用。矿渣碎石含有许多小气孔，对光线的漫反射性能好，摩擦系数大，用它作基料铺成的沥青路面明亮且制动距离短。此外，矿渣碎石还比普通碎石具有更高的耐热性能，更适用于修筑喷气式飞机的跑道。

（4）用作铁路道砟。在我国铁道线上用矿渣碎石作铁路道砟的历史较久，目前矿渣道砟在我国钢铁企业专用铁路线上已广泛使用。鞍山钢铁公司从 1953 年开始就在专用铁路线上大量使用矿渣道砟，现已广泛应用于木轨枕、预应力钢筋混凝土轨枕和钢轨枕等各种线路，使用过程中没有发现任何弊病。此外，矿渣道砟在国家一级铁路干线上的试用也已初见成效。

8.3.3 膨胀矿渣的利用

膨胀矿渣主要用于混凝土砌块和轻质混凝土中，既用作混凝土轻骨料，也用作防火隔热材料。当用作混凝土轻骨料时，由于其颗粒呈圆形，表面封闭，可节省水泥用量。用膨胀矿渣制成的轻质混凝土不仅可以用于建筑物的围护结构，而且还可以用于承重结构。

膨珠可以用于轻混凝土制品及结构，如用于制作砌块、楼板、预制墙板及其他轻质混凝土制品。由于膨珠内孔隙封闭，吸水少，使混凝土干燥时产生的收缩很小，这是膨胀页岩或天然浮石等轻骨料所不及的。

直径小于 3mm 的膨珠与水渣的用途相同，可供水泥厂作为矿渣水泥的掺和料使用，也可作为公路路基材料和混凝土细骨料使用。

生产膨胀矿渣和膨珠与生产黏土陶粒、粉煤灰陶粒、烧胀岩陶粒等相比，具有工艺简单、不用燃料、成本低廉等优点。

8.4　高炉渣综合利用新技术

高炉矿渣还可用来生产一些用量不大，但产品价值高且具有特殊性能的产品，如渣棉及其制品、微晶玻璃、热铸矿渣、矿渣铸石及硅钙渣肥等。

8.4.1 生产矿渣棉

矿渣棉是以矿渣为主要原料，经熔化、高速离心或喷吹而制成的一种白色棉丝状矿物纤维材料。它具有质轻、保温、隔声、隔热、防震等性能，可制成各种规格的板、毡、管壳等。矿渣棉的化学成分如表 8-6 所示。

表 8-6　矿渣棉的化学成分　　　　　　　　　　　　　　（%）

SiO$_2$	Al$_2$O$_3$	CaO	MgO	Fe$_2$O$_3$	S
32~42	8~13	32~43	5~10	0.6~1.2	0.1~0.2

矿渣棉生产有喷吹法和离心法两种。原料在熔炉熔化后呈熔融状，经喷嘴流出，用水蒸气或压缩空气喷吹成矿渣棉的方法称为喷吹法。使熔化的原料落在回转的圆盘上，用高速离心力甩成矿渣棉的方法称为离心法。图 8-15 所示为矿渣棉生产工艺流程。

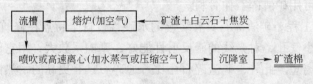

图 8-15 矿渣棉生产工艺流程

矿渣棉生产的主要原料是高炉渣，占 80%~90%，此外还有 10%~20% 的白云石、萤石或其他组分(如红砖头、卵石等)用于调整成分，焦炭作为燃料使用。表 8-7 所示为矿渣棉的物理性能。

表 8-7 矿渣棉的物理性能

热导率/W·(m·K)$^{-1}$	烧结温度/℃	密度/g·m^{-3}	纤维直径/μm	使用温度范围/℃
0.033~0.041	780~820	0.13~0.15	4~6	-200~800

矿渣棉可用作保温材料、吸声材料和防火材料等，由它加工的成品有保温板、保温毡、保温筒、保温带、吸声板、窄毡条、吸声带、耐火板及耐热纤维等，广泛用于冶金、机械、建筑、化工和交通等部门。

8.4.2 制作微晶玻璃

微晶玻璃是近几十年来发展起来的一种用途很广的新型无机材料。高炉渣微晶玻璃与同类产品相比，具有配方简单、熔化温度低、产品物化性能优良及成本低廉等优点，除用于耐酸、耐碱、耐磨等部位外，经研磨抛光后，是优良的建筑装饰材料；采用机械化压延成型工艺，还可生产大而薄的板材。

矿渣微晶玻璃主要为 $CaO-MgO-Al_2O_3-SiO_2$ 系统，成分范围宽广，表 8-8 所示为矿渣微晶玻璃配料的化学组成。

表 8-8 矿渣微晶玻璃配料的化学组成 （%）

SiO_2	Al_2O_3	CaO	MgO	Na_2O	晶核剂
40~70	5~15	15~35	2~12	2~12	5~10

矿渣微晶玻璃的主要原料是 62%~78% 的高炉矿渣、22%~38% 的硅石或其他非铁冶金渣等。在固定式或回转式炉中，将高炉矿渣与硅石和结晶催化剂一起溶化成液体，用吹、压等一般玻璃成型方法成型，并在 730~830℃ 下保温 3h，最后升温至 1000~1100℃ 并保温 3h 使其结晶，冷却后即为其成品。加热和冷却速度宜低于 5℃/min。结晶催化剂为氟化物、磷酸盐和铬、锰、钛、铁、锌等多种金属氧化物，其用量视高炉矿渣的化学成分和微晶玻璃的用途而定，一般为 5%~10%。

矿渣微晶玻璃产品比高碳钢硬、比铝轻，其力学性能比普通玻璃好，耐磨性不亚于铸石，热稳定性好，电绝缘性能与高频瓷接近。表8－9所示为矿渣微晶玻璃的物理性能。

表8－9 矿渣微晶玻璃的物理性能

抗压强度/MPa	冲击值	密度/g·m⁻³	软化点/℃	使用温度/℃	耐碱性/%
500 ~ 600	为玻璃的 3 ~ 4 倍以上	2.5 ~ 2.65	950	750 以下	97.0

矿渣微晶玻璃用于冶金、化工、煤炭、机械等工业部门的各种容器设备的防腐层和金属表面的耐磨层以及制造溜槽、管材等，使用效果良好。

8.4.3 配制硅肥

硅肥是一种以氧化硅（SiO_2）和氧化钙（CaO）为主的矿物质肥料，它是水稻等作物生长不可缺少的营养元素之一，被国际土壤学界确认为继氮（N）、磷（P_2O_5）、钾（K_2O）后的第四大元素肥料。水稻生产过程中要吸收大量的硅，其中 20% ~ 25% 的硅由灌溉水提供，75% ~ 80% 的硅来自土壤。以亩产稻谷 500kg 计算，其茎秆和稻谷吸收硅（SiO_2）量多达75kg/亩，比吸收的 N、P_2O_5、K_2O 三者总和高出 1.5 倍。

硅是植物体内的主要组成成分。不同植物其硅的含量也不同，如表8－10所示。

表8－10 不同植物灰分的组成   （%）

植物	SiO_2	CaO	K_2O	MgO	P_2O_5	Fe_2O_3	MnO
水稻	61.4	2.8	8.9	1.3	1.4	0.1	0.2
小麦	58.7	6.5	18.1	5.4	0.7	1.3	0.1
大麦	36.2	16.5	11.9	6.9	2.1	0.3	0.4
大豆	15.1	16.5	25.3	14.1	4.8	0.8	0.8

硅肥中还含有多种植物所必需的微量元素。随着有机肥施用量的不断减少和农作物产量的持续提高，土壤中能被农作物吸收的有效硅元素含量已远远不能满足农作物持续增产的需要。因此，根据作物特性，适量施用硅肥补充土壤硅元素是促使农作物增产的一条有效途径。

硅肥生产的主要原料是冶金工业产生的水渣和钢渣。只要将水渣磨细到 0.178 ~0.15mm（80 ~ 100 目），再加入适量硅元素活化剂，搅拌混合后装袋或搅拌混合造粒后装袋，即可得到硅肥产品。硅肥主要生产设备包括烘干机、球磨机、搅拌机、缝包机及其他附属设备，生产其颗粒状产品还用到造粒机。因此，硅肥的工业化生产工艺和设备都比较简单。

8.4.4 加工高炉渣微粉

所谓高炉渣微粉，是指高炉水渣经烘干、破碎、粉磨、筛分而得到的比表面积在 $3000cm^2/g$ 以上的超细高炉渣粉末。目前，日本将比表面积达 $3000cm^2/g$ 以上的高炉渣微粉分为三个等级，即 $4000cm^2/g$、$6000cm^2/g$、$8000cm^2/g$ 三种规格。比表面积在 4000 ~$10000cm^2/g$ 之间的高炉渣微粉平均粒度在 15 ~20μm 之间。

高炉水渣粒度越细，水化能力越强，代替水泥配制的混凝土强度越大，速硬性越好。

图 8 – 16 所示为新日铁化学株式会社制备高炉渣微粉的工艺流程。

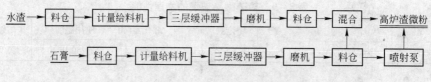

图 8 – 16　新日铁化学株式会社制备高炉渣微粉的工艺流程

高炉渣微粉的粉磨工艺简单，一般在水泥厂稍加改造即可配套生产。但因水渣比水泥熟料硬度大，要磨到同一粒度，其所需的粉碎能大约为水泥熟料的两倍。一般来讲，高炉渣微粉粒度要求达到比表面为 3000 ~ 5000cm^2/g 或更细。因此，粉磨设备的选择很关键。

高炉渣微粉主要用作水泥或混凝土的混合材。随着现代建筑物不断向高层化、大跨化、轻量化、重载化和地下化发展以及其使用环境日趋严酷化，对高强混凝土（不小于C60）、超高强混凝土（不小于C80）的需求不断增长。工程实践证明，胶凝材料（水泥 + 特殊混合材）及高效减水剂是配制高强混凝土极其重要的材料组分和技术关键。特殊混合材在配制混凝土时可等量取代部分水泥，其复合胶凝效应可显著提高混凝土强度并改善其耐久性。

特殊混合材的原料主要来自工业废渣，而磨细高炉渣微粉为首选品种。它既可克服SiO$_2$ 微粉巨大比表面积带来的水泥需水量增加的问题，又有可能避免粉煤灰低活性带来的水泥早强降低的不利因素，且具有资源广、质量稳定、加工简单等优点，已成为国外研究机构研究的热点，并取得了可喜成果。有些国家已制定了国家标准。目前，国外在一般工程中所使用的高炉渣微粉的粒度在 3500 ~ 5000cm^2/g 之间，石膏掺量为 0 ~ 2.5%（以SO$_3$ 量进行控制）。特殊工种使用 6000 ~ 10000cm^2/g 细粉。

高炉渣微粉在混合材中的作用主要如下：

（1）抑制因水化热引起的升温，防止温度裂纹；

（2）提高耐海水腐蚀性能；

（3）防止 Cl$^-$ 侵蚀钢筋；

（4）提高对硫酸盐和其他化学药品的耐久性；

（5）抑制碱骨料反应；

（6）长时间确保在较高的外界气温条件下的和易性等。

因此，应根据工程要求选择配合比。一般高炉渣微粉的替代率为 40% ~ 70%，太低起不到上述作用，太高则对混凝土质量和施工都有影响。粒度越细，替代率越大。例如，日本住友金属工业株式会社在冶金工厂设备基础施工中采用粒度为 6000cm^2/g 的微粉（替代率达 65% ~ 68%）配制高性能混凝土，不用捣实，靠自重就能填充到配有钢筋和地脚螺栓的设备基础的各个部位，耐久性能良好。这解决了过去因埋入钢筋和地脚螺栓多导致浇筑混凝土困难、易产生填充不良的缺点，而且该高性能混凝土完全满足冶金工厂高温、高浓度 CO$_2$ 及海水盐侵蚀等恶劣环境的要求，很有发展前途。

除上述资源化新技术外，熔融状态的矿渣还可浇注成矿渣铸石，其体积密度为2000 ~ 3000kg/m^3，抗压强度 60 ~ 350MPa。另外，高炉渣还能用于生产石膏、白炭黑、聚铁等。

复习思考题

8-1　高炉渣有哪几种冷却方式，其对应成品渣的名称是什么?

8-2　简述高炉渣的化学组成及各组分的主要来源。

8-3　什么是水渣的化学活性，它主要取决于哪些因素，化学活性的大小如何表示?

8-4　为什么说重矿渣可以代替碎石用于各种建筑工程中，什么是重矿渣的分解现象?

8-5　膨胀矿渣(膨珠)是怎样形成的，它有哪些特性和应用?

8-6　因巴法水渣处理系统有哪几种类型，环保型因巴法最大的优点是什么?

8-7　高炉渣的水淬工艺存在哪些缺点?

8-8　高炉渣的干法处理工艺有哪些，与水淬工艺相比有何特点?

8-9　举例说明水渣一般的资源化方法。

8-10　举例说明高炉渣资源化利用新技术。

8-11　生产矿渣棉需要哪些原料，矿渣棉具有哪些性能?

8-12　高炉渣微晶玻璃与同类产品相比有哪些特点，其主要原料是什么?

9　炼钢渣的资源化

炼钢渣是炼钢过程中的必然副产物,其排放量为粗钢产量的 15%～20%。例如,鞍钢年产钢渣大约 330 万吨,占钢产量的 15% 左右。目前,我国采用的炼钢方法主要有转炉和电炉炼钢。因此,钢渣可分为转炉钢渣和电炉钢渣,电炉钢渣又可分为氧化渣和还原渣等。我国 80% 的钢由转炉冶炼,故转炉钢渣为主要钢渣。

随着钢铁工业的不断发展,钢渣产生量不断增加。有效处理和利用钢渣,实现钢渣的零排放,已成为钢铁行业发展循环经济、保护生态环境、促进节能减排的一项重要任务。

9.1　炼钢渣的组成与性质

9.1.1　炼钢渣的组成

不同的原料、不同的炼钢方法、不同的冶炼阶段、不同的钢种生产以及不同的炉次等,所排出的钢渣组成各不相同。

9.1.1.1　化学组成

钢渣中的主要化学成分有 CaO、SiO_2、Al_2O_3、FeO、Fe_2O_3、P_2O_5 和游离 CaO(也称自由 CaO,用 $f-CaO$ 表示)等,有的钢渣中还含有 TiO_2 和 V_2O_5 等。钢渣组分中 Ca、Fe、Si 的氧化物占绝大部分,其中铁氧化物主要以 FeO 和 Fe_2O_3 的形式存在,FeO 为主要部分,这与高炉渣差别较大。不同钢渣的化学成分如表 9－1 所示。

表 9－1　不同钢渣的化学成分　　　　　　　　　　　　　　(%)

成　分		CaO	MgO	SiO₂	Al₂O₃	FeO	MnO	P₂O₅	S	f－CaO
转炉钢渣		46～60	5～20	15～25	3～7	12～25	0.8～4	0～1	2	2～11
电炉钢渣	氧化渣	29～33	12～14	15～17	3～4	19～22	4～5	1	2	
	还原渣	44～56	8～13	11～20	10～18	0.5～1.5	<5	1	2	

钢渣中 $\dfrac{w(CaO)}{w(SiO_2)+w(P_2O_5)}$ 的值称为钢渣的碱度。一般比值为 0.78～1.08 的钢渣称为低碱度钢渣,比值为 1.8～2.5 的钢渣称为中碱度钢渣,比值大于 2.5 的钢渣称为高碱度钢渣。碱度大的钢渣活性大,宜作为钢渣水泥原料。

9.1.1.2　矿物组成

钢渣的矿物组成随碱度而改变。在冶炼过程中,钢渣的碱度逐渐提高,矿物按下式反应:

$$2(CaO \cdot RO \cdot SiO_2) + CaO \Longrightarrow 3CaO \cdot RO \cdot 2SiO_2 + RO$$
$$3CaO \cdot RO \cdot 2SiO_2 + CaO \Longrightarrow 2(2CaO \cdot SiO_2) + RO$$

$$2CaO \cdot SiO_2 + CaO \Longrightarrow 3CaO \cdot SiO_2$$

式中，RO 代表二价金属（一般为 Mg^{2+}、Fe^{2+}、Mn^{2+}）氧化物的连续固溶体。在炼钢初期，钢渣碱度比较低，其矿物组成主要是钙镁橄榄石（$CaO \cdot MgO \cdot SiO_2$），其中的镁可被锰和铁所代替。当碱度提高时，橄榄石吸收氧化钙变成蔷薇辉石（$3CaO \cdot RO \cdot 2SiO_2$），同时放出 RO 相（$MgO \cdot MnO \cdot FeO$ 的固溶体）。若进一步增加石灰含量，则生成硅酸二钙（$2CaO \cdot SiO_2$）和硅酸三钙（$3CaO \cdot SiO_2$）。

钢渣中还常含有铁酸钙（$2CaO \cdot Fe_2O_3$ 和 $CaO \cdot Fe_2O_3$）和游离氧化钙。含磷多的钢渣中还含有纳盖斯密特石（$7CaO \cdot P_2O_5 \cdot 2SiO_2$），其活性较差，并容易造成硅酸三钙在冷却过程中的分解，从而降低钢渣的活性。表 9-2 所示为不同碱度转炉钢渣的矿物组成。

表 9-2　不同碱度转炉钢渣的矿物组成　　　　（％）

碱　度	C_3S	C_2S	CMS	C_3MS_2	$CaCO_3$	RO
4.24	50~60	1~5				15~20
3.07	35~45	5~10				15~20
2.73	30~35	20~30				3~5
2.62	20~30	10~20				15~20
2.56	15~25	20~25				40~50
2.11	少量	20~30			5~10	15~20
1.24		5~10	20~25	20~30		7~15

注：C_3S 表示硅酸三钙，C_2S 表示硅酸二钙，CMS 表示钙镁橄榄石，C_3MS_2 表示镁蔷薇辉石。

9.1.2　炼钢渣的冷却与加工

钢渣的形成温度在 1500~1700℃，在这一温度下钢渣呈液体状态。钢渣的热态处理（即冷却），是指将炼钢炉排出的熔渣通过适当方式冷却成粒度小于 300mm 块渣的过程。目前，常用的冷却方式有水淬法、余热自解法（热焖法）、热泼法、浅盘泼法和风淬法等。钢渣经热态处理后，还需经过破碎、磁选、筛分、分级等加工或精加工处理才能投入使用；当钢渣被用作建材或回填材料时，还需要进行消解自由 CaO、MgO 影响的陈化处理。在实际生产中，钢渣热态处理和冷态加工两个环节的区分并不明显，一般采取适当的组合工艺，如对流动性较好的液态钢渣，采取"风淬/滚筒＋磁选"工艺；对流动性较差的液态钢渣，采取"热焖/水淬＋破碎＋磁选"工艺。

9.1.2.1　钢渣的冷却

热态钢渣的处理工艺应考虑如下原则：

（1）安全可靠，处理能力大；

（2）渣和金属的分离度高，利于金属的回收；

（3）可有效消解 f-CaO，满足尾渣利用的要求；

（4）工艺简单，经济性好，无二次污染。

下面介绍几种常用的钢渣冷却方法。

（1）水淬法。水淬法是利用高压水喷嘴喷出的高速水束把熔渣冲碎、冷却而形成渣粒，一般小于 3mm 的渣粒量占 90% 以上。水淬分为炉前水淬和室外水淬两种。

1）炉前水淬。炉前水淬是在炼钢炉前进行的。熔渣由炼钢炉直接倒入中间渣罐，再由中间渣罐底孔流入水淬渣槽，通高速水流急冷形成水淬渣，并与冲渣水一起流入室外的沉渣池。沉淀后的水淬渣用抓斗抓出，运到渣场上沥水后利用。溢流水进入澄清池澄清后，用泵输送返回水淬。炉前水淬只适用于炼钢排渣量控制比较稳定、渣量较少或连续排渣的工艺生产。电炉前期渣、小型转炉渣及铸锭渣可采用此工艺。

2）室外水淬。室外水淬是指先将炼钢炉熔渣倒入渣罐，再把渣罐运到室外水淬渣池边，用高速水流喷射从渣孔流出的熔渣进行水淬的方法。水淬渣直接进入水淬池。

虽然室外水淬比炉前水淬安全，但炉前水淬可边排渣、边水淬，水淬率高，也省去了熔渣的运输，更适应炼钢炉排渣的需要。

（2）余热自解法。余热自解法是利用 $400 \sim 800℃$ 高温钢渣淋水后产生的热应力及 $f-CaO$ 吸水消解而产生的体积膨胀应力，使钢渣在冷却过程中龟裂、粉化的冷却方式。钢渣的粉化率（粒度小于 $10mm$ 的渣所占比例）与钢渣 $f-CaO$ 含量有关，一般含 $f-CaO$ 4% 的钢渣，其粉化率为 $35\% \sim 40\%$，并随 $f-CaO$ 含量的增加而增加。钢渣余热自解主要有如下四种形式：

1）渣罐自解。排渣罐在炉下接满熔渣，运至渣场冷却，待熔渣表面结壳后，直接向渣罐内淋水使其自解。自解后倒出钢渣，捡去大块废钢，再供进一步加工利用。

2）渣堆自解。熔渣先在渣盘（罐）中自然冷却成固体钢渣，倒出后堆成渣堆，边堆边淋水。堆完后放置几天，自解便完成。

3）密封仓常压自解。熔渣先在渣盘（罐）中自然冷却成固体钢渣，倒出后装入仓内。装满后加盖，盖的四周用水封封好。待渣均热后便淋水促使其自解。产生的蒸汽由排气筒排走利用。自解完成后打开仓盖，用磁盘吊选取大块金属，取出渣再进一步加工。

4）密封罐压力自解。钢渣在一个耐一定压力的密封罐内自解。密封罐压力自解的操作步骤与密封仓自解相同，只是自解时要保持罐内有一定的压力。

（3）热泼法。热泼法是将炼钢炉排出的熔渣先用渣罐运到热泼场，倒在坡度为 $3\% \sim 5\%$ 的热泼床上。待熔渣冷却成渣饼后，再喷水使之急冷，渣饼因热应力和膨胀应力龟裂成大块。待温度降到 $300 \sim 400℃$ 时，再在其上泼第二层、第三层等。当渣层总厚度达到 $500 \sim 600mm$ 时，用推土机推起，用磁盘吊选出大块废钢，渣块再送去加工。

（4）浅盘泼法。浅盘泼法也称为 ISC 法，是将炼钢炉排出的流动性好的炉渣用渣罐倒入特制的大盘中，熔渣自流成渣饼后，喷水使之急冷，渣饼龟裂成大块渣。当渣温降至约 $500℃$ 时，再把渣由渣盘倒进受渣车，进行第二次淋水冷却，渣块继续龟裂粉化。最后，待渣温降至约 $200℃$ 时，倒入水渣池进行第三次冷却，使渣进一步龟裂粉化。水渣由渣池捞出沥水后，送去加工。

（5）风淬法。上述冷却工艺都不能回收高温熔渣所含的热量（$2100 \sim 2200MJ/t$）。20世纪70年代末期，日本开始研究风淬法冷却钢渣的新工艺并投产使用，如图 9-1 所示。渣罐接渣后运到风淬装置处，倾翻渣罐，熔渣经过中间罐流出，被一种特殊喷嘴喷出的空气吹散，破碎成微粒，在罩式锅炉内回收高温空气和微粒渣中所散发的热量并捕集渣粒。由锅炉产生的中温蒸汽用于干燥氧化铁皮。经过风淬而呈微粒状的转炉渣成为 $3mm$ 以下的坚硬球体，目前主要用于灰浆的细骨料等建筑材料。

除以上介绍的几种钢渣冷却处理方法外，还有滚筒法、粒化轮法等。目前，国内外典

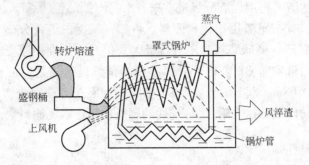

图9-1 风淬工艺装置示意图

型炼钢渣热态处理工艺及其特点如表9-3所示。

表9-3 国内外典型炼钢渣热态处理工艺及其特点

工艺	工艺流程简述	特 点
水淬法	熔渣在流出、下降过程中被高压水分割、击碎，因急冷收缩而破裂、粒化	优点：工艺简单，占地小，适用于黏度低、流动性好的钢渣； 缺点：处理率低，耗水多，易爆，尾渣致密、难磨细、活性差
余热自解法	通过控制喷水量和热焖温度，使罐内钢渣充分裂化、碎化和粉化，焖至常温，进行挖掘、筛分、磁选等后处理	优点：对钢渣无碱度、黏度要求，机械化程度高，渣、钢分离好，尾渣 f-CaO 含量低、活性高； 缺点：占地大，投资高，处理周期长，尾渣粒度不均，800℃以上的钢渣需经过冷却
热泼法	将熔渣泼入渣床，空冷至表面固化，反复喷淋适量水，使炉渣急冷碎裂	优点：工艺成熟，排渣快，便于机械化生产，适用范围广； 缺点：占地大，破碎加工量大，损耗设备，环境污染大
浅盘泼法	熔渣在浅盘内急冷至500℃，翻倒入渣车二冷至200℃，倒入水池三冷至100℃以下捞出	优点：布局紧凑，自动化程度高，处理能力大，操作安全，粉尘少，渣粒活性高； 缺点：工艺环节多，投资和运行费用比热泼法高，渣盘易变形，蒸汽腐蚀厂房和设备
风淬法	熔渣被高速气流击碎，渣滴收缩凝固成球形颗粒，撒落在水池中	优点：能有效回收熔渣显热，耗水少，排渣快，粒化彻底； 缺点：噪声大，水蒸气产量大，要求钢渣的流动性好
滚筒法	熔渣在滚筒内，通过多介质同步发生水淬急冷、钢渣固化和碎化、渣钢分离等工艺过程	优点：流程短，占地少，渣、钢分离好，钢渣粒度均匀，金属回收率高，环保性能好； 缺点：设备复杂，投资和运行费用高，维修难度大，要求钢渣的流动性好
粒化轮法	熔渣被粒化轮强制粒化后，经转鼓提升、脱水、磁选后实现渣铁分离	优点：占地少，能耗低，粉尘少，自动程度高，粒化效果好； 缺点：设备磨损严重，金属回收率低，要求钢渣的流动性要好

9.1.2.2 钢渣的加工

由于各个钢厂排渣设备配置不同、钢渣性质各异，钢渣的冷态加工多是粗碎、破碎、磁选、风选等单项工艺的组合。例如，鞍钢使热焖处理后的钢渣先通过"三筛、二破、三磁选"粗选出40%的含铁物料，然后经"球磨机湿磨、筛分分级、磁滑轮分选"的深度处理选出品位大于90%、粒度为1.5~100 mm的精块铁，作为废钢原料用于转炉生产，而湿磨后，筛分分级出的渣浆再用螺旋分级机重选、水选出铁品位为 55%、粒度小于 1.5 mm 的精铁粉用于烧结，其余尾渣用作建材原料。再如，莱钢的渣铁分离生产工艺可归纳为"三破、七选、四筛分"，使球磨料和尾渣质量大大提升，达到钢渣资源"吃干榨尽"和闭路循环。另外，白俄罗斯 OP 公司针对钢渣粉的精细风选工艺，可从粒度为 0~10mm 的粒化钢渣中回收 0.08mm 以上的金属颗粒（单纯采用磁选方法很难实现，因为钢渣中的细小非金属物料可同样被磁铁吸附），分选后的尾渣粉用作水泥原料。

9.1.3 固态钢渣的特性

固态钢渣是由多种矿物组成的固溶体，其性质与其化学成分密切相关。

（1）外观。钢渣冷却后呈块状和粉状。低碱度钢渣呈黑色，气孔较多，质量较轻；高碱度钢渣呈黑灰色、灰褐色、灰白色，密实坚硬。

（2）密度。由于钢渣铁含量较高，其密度比高炉渣高，一般在 $3.1~3.6g/cm^3$ 之间。

（3）容重（体积质量）。钢渣容重不仅受其密度影响，还与粒度有关。通过 0.178mm （80 目）标准筛的电炉渣粉的容重为 $1.62g/cm^3$ 左右，转炉渣为 $1.74g/cm^3$ 左右。

（4）易磨性。由于钢渣致密，其较耐磨。标准砂及钢渣的易磨指数分别为 1、0.96，而高炉渣的易磨指数仅为 0.7，所以钢渣比高炉渣要耐磨。

（5）活性。C_3S、C_2S 等为活性矿物，具有水硬胶凝性。当钢渣的碱度大于 1.8 时，便含有 60%~80% 的 C_3S 和 C_2S，并且随碱度的提高 C_3S 含量增加。当碱度达到 2.5 以上时，钢渣的主要矿物为 C_3S。用碱度高于 2.5 的钢渣加 10% 石膏研磨制成的水泥，强度可达 325 号。因此，C_3S 和 C_2S 含量高的高碱度钢渣可用作水泥生产原料和制造建材制品。

（6）稳定性。钢渣含有 f-CaO、MgO、C_3S、C_2S 等，这些组分在一定条件下都不稳定。碱度高的熔渣在缓冷时，C_3S 会在 1100~1250℃ 下缓慢分解为 C_2S 和 f-CaO；在 675℃ 时，$\beta-C_2S$ 要相变为 $\gamma-C_2S$，并且发生体积膨胀，膨胀率达 10%。另外，钢渣吸水后，f-CaO 要消解为 $Ca(OH)_2$，体积将膨胀 100%~300%；MgO 会变成氢氧化镁，体积也要膨胀 77%。因此，含 f-CaO、MgO 的常温钢渣是不稳定的，只有 f-CaO、MgO 消解完或含量很少时才会稳定。由于钢渣具有不稳定性，因此，用作生产水泥的钢渣要求其 C_3S 含量高，在冷却时最好不采用缓冷技术。另外 f-CaO 含量高的钢渣不宜用作水泥和建筑制品生产及工程回填材料，对其可采用余热自解的处理技术。

9.2 炼钢渣的资源化

9.2.1 冶金回用

9.2.1.1 回收金属

钢渣中一般含有 5%~10% 的渣钢，经破碎、磁选、筛分等工序，可回收其中 90% 以上的渣钢及部分磁性氧化物。磁选出的渣钢一般铁含量在 55% 以上。钢渣分选工艺按破碎原理，可分为机械破碎－磁选工艺和自磨－磁选工艺两种。

A 机械破碎-磁选工艺

图 9-2 所示为钢渣机械破碎-磁选工艺流程，它是回收渣钢最基本的工艺。

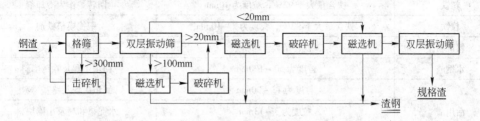

图 9-2 钢渣机械破碎-磁选工艺流程

此工艺中所用的破碎机包括颚式破碎机、圆锥破碎机、反击式破碎机和双辊破碎机等，磁选机包括吊挂式磁选机和桶形电磁铁式磁选机，筛子包括格筛、单层振动筛和双层振动筛等。钢渣分选时采用皮带运输机和提升机，按不同要求把这几种设备连接起来，组成如图 9-2 所示的工艺流程。

图 9-3 所示为某钢铁厂从日本引进的浅盘热泼法钢渣粒铁回收工艺流程。钢渣先经格筛，将大于 300mm 的部分筛出并重返落锤破碎间，小于 300mm 的部分进入双层筛再筛。筛出的 100~300mm 部分经 1 号颚式破碎机和 2 号圆锥破碎机破碎。30~100mm 的部分经 2 号圆锥破碎机破碎后，与小于 30mm 的部分一起进入成品双层筛，将钢渣筛分成小于 3mm、3~13mm、13~30mm 三种规格渣。磁选作业安排在每次破碎后、筛分前或筛分后，以便通过磁选尽量回收铁。

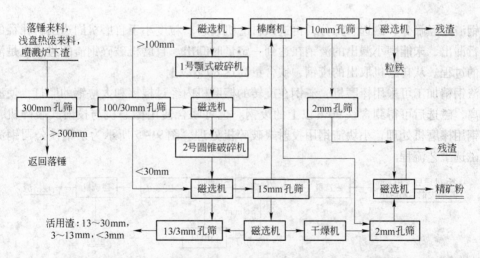

图 9-3 某钢铁厂浅盘热泼法钢渣粒铁回收工艺流程

磁选出的钢渣用 15mm 筛网筛分，小于 15mm 的部分进入干燥机干燥后再筛分，大于 15mm 的部分进入棒磨机提纯；并筛选出大于 10mm 的粒铁，小于 10mm 的部分则进入投射式破碎机，分出粒铁、精矿粉和粉渣。将此精矿粉与干燥机分选的精矿粉混合在一起后，作为成品返回烧结。磁选后的渣子为残渣。表 9-4 所示为钢渣机械破碎-磁选后得到的产品及其用途。

表 9 – 4 钢渣机械破碎 – 磁选后得到的产品及其用途

产品名称	规　　格	用　　途
粒铁	铁含量大于92%，粒度为10mm	回转炉作为冷却剂
粒铁	铁含量大于92%，粒度为2～10mm	钢锭模垫铁剂
精矿粉	铁含量大于56%	回烧结作为原料
水钢渣	粒度为50～100mm	回填工程及除锈磨料
活用渣	粒度为13～30mm	回填工程及路基材料
	粒度为3～13mm	水泥掺和料及小砌块料
	粒度小于3mm	水泥掺和料及代黄砂
残渣		混入小于3mm的活用砂中

B　钢渣自磨 – 磁选工艺

钢渣自磨 – 磁选工艺是利用钢渣在旋转的自磨机内互相碰撞而进行破碎。图 9 – 4 所示为钢渣自磨 – 磁选的基本工艺流程。

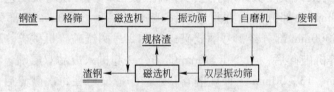

图 9 – 4　钢渣自磨 – 磁选的基本工艺流程

钢渣先经筛分、磁选、筛分，再进入自磨机自磨。粒度小于自磨机周边出料孔径的钢渣自行漏出，未能磨小漏出的渣钢在达到一定量时卸出。自磨机破碎钢渣的过程也是渣钢提纯的过程。从自磨机取出的废钢，铁含量高达80%以上。

渣钢精加工可采用棒磨机，渣钢在旋转的棒磨机内经过棍棒和大块钢的磨打，使渣与钢分离，磁选后可得到含铁90%以上的废钢。也可联合使用棒磨机与投射式破碎机，大块渣钢用棒磨机处理，小块渣钢用投射式破碎机处理。图 9 – 5 所示为某钢铁公司钢渣自磨 – 磁选工艺流程。

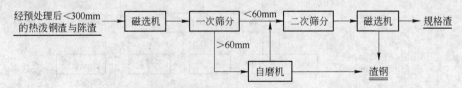

图 9 – 5　某钢铁公司钢渣自磨 – 磁选工艺流程

经预处理后小于300mm的热泼钢渣与老渣山的陈渣经磁选机选出渣钢后，进入一次振动筛筛分。筛上块渣进入自磨机进行自磨，磨至小于60mm后由自磨机周边漏出，与一次筛下渣一起进入二次筛分。二次筛分并磁选后，得到0～10mm、10～40mm、40～60mm规格渣。自磨机内的渣钢待达到一定数量后取出。采用自磨工艺回收渣钢的优点有：工艺简单，占地面积小，一台自磨机可以代替几台机械破碎机；对钢渣适应性强，不会有大块废钢损坏破碎机，操作较为安全。

9.2.1.2 用作冶金熔剂

钢渣常含有很高的 CaO、铁分及一定比例的 MgO、MnO。若用于炼铁，这些成分能有效地降低熔剂、矿石的消耗及能耗。作为熔剂用于高炉冶炼和烧结的钢渣量，以美国最多，占钢渣总量的 56% 以上。

(1) 烧结用熔剂。钢渣中含有 40% ~ 50% 的 CaO 以及 MgO、MnO 等有效成分。1t 钢渣相当于 700 ~ 750kg 石灰石，故可将钢渣用作烧结矿熔剂，有利于提高烧结矿产量、降低燃料消耗。使用前，将钢渣破碎至粒度小于 10mm。以钢渣含铁 15% 计，1t 钢渣可代替 60% 的铁精矿 250kg，所以钢渣用于烧结可降低烧结矿的生产成本。

(2) 高炉用熔剂。经分选得到的粒度为 10 ~ 40mm 的钢渣返回高炉，回收钢渣中的 Fe、Ca、Mn 元素，可替代部分高炉炼铁熔剂(石灰石、白云石、萤石)，调整炉渣碱度，达到节能的目的。钢渣中的 MnO 和 MgO 也有利于改善高炉渣的流动性。因为钢渣烧结矿强度高、颗粒均匀，故高炉炉料透气性好，煤气利用状况得到改善，焦比下降，炉况顺行。必须指出，钢渣用作高炉熔剂时，在长期的闭路循环中会引起铁水中磷的富集，故每吨铁的钢渣用量常受钢渣中磷含量的限制。

(3) 化铁炉用熔剂。用 0 ~ 50mm 的转炉钢渣可代替石灰石、白云石作化铁炉熔剂。钢渣中的铁得到回收，从而可提高产量，降低焦比，经济效果明显。

(4) 转炉用熔剂。将转炉渣直接返回转炉炼钢(20 ~ 130kg/t，粒度小于 50mm)，能提高炉龄、提前化渣、缩短冶炼时间、减少熔剂消耗、减轻初期渣对炉衬的侵蚀、减少转炉车间的总渣量并降低耐火材料消耗等，但返回渣不能全部代替石灰的作用。返回渣中含有一定量的五氧化二磷，因此，为了保证钢的质量，宜选择炼钢终期渣为返回渣。为防止磷的循环富集，五氧化二磷含量大于 5% 的转炉渣不作为返回渣。

钢渣的冶金回用途径众多，目前常用的汇总于表 9 – 5 中。

表 9 – 5 钢渣冶金回用综合利用方法

综合利用方法	说　明
粒钢回收	可破碎后深度磁选回用
烧结原料	代替石灰石作熔剂，但因磷富集，配比不宜超过 3%
炼钢助熔剂	代替铁矾土作助熔剂，但存在磷、硫富集问题
高炉熔剂	回收利用渣中的金属铁和石灰，配用量取决于渣中磷含量
炼钢造渣剂	喷吹入电炉可节省石灰添加剂用量，但需避免有害物质的循环累积
精炼脱磷剂	为提高脱磷率而加入的硅酸苏打对耐材有较严重的侵蚀
转炉溅渣护炉	溅渣在炉衬上形成 10 ~ 20mm 厚的渣层，利用量有限
热态循环利用	LF 精炼后熔渣的热态循环利用可减少造渣料消耗、提高金属回收率
转炉压渣剂	替代高镁石灰调渣，达到不倒炉出钢、缩短冶炼及溅渣时间的目的
脱硫渣隔断剂	与脱硫渣成分及耐熔性相似，具有一定的膨胀性和铺展性，起到隔断作用
脱磷剂	用于铁水脱磷预处理，适当添加 $BaCO_3$ 和 Fe_2O_3 可增强脱磷能力

9.2.2　筑路材料

钢渣具有容重大、呈块状、表面粗糙、稳定性好、不滑移、强度高、耐磨、耐蚀、耐久性好、与沥青胶结牢固等特点，被广泛用于各种路基材料、工程回填、修砌加固堤坝、填海工程等方面代替天然碎石。

钢渣用作筑路材料时，既适用于路基，又适用于路面。用钢渣作路基时，道路渗水、排水性能好，而且用量大，对于保证道路质量具有重要意义。由于钢渣具有一定的活性，能板结成大块，特别适用于沼泽地筑路。

钢渣与沥青结合牢固，又有较好的耐磨、耐压、防滑性能，可掺和用于沥青混凝土路面的铺设。钢渣用作沥青混凝土路面骨料时，既耐磨，又防滑，是公路建筑中有价值的材料。钢渣疏水性好，是电的不良导体，因而不会干扰铁路系统电信工作，所筑路床不生杂草、干净整洁且不易被雨水冲刷而产生滑移，是铁路道砟的理想材料。

钢渣还可与其他材料混合使用于道路工程中。比利时将75%的转炉渣、25%的水渣和粉煤灰以及适量的水泥和石灰制成激发剂，用作道路的稳定基层。德国等国家推荐在水利工程、堤坝建筑中使用钢渣，用以加固河岸、河底和海滨海岸等。

钢渣在路基上能否得到广泛使用，取决于钢渣是否符合道路工程的各项使用要求。钢渣在路基垫层中应用时，其粒度应控制在60mm以下，自然堆放或稍加喷淋3个月以上。钢渣中的游离CaO含量随着钢渣龄期的增长而明显减小，3个月后基本稳定在低于5.5%的水平，其粉化率也不断下降，稳定性提高。

目前尚无彻底解决钢渣膨胀性的有效措施。各国普遍认为钢渣使用前应经陈化期，即在自然条件下停放半年至一年，使其在风吹雨淋的作用下自然风化膨胀，体积达到稳定后再使用。另外，对存放钢渣的方法也有一定的要求。如果堆存高度太高，钢渣内部受不到风雨作用，即使停放很长时间也达不到预期目的。钢渣合理陈化后再使用，其膨胀就可以基本得到控制。当钢渣作为沥青混凝土的骨料时，由于其受到沥青胶结剂薄膜的包裹，避免了水侵蚀的可能性，这个问题就不严重了。

9.2.3　建材原料及制品

目前常用的钢渣在建材原料及制品方面的综合利用方法，汇总于表9－6中。

表9－6　钢渣在建材原料及制品方面的综合利用方法

综合利用方法		说　明
建材原料	钢渣水泥	以钢渣为主要原料，掺入少量激发剂，磨细而成
	钢渣微粉	钢渣粒度不小于450m²/kg，金属铁含量低，活性高，20%以下可等量替代水泥
	双掺粉	与矿渣微粉双掺时具有优势叠加功效，是混凝土掺和料的最佳方案
	掺和料	掺量达10%～30%时，水泥或混凝土强度不降低，具有节能、降耗作用
	预拌砂浆	粒度小于5 mm的钢渣粉在干粉砂浆中可作为无机胶凝材料、细集料
	铁质校正原料	钢渣中的氧化铁可以替代水泥生料中0～7%的铁粉，用作水泥铁质校正料

综合利用方法		说　明
建材制品	钢渣砖	以钢渣为骨料配入水泥，经搅拌在高压制砖机中压制成型，养护后即得产品
	混凝土制品	碾压型整铺透水透气混凝土和机压型混凝土透水砖制品等，利于节资减排
	水利海工制品	混凝土护面块体、扭字块、岩块等产品，已广泛用于海工和水利工程
	生产凝石制品	由钢渣、粉煤灰、煤矸石等废物磨细后再"凝聚"而成，胶凝性能优异。

下面仅介绍钢渣在水泥和钢渣砖生产中的综合利用。

9.2.3.1　生产水泥

A　钢渣矿渣水泥

钢渣矿渣水泥是钢渣水泥中产量最多的一种。以转炉钢渣为主要成分，加入一定量粒化高炉矿渣和适量石膏或水泥并磨细制成的水硬性胶凝材料，称为钢渣矿渣水泥。图9-6所示为钢渣矿渣水泥生产工艺流程。

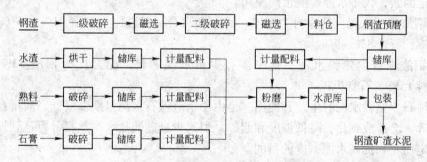

图9-6　钢渣矿渣水泥生产工艺流程

目前生产的钢渣矿渣水泥有两种。一种是用石膏作激发剂，其配合比（质量比）为钢渣40%~50%、水渣40%~50%、石膏8%~12%，所得水泥标号可达300~400号（硬练）。这种水泥称为无熟料钢渣矿渣水泥，由于其早期强度低，仅用于砌筑砂浆、墙体材料、预制混凝土构件及农田水利工程。另一种是用水泥和石膏作复合激发剂，其配比是钢渣36%~40%、水渣35%~45%、石膏3%~5%、水泥熟料10%~15%，所得水泥标号可在400号（硬练）以上。这种水泥称为少熟料钢渣矿渣水泥，可广泛应用在工业和民用建筑中。

B　钢渣矿渣硅酸盐水泥

由硅酸盐水泥熟料和转炉钢渣（简称钢渣）、粒化高炉渣、适量石膏磨细制成的水硬性胶凝材料，称为钢渣矿渣硅酸盐水泥，简称钢矿水泥。水泥中钢渣和粒化高炉渣的总掺加量，按质量百分比计为30%~70%，其中钢渣不得少于20%。图9-7所示为钢矿水泥生产工艺流程。

先用磁选除去转炉块状钢渣中夹钢的渣块，再将经颚式破碎机破碎后选铁的物料与经颚式破碎机破碎的石膏、经烘干的粒化高炉矿渣和水泥，按配料方案中各成分的质量百分比配料混合，入水泥磨磨细。在入磨皮带机上装有电磁铁，可继续除铁。出磨水泥经输送系统进入水泥库，取样检验合格后包装出厂。

168

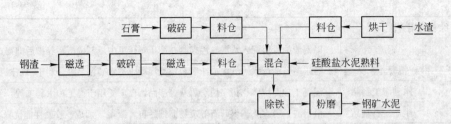

图 9-7 钢矿水泥生产工艺流程

钢渣矿渣硅酸盐水泥混凝土随龄期增长，其强度不断提高，而且强度始终高于相同配比、相同标号的矿渣水泥混凝土。由于这种水泥中含有不低于 20% 的钢渣，与同标号矿渣硅酸盐相比，节约了熟料，且不削弱使用性能。

C 钢渣沸石水泥

钢渣沸石水泥是一种以沸石作活性材料生产的钢渣水泥。这种水泥可消除钢渣水泥的体积不安定因素，代替水淬矿渣水泥使用。

(1) 钢渣沸石水泥。其原料为钢渣、沸石和石膏，配合比为钢渣 61% ~67%、沸石 25% ~30%、石膏 8% ~9%。

(2) 钢渣沸石少熟料水泥。其中掺有少量水泥熟料，配合比为钢渣 53%、沸石 25%、熟料 15%、石膏 7%。

钢渣沸石少熟料水泥的生产和使用，是由于钢渣沸石水泥早期强度低、质量有波动以及碱度低等，会造成碳化，降低强度和起砂。引入少量硅酸盐水泥熟料，可达到提高早期强度、稳定质量和提高水泥碱度的目的。

钢渣沸石水泥(ZSC)和低熟料钢渣沸石水泥(SZC)，其强度符合 GB 1344—1992 中 325 号软练水泥及原 GB 175—1999 中 400 号硬练水泥的国家标准，可用于砌筑砂浆、抹面、地平和混凝土构件、梁、柱等，性能良好。这种水泥具有耐磨度高、抗腐蚀性好、水化热低等特殊性能，适合在地下工程、水下工程、公路和广场中使用。

D 白钢渣水泥

白钢渣水泥也称钢渣白水泥，是以电炉还原渣为主要原料，掺入适量经 700 ~800℃ 煅烧的石膏，再经混合磨细制成的一种新型胶凝材料。它是基于电炉还原渣的碱度高，在空气中缓慢冷却后能自行粉化成白色的粉末且渣色白、活性高的特点而进行生产的。图 9-8 所示为我国某钢铁厂钢渣白水泥生产工艺流程。

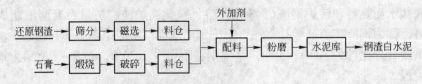

图 9-8 我国某钢铁厂钢渣白水泥生产工艺流程

钢渣白水泥的生产按照流程，大体包括钢渣的筛分和磁选、石膏的煅烧和破碎、配料、粉磨及包装等过程。所用外加剂可为矿渣，也可为方解石等。

钢渣矿渣石膏白水泥的一般配比为钢渣 20% ~ 50% 、矿渣 30% ~ 50% 、石膏 12% ~ 20% 。这种水泥具有早期强度高、后期强度在大气中继续增高等优点，基本能满足建筑工程的装饰要求，可用于水磨石、水刷石、干黏石等装饰工程，还可生产人造大理石。

方解石白水泥是以电炉还原渣为主要原料，掺入适量煅烧石膏和一定量的方解石，共同粉磨而制成的白色水硬性胶凝材料。当方解石用量为 20% ~ 25% 、石膏用量为 15% ~ 17% 、电炉还原渣量为 58% ~ 65% 时，可配制出 325 号的钢渣白水泥，能满足建筑装饰工程要求。

E   铁酸盐水泥

铁酸盐水泥是以石灰、钢渣、铁渣为原料，掺入适量石膏粉磨而成的水泥。其中石灰、铁渣、钢渣的配比范围分别为 42% ~ 53% 、17% ~ 26% 、7% ~ 16% 。

铁酸盐水泥早期强度高、水化热低，其中掺入的石膏可生成大量硫铁酸盐，能有效地减少水泥石干缩和提高抗海水腐蚀性能，适用于水工建筑。

9.2.3.2   生产钢渣砖

钢渣砖是以粉状钢渣或水淬钢渣为主要原料，掺入部分高炉水渣或粉煤灰和激发剂（石灰、石膏粉），加水搅拌，经轮碾、压制成型、蒸养而制成的建筑用砖。钢渣砖参考配比及性能如表 9 - 7 所示。

表 9 - 7   钢渣砖参考配比及性能

原材料配比/%					抗压强度/MPa	抗折强度/MPa	钢渣砖标号
钢渣	高炉水渣	粉煤灰	石灰	石膏			
60	30	0	—	10	22.0	2.25	75
67	20	—	10	3	22.6	2.50	100
63	30	0	5	5	23.9	3.21	150

生产钢渣砖的主要设备有磁选机、球磨机、搅拌机、轮碾机、压砖机，设备的选用主要根据砖厂的生产规模而定。钢渣砖可用于民用建筑中砌筑墙体、柱子、沟道等。

9.2.4   农业应用

钢渣是一种以钙、硅为主，含多种养分的、既具有速效又具有后劲的复合矿质肥料，可用作农肥和酸性土壤改良剂。由于钢渣在冶炼过程中经历高温过程，其溶解度已大大改变，所含各种主要成分易溶量达全量的 1/3 ~ 1/2 ，有的甚至更高，容易被植物吸收。钢渣中含有微量的锌、锰、铁、铜等元素，对缺乏此类元素的不同土壤和不同作物也起到不同程度的肥效作用。钢渣作为农肥应用时，可根据钢渣元素含量的不同制作磷肥、硅肥、钾肥、复合肥等。鉴于钢渣的黏滞性、水硬胶凝性和有害元素含量，其施用量有限，在国外主要用于林业。以下仅就钢渣磷肥、钢渣硅肥以及酸性土壤改良剂进行介绍。

（1）钢渣磷肥。用含磷生铁炼钢时产生的废渣可直接加工成钢渣磷肥。国外从 1884 年开始使用钢渣磷肥。在磷铁矿资源丰富的西欧国家，1963 年以前，钢渣磷肥的产量一直稳定在占磷肥总产量的 15% ~ 16% 。我国目前已探明的中、高磷铁矿的储量非常丰富，部分钢铁厂（如包头钢铁公司和马鞍山钢铁公司）用高磷生铁炼钢时，产生的钢渣含 P_2O_5

$4\% \sim 20\%$。钢渣磷肥的肥效由 P_2O_5 的含量和构溶率两方面所确定。一般要求钢渣中 w $(P_2O_5) > 4\%$，细磨后作为低磷肥使用，其增产效果相当于等量的磷并超过钙镁磷肥。据研究，钢渣中 $w(CaO)/w(SiO_2)$ 和 $w(SiO_2)/w(P_2O_5)$ 的值越大，其 P_2O_5 的构溶率越大。钢渣中的 F 可降低渣中 P_2O_5 的构溶率，因此要求钢渣中 $w(F) < 0.5\%$。中、高磷铁水炼钢时，在不加萤石造渣的条件下，所回收的初期含磷钢渣经破碎、磨细后即得钢渣磷肥。此肥一般用作基肥，每亩可施用 $100 \sim 130kg$。马鞍山钢铁（集团）公司制定了行业暂行标准，要求钢渣磷肥中有效 P_2O_5 含量不小于 10%，其一等品 P_2O_5 含量不小于 16%。

（2）钢渣硅肥。硅是水稻生产所需的大量元素。据测定，在水稻的茎、叶中 SiO_2 含量为 10% 左右。虽然土壤中含有丰富的 SiO_2，但其中 99% 以上很难被植物吸收。因此，为了使水稻长期稳产、高产，必须补充硅肥。从钢渣成分分析来看，我国 60% 以上的钢渣适合作为硅肥原料使用。通常，硅含量超过 15% 的钢渣磨细至 $0.25mm$（60 目）以下，即可作为硅肥施用于水稻田。每亩使用量一般为 $100kg$，可增产 10% 左右。

（3）酸性土壤改良剂。用普通生铁炼钢时产生的钢渣虽然 P_2O_5 含量不高（$1\% \sim 3\%$），但含有 CaO、SiO_2、MgO、FeO、MnO 以及其他微量元素等，而且活性较高。因此，这类钢渣可用作改良土壤矿质的肥料，特别适用于酸性土壤。其生产工艺很简单，只要将钙、镁含量高的钢渣磨细后即可作为酸性土壤改良剂。例如，山西阳泉钢铁厂从 1976 年开始利用高炉渣、瓦斯灰生产微量元素肥料，实践证明这种肥料增产作用显著，一般粮食增产 10% 以上，蔬菜、水果增产 20% 左右，棉花增产 $10\% \sim 20\%$。

施用钢渣磷肥或活性渣肥时要注意以下几点：

（1）钢渣肥料宜作基肥，不宜作追肥，而且宜结合耕作翻土施用，沟施和穴施均可，应与种子隔开 $1 \sim 2cm$；

（2）钢渣肥料宜与有机肥料混拌后施用；

（3）钢渣肥料不宜与氮素化肥混合施用；

（4）渣肥不仅当年有肥效，而且其残效期可达数年；

（5）施用钢渣活性肥料时，一定要区别土壤的酸碱性，以免使土壤变坏或板结。

9.2.5　治理废水

钢渣可用于治理废水，以达到"以废治废"的目的。例如，用钢渣和水渣制备的聚硅硫酸铁混凝剂，其产品具有净水剂用量少、无毒副作用、混凝效果好、去浊率高的优点，能广泛用于净化钢铁企业和造纸、印染等重污染行业产生的废水以及生活污水。

吸附法作为一种重要的化学物理方法在废水处理中已有应用，利用钢渣作为废水处理吸附剂是钢渣综合利用的新方法，所制得的吸附剂是一种新型的吸附材料。钢渣吸附剂的工业化应用也许会扭转我国钢渣利用率低下的不利局面。钢渣作为吸附剂处理废水，其作用机理是一个十分复杂的物理化学过程。我国学者于 20 世纪 90 年代中期分别研究了钢渣作为吸附剂处理镍、铅、铜、铬、砷、磷等的吸附行为。研究表明，钢渣吸附剂对重金属的去除率均在 98% 以上，但是要严格控制反应的温度、pH 值、钢渣的粒度和反应时间等因素，而且由于钢渣含有少量的铁和粒度不均匀等原因，钢渣吸附剂的工业化尚需进行深入研究。

钢渣除在废水治理方面具有综合利用价值外，在其他环境治理方面也有用武之地。例如，钢渣可部分取代石灰石或石灰，与钙基固硫剂按比例混合可制得燃煤固硫剂；钢渣中有大量的游离 CaO，可作为中和废酸的碱性物质等。

9.3 炼钢渣开发利用的新趋势

随着钢铁工业的发展，产生的钢渣越来越多。目前的钢渣处理工艺及利用途径还存在很多问题有待解决。首先，处理后的钢渣大部分应用于地基回填、道路铺筑等行业，高附加值产品生产率很低，没有实现钢渣的真正有效价值；其次，钢渣中大量的显热没有回收利用，造成能源的严重浪费，钢渣资源没有得到真正的综合利用。因此，开发科学合理的钢渣处理工艺、最大限度地综合利用钢渣资源是非常必要的。钢渣处理及开发利用的发展趋势总结如下：

（1）新型钢渣处理技术。现有的钢渣处理工艺以水淬为主，流程长，耗水多，产生的二次蒸汽难以利用，尤其是处理后的钢渣 f – CaO 含量高，限制了后续利用途径。因此，开发短流程、清洁化、更节能、f – CaO 快速消解、可有效回收余热资源的新型处理工艺势在必行。

（2）高效节能粉磨设备。钢渣颗粒硬度较大，难以磨细，用立磨粉磨设备振动大、磨损严重，用传统的球磨机电耗大、生产成本高。法国机械设备集团公司(FCB)生产的卧式辊磨(Horomill)具有粉磨电耗低、设备运转稳定、性能可靠、操作方便、容易维护、研磨部件的使用寿命长等优点，但应用实绩并不多。因此，针对不同的钢渣硬度、易磨性和粒度，开发高效节能的粉磨设备，提高物料比表面积，促使其晶体结构及表面物化性质发生变化，使钢渣活性得以充分发挥，对开创钢渣广泛应用的新局面大有助益。

（3）钢渣稳定工艺。国内外相关企业一直致力于钢渣稳定工艺的研究开发，如德国的罐式钢渣加压热焖自解工艺、日本住友的自然陈化箱处理工艺以及近年来出现的高温熔渣改性处理工艺等。因此，开发钢渣稳定化的工艺是提高钢渣综合利用率、扩大资源化利用范围的必然要求。

（4）热态熔渣干式粒化技术。针对当前钢渣黏度大、流动性差的特点，开发新型热态熔渣干式粒化技术，使其兼具回收余热、减少水资源消耗和扩大后续产品综合利用的功能，是未来钢渣处理工艺研究的热点和难点，也是钢渣真正由废物变为钢厂副产品、节能降耗的最佳途径。

（5）高温熔渣的直接产品化。利用熔渣的高温特性在线进行"调质处理"，不仅可降低后续冷态渣游离氧化钙的含量，更可直接生产产品，如利用热态熔渣直接生产矿棉、岩棉或微晶玻璃等，从而将熔渣余热回收和高附加值利用有机结合起来。

（6）热态熔渣冶金回用技术。采用合适的处理工艺对热态熔渣进行调质预处理，除去硫、磷杂质之后再重返冶炼过程，可有效回收熔渣显热和有价资源，在循环利用周期、保护环境、回收熔渣显热等方面具有固态渣二次利用无法比拟的优点，其应成为钢铁企业未来节能减排的重点。

复习思考题

9－1　钢渣的主要化学成分有哪些，钢渣的碱度与其活性有何关系？

9－2　钢渣的矿物组成是如何随碱度的变化而改变的，对其活性有何影响？

9－3　简述典型炼钢熔渣热态处理工艺过程并比较其特点。

9－4　可以回收利用钢渣余热的钢渣冷却方式是什么？简述其工艺过程。

9－5　试分析固态钢渣的特性，并指出其与固态高炉渣的异同点。

9－6　钢渣中不稳定性组分有哪些，如何消除自由基 CaO 所引起的不稳定性？

9－7　针对钢渣的不稳定性，在应用钢渣时应该注意哪些方面？

9－8　举例说明钢渣有哪些资源化方法。

9－9　钢渣广泛使用在路基上是利用了钢渣的哪些特性，在应用中对钢渣有哪些具体要求？

9－10　简述钢渣处理及利用的发展趋势。

10 硫酸渣的资源化

10.1 硫酸渣及其性质

10.1.1 硫酸渣的产生及分类

硫酸渣是以黄铁矿(硫铁矿)为原料,通过沸腾炉焙烧制取硫酸后所排出的一种工业废渣。纯净黄铁矿的主要化学成分为 FeS_2,含 53.4% 的 S 和 46.6% 的 Fe。在焙烧过程中,黄铁矿中的硫和铁离子分别与氧结合,生成二氧化硫和氧化铁。二氧化硫经水吸收获得硫酸,氧化铁和其他杂质则以渣的形式排出。这种工业废渣俗称硫酸烧渣,又称硫酸渣、黄铁矿烧渣或硫铁矿烧渣等。

生产中的硫酸原料多为硫含量大于 35% 的硫精矿,除黄铁矿外,还含有一定量的硅酸盐矿物和少量黄铜矿、方铅矿、闪锌矿、辉铋矿、辉锑矿、辉钼矿、毒砂等矿物,焙烧后进入硫酸渣。如原料中的黄铁、黄铜、方铅和闪锌矿,焙烧时生成的金属氧化物均进入硫酸渣,其化学反应式如下:

$$4FeS_2 + 11O_2 =\!=\!= 2Fe_2O_3 + 8SO_{2(g)}$$

$$3FeS_2 + 8O_2 =\!=\!= Fe_3O_4 + 6SO_{2(g)}$$

$$2CuFeS_2 + O_2 =\!=\!= Cu_2S + 2FeS + SO_{2(g)}$$

$$2PbS + 3O_2 =\!=\!= 2PbO + 2SO_{2(g)}$$

$$PbS + 2O_2 =\!=\!= PbSO_{4(g)}$$

$$2ZnS + 3O_2 =\!=\!= 2ZnO + 2SO_{2(g)}$$

所以,从不同方面可以将硫酸渣进行如下分类:

(1)根据排出位置不同,硫酸渣可分为尘和渣。每生产 1t 硫酸,约排出 0.5t 酸渣和 0.3~0.4t 从炉气净化收集的粉尘。

(2)按照颜色,硫酸渣可分为红渣、棕渣、黑渣。当渣中以 Fe_2O_3(即赤铁矿)为主时为红渣,以 Fe_3O_4(即磁铁矿)为主时为黑渣,棕色渣介于红渣与黑渣之间。

(3)硫酸渣的颜色变化反映了磁铁矿的含量,可以按磁性率($w(TFe)/w(FeO)$)对其进行分类。磁性率高,说明硫酸渣的氧化程度高,磁铁矿含量低。

(4)按照有用组分含量,硫酸渣可分为贫渣、铁渣、有色铁渣。贫渣的铁品位较低;铁渣中铁含量较高,有色金属及其他有价金属含量较低;有色铁渣成分复杂,其中的铁、铜、金、银、钴等均具有回收价值。

10.1.2 硫酸渣的性质

硫酸渣中除含有 Fe_2O_3、Fe_3O_4、SiO_2 等主要成分外,还含有 S、Pb、Hg、Zn、Cu、

Au、Ag 等元素。硫酸渣样品的分析结果列于表 10 - 1 ~ 表 10 - 4 中。结果表明，硫酸渣中含铁 50.72%，是资源化的主要对象。铁的主要矿物为赤铁矿，其质量分数为 68.78%。EPMA 分析结果显示，赤铁矿的铁含量变化较大，杂质元素以硅、钙、铝为主，会影响铁精矿品位。

表 10 - 1　硫酸渣中各物质的质量分数　　　　　　　　（%）

Fe	Pb	Zn	S	SO_2	Al_2O_3	CaO	MgO	K_2O
50.72	0.05	0.23	0.59	20.79	4.75	4.60	4.10	2.32

表 10 - 2　硫酸渣中主要矿物的相对质量分数　　　　　　　（%）

赤铁矿	磁铁矿	磁黄铁矿	黄铁矿	黄铜矿	脉石
68.78	1.91	0.90	0.05	0.03	28.33

表 10 - 3　硫酸渣中不同颜色赤铁矿的 EPMA 化学成分的相对质量分数　　（%）

物质	FeO	Al_2O_3	SiO_2	CaO	CoO	Sb_2O_5	其他
褐色	87.222	1.7649	0.9859	7.1037	0.0760	0.0200	2.8273
红色	64.925	5.0239	8.5708	19.1497	0.0539	0.4957	1.7615

表 10 - 4　硫酸渣的筛分分析结果

粒级/mm	产率/%	铁含量/%	全铁占有率/%
>0.800	5.91	38.26	4.51
0.250 ~ 0.800	14.76	43.63	12.85
0.150 ~ 0.250	8.77	47.59	8.33
0.074 ~ 0.150	23.68	52.12	24.63
0.043 ~ 0.074	35.72	53.96	38.47
<0.043	11.16	50.34	11.21
合　计	100.00	50.11	100.00

渣中的铁主要富集在 0.043 ~ 0.150mm 粒级中，产率为 59.4%，金属占有率为 63.1%。大于 0.25mm 粒级的产率为 20.6%，金属占有率仅为 17.36%，铁含量明显低于原渣。从外表来看，该渣呈棕褐色、多孔状、粉状和块状，采用筛选脱除可以将原渣的铁质富集。

硫酸渣硫含量较高，达到 0.59%，超过炼铁对铁精矿的硫含量要求，因此在工艺过程中必须注意硫的走向并设法脱除。

10.1.3　硫酸渣对环境的影响

我国是硫酸生产大国，自然硫和其他形态的硫储量不多，生产硫酸的原料主要以硫铁矿为主,它占硫酸生产总量的75%,而这种方式在世界上只占21%。我国多数大中型硫酸厂使用含硫30%~35%的硫精矿,每年约产生7×10^6 t硫铁矿烧渣,占整个化工废渣的1/3。目前大都采用堆填处理硫酸渣,不仅大量占用土地,而且严重污染了环境。其危害的主要表现如下:

(1)烧渣的堆存占用了大量耕地。因硫铁矿烧渣颗粒细、松散,堆放占地面积大。根据调查,一个年产酸3万吨以上的硫酸厂需要堆渣场20~30亩。

(2)烧渣的堆存造成了资源的浪费。烧渣中含有多种有用元素,是一种宝贵的二次资源,由于资金技术的限制,烧渣中有用组分没有得到回收利用,相当于将资源白白浪费。

(3)污染土壤。烧渣长期露天堆放,致使其中的有害成分经风化、雨淋、地表径流后极容易渗入土壤,经过长期过量积累,不仅会杀死土壤中的微生物,而且会使土壤盐碱化、中毒,危害农作物的生长。

(4)污染水体。烧渣经细菌作用氧化成为水溶性硫酸盐而污染水体,使水质酸化、富营养化,影响水系的生态平衡。

(5)污染大气。由于烧渣中废物本身蒸发、升华、发生化学变化而释放有害气体以及废物中细粒、粉末随风扬散,导致大气受到污染。

10.2 硫酸渣的资源化利用

10.2.1 硫酸渣利用现状

10.2.1.1 国外硫铁矿烧渣的综合利用

由于国外硫铁矿品位普遍较高,$w(S) = 45\% \sim 50\%$,经沸腾炉焙烧后的烧渣中TFe含量基本都高于60%,无需处理就可用作炼铁原料。根据烧渣中Cu、Pb、Zn、Au、Ag等有价金属及Si、S等杂质含量的高低,国外先后开发了弱氧磁化焙烧法、氯化焙烧法和氯化挥发法等技术,在一些发达国家(如德国、日本)已形成较为完善的工艺流程。但从生产实践来看,这些技术都存在一定缺陷,如弱氧磁化焙烧法使得制酸工艺流程复杂、操作弹性较小且投资较高,氯化焙烧法和氯化挥发法的设备投资大、工艺流程复杂、生产成本高等。

10.2.1.2 国内硫铁矿烧渣的综合利用

我国硫铁矿总体品位不高,化工硫铁矿品位普遍较低,有色金属副产的硫精矿品位高一些,大多$w(S) = 38\% \sim 45\%$。硫铁矿烧渣中TFe含量多为40%~45%,不宜直接用作炼铁原料,目前主要用作水泥添加剂。国内通过选矿生产高品位硫铁矿,再经焙烧获得高品位烧渣并将其用作炼铁原料的工艺路线,尚处于小规模生产状态。

我国从20世纪50年代就开始对硫铁矿烧渣资源综合利用进行研究,主要有三种途径:一是通过选矿或选渣获得高品位烧渣,用作炼铁原料;二是用烧渣制砖;三是用烧渣生产氧化铁红等铁系精细化工产品。总体而言,国内硫铁矿烧渣综合利用情况欠佳,综合利用工艺中存在铁利用率低、投资大、容易造成二次污染等问题。

10.2.2　回收铁及有色金属

（1）直接炼铁。对铁含量大于48%、硫含量小于1%的矿渣掺入烧结料，经烧结后作为高炉原料，但只掺入铁矿石的10%左右，要求硫、磷和二氧化硅的含量越低越好。这时，掺入量对烧结矿的质量和产量都没有不利影响，反而能降低烧结成本，但过多掺入则会降低产品强度和成品率。

（2）经选矿后炼铁。对铁含量低的矿渣，较早采用沸腾炉将其还原焙烧成磁性渣（Fe_3O_4），然后经过磁选获得高品位的铁精矿，铁含量不小于58.5%，其他有害元素含量均符合高炉冶炼要求。此法简便而有效，但设备投资较大、能耗较高。近年来，通过控制硫铁矿中铁含量不小于35%、粒度小于3~5mm以及控制炉子排气口SO_2浓度为13.3%~13.5%，使炉子排出的矿渣以磁性铁为主，渣色呈棕黑色。这样的渣不经还原焙烧就可以进行磁选，产出的尾砂可作为水泥厂的原料。此法用于铁含量偏低（小于40%）或硫含量偏高（大于1%）的矿渣。在磁选前于球磨机矿石入口掺入一定量的低品位自然矿（含铁23%左右）进行混合磁选，可以提高铁精矿的品位和降低硫含量，成品铁精矿可进一步加工成氧化球团矿后出售，利润更大。所以，目前国内许多厂家大多采用此法处理硫铁矿渣。

（3）回收有色金属。氯化焙烧法着重回收有色金属，分为中温、高温两种。高温氯化焙烧法是将含有有色金属的矿渣与氯化剂（氯化钙）等均匀混合、造球、干燥并在回转窑或立窑内经1150℃焙烧，使有色金属以氯化物形式挥发后经过分离处理回收，同时获得优质球团供高炉炼铁。中温氯化焙烧法是将硫铁矿渣、硫铁矿与食盐混合，使混合料含硫6%~7%、食盐4%左右，然后投入沸腾炉内，在600~650℃温度下进行氯化、硫酸化焙烧，使矿渣中的有色金属由不溶物转为可溶的氯化物或硫酸盐，浸出物可回收有色金属和芒硝。此法对硫铁矿中钴的回收效率较高，可专门处理钴硫精矿经焙烧硫后产出的硫铁矿渣，且工艺简单、燃料消耗低，无需特殊设备。其缺点是工艺流程长、设备庞大，对于粉状的浸出渣还需经烧结后才能进入高炉炼铁。对于有色金属含量较高的黄铁矿生产硫酸后产生的废渣，一般先进行硫酸盐－氯化焙烧，使有色金属生成相应的硫酸盐、氯化物。然后用酸浸出并过滤，滤液用铁或铜置换分离出金、银、铜。再经真空结晶使硫酸钠析出，溶液用石灰乳沉淀得到氢氧化锌，煅烧后可得氧化锌。金、银在有氧存在的氰化溶液中，与氰化物反应生成金、银氰络离子进入溶液，经液固分离后用锌置换，再经冶炼即得到成品金、银。

10.2.3　生产净水剂及铁系产品

对于硫铁矿渣的综合回收，目前研究比较多的是利用其中含量较高的铁生产无机铁系凝聚剂（净水剂）。我国目前水处理凝聚剂的年需求量约为130万吨，常用的无机铁系凝聚剂有三氯化铁、硫酸亚铁、聚合硫酸铁等。由于硫铁矿渣的粒度在0.04~0.15mm之间，不需磨矿处理就可直接用作生产铁系凝聚剂的原料，因此使用简单、方便，可节约大量金属铁。例如，硫铁矿渣可分别用盐酸法和硫酸法生产铁铝净水剂和聚合羟基硫酸铁净水剂。

用硫铁矿渣可生产出用途广泛、质地优良的铁系产品，主要途径有：高温还原制取金属化团块(即海绵铁),选矿方法制取铁精矿,生产硫酸亚铁或聚合硫酸铁,干法、湿法生产铁红、铁黄、铁黑、硫酸亚铁等产品。

(1) 聚合氯化铝铁。将硫铁矿烧渣用12%的稀盐酸浸溶,渣中Fe_2O_3和Al_2O_3均与HCl生成相应的盐酸盐而溶解,浸溶率为30%～40%,得到$AlCl_3$和$FeCl_3$的混合溶液($FeCl_3$ 13%,$AlCl_3$ 12%),两者具有较强的净水力,净水效果比钾明矾、铵明矾、$Al_2(SO_4)_3$都好,是饱和$Al_2(SO_4)_3$净水能力的6倍,且水的浑浊度越大其净化效果越好。将混合液在防腐设备中进行蒸发,可得到黄棕色半透明树脂状的固体物质,即聚合氯化铝铁。其吸附能力强,凝聚沉淀性能优于其他各种净水剂,且用量少、成本低。

(2) 聚合硫酸铁。聚合硫酸铁是一种新型废水处理剂,可在硫酸厂内用于高砷(As)、氟(F)废水的治理,其用量越来越大。将硫铁矿烧渣用作生产聚合硫酸铁的原料,是硫铁矿烧渣最有前途的回收利用途径之一。硫铁矿烧渣用褐煤作为还原剂,经过火法还原、硫酸浸取两道工序,一次生产出$FeSO_4$质量分数为35%～40%的母液。在调节池中(H_2SO_4/$Fe = 0.35～0.5$)加热浓缩,在55～90℃下通入氧及亚硝酸钠催化氧化,再发生聚合反应,即得到聚合硫酸铁。在碱性条件下用聚合硫酸铁净化硫酸厂高砷、氟废水,具有良好效果。另外,在硫酸法钛白生产中产生大量的废硫酸,如果用废酸去浸取硫铁矿烧渣,控制适当的工艺条件,可生产出净水效果优良、满足市场需要的聚合羟基硫酸铁(PFS),不仅使硫铁矿烧渣与钛白废酸得到综合利用,还能给企业带来一定的经济效益。具体方法是:在反应锅中依次加入一定量的硫铁矿烧渣、20%左右的钛白废酸、93%的硫酸(使溶液中硫酸浓度达25%),然后开启夹套蒸汽加热,同时用压缩空气搅拌,加入少量催化剂,维持锅内物料温度为(90 ± 5)℃。反应25min后关掉蒸汽,趁热抽滤,滤渣用少量水洗后弃之,滤液用泵打到沉降池。向滤液中加入絮凝剂,6～8h后浓缩到一定浓度,即得成品聚合羟基硫酸铁。

(3) 硫酸亚铁。硫酸亚铁可作为农药、净化剂和消毒剂,也可用作制造氧化铁红和华蓝等颜料的原料。用硫铁矿烧渣制备硫酸亚铁,一般有还原焙烧酸浸法和酸浸还原法两种。

1) 还原焙烧酸浸法。还原焙烧酸浸法是将烧渣和还原剂(如褐煤、木炭等)按一定的比例在高温炉(如马弗炉)中还原焙烧,目的是使烧渣中的Fe^{3+}转变成Fe^{2+},然后用硫酸浸取而得到硫酸亚铁溶液。若在浸取过程中控制一定的条件,可去除部分杂质(如Si、Ca和S等)。该法用碳作还原剂、温度在800℃以上、反应时间约为20min时,铁的提取率可达90%以上。还原烧渣在温和条件下用硫酸浸取可得到$FeSO_4$溶液,此溶液不需再经过还原且易于净化,适合作为透明氧化铁颜料、磁性铁氧体等高档用品的原料,其优点是烧渣中铁的回收率高,而不足之处是反应温度高(达800℃)、反应过程能耗大、设备昂贵。

2) 酸浸还原法。酸浸还原法是将烧渣先直接进行酸浸,使Fe^{3+}进入溶液,然后在溶液中加入还原剂铁或硫铁矿将Fe^{3+}还原为Fe^{2+}。还原过程的主要反应为:

$$Fe + Fe_2(SO_4)_3 =\!=\!= 3FeSO_4$$

$$Fe + H_2SO_4 =\!=\!= FeSO_4 + H_{2(g)}$$

（4）高纯氧化铁。将酸－渣反应生成物用水浸取而制得含有 $Fe_2(SO_4)_3$ 和 $FeSO_4$ 及少量 $MgSO_4$ 等杂质的混合溶液，并加入适量的硫酸以防止高价铁盐过早发生水解反应，过滤去除不溶物及杂质残渣，即可得到较纯净的酸解液。之后用碱性液调节溶液的 pH 值，在合适温度下用空气均匀鼓泡氧化以去除杂质，即得到高纯氧化铁。

10.2.4　应用于建材

（1）制砖。国家为了保护农业生产，制定了一系列保护耕地的措施，因此制砖的黏土资源越来越紧张，利用硫铁矿烧渣制砖不失为一个很好的途径。由于硫铁矿渣中二氧化硅、氧化铝等活性物含量较低，需加入少量煤渣、煤灰，并以石灰作胶凝材料。故在制砖时以硫铁矿渣为主，粗、细硫铁矿渣适当搭配，再加入煤渣、煤灰，经配料、混合、轮碾、加压成型、蒸气养护等工序制得成品砖。

（2）作水泥助熔剂。烧渣可代替铁矿粉用作水泥助熔剂，铁含量只要大于 30% 即可使用，而且对其中的有害杂质含量无特殊要求。硫铁矿渣的掺入不但可以校正波特兰水泥原料混合物的成分，增加其氧化铁含量，减少铝氧土的模数值，而且可以增加水泥的强度，增强其耐矿物水侵蚀性，降低其热析现象；此外，还可以降低焙烧温度，因而对降低热消耗、延长焙烧炉耐火砖的使用寿命有好处。存在的问题是烧渣用量有限、烧渣中的贵金属及有色金属没有回收利用、只有邻近有水泥厂时烧渣才有销路。

（3）代替黄砂作建筑用砂浆。硫铁矿渣中常含一定量的硫酸钙，在砂浆中与铝、氢氧化钙、水逐渐发生水化作用，反应式为：

$$3Ca(OH)_2 + Al_2O_3 + 3CaSO_4 + (28 \sim 30)H_2O \Longrightarrow 3CaO \cdot Al_2O_3 \cdot 3CaSO_4 \cdot (31 \sim 33)H_2O$$

由于反应产物为钙矾石（三硫型水化硫铝酸钙），会引起巨大的膨胀应力，因此一般只适合作内粉刷砂浆。

10.2.5　其他

硫铁矿渣中氧化铁的主相是 $\alpha - Fe_2O_3$，次相为 $\gamma - Fe_2O_3$ 及 $FeOOH$。$\gamma - Fe_2O_3$ 的晶格常数（$a = b = c = 8.4 \times 10^{-10}$ m）比 $\alpha - Fe_2O_3$ 的（$a = b = c = 5.42 \times 10^{-10}$ m）要大，故结构疏松，结晶内能保留一定水分，有较高的脱硫活性。$FeOOH$ 也具有较高的脱硫活性。为了改善 $\alpha - Fe_2O_3$ 的脱硫活性，可通过化学或物理方法进行活化处理。化学处理是使用不同的活化剂将 $\alpha - Fe_2O_3$ 的结晶破坏，再转变为水合的氧化铁结晶（$FeOOH$ 或 $\gamma - Fe_2O_3 \cdot H_2O$）。物理处理则相反，不改变 $\alpha - Fe_2O_3$ 晶形，只是增加表面能，使其与硫化氢的反应能力增强，可通过机械活化和冷淬活化实现。例如，以硫铁矿渣为主要原料研制的脱硫剂 ST801 可广泛用于化肥、轻工、军工、冶金、城市煤气的脱硫工艺，该脱硫剂具有价廉易得、活性好、强度大、阻力小、硫容高、适用范围广等优点。

硫铁矿渣经加工磨细和磁选富集得到的磁性精矿粉，可用作选煤加重剂。硫铁矿渣在还原气氛中于 700℃ 温度下磁化焙烧，经盐酸溶解、过滤、浓缩、结晶、干燥、压块、氢还原制得的还原铁粉，可用作电焊条或粉末冶金的原料。硫铁矿渣内含有色金属，可作为综合微量元素肥料，其效果与硫酸铜相同。由烧渣制得的绿矾再通过联合工艺，可以绿矾和氯化钾为原料生产硫酸钾、氧化铁及氯化铵等产品。此外，据报道，硫铁矿渣在环保方面已有应用，可处理含硫废水、有机废水并回收含油产物。

　　硫铁矿渣综合利用方法很多，在选择具体方法时，应根据硫铁矿渣各种金属含量、市场需求、产品经济效益以及处理所需投资等因素综合考虑，并且尽可能回收其中各种有价金属，使其得到合理利用，从而获得良好的环境效益和经济效益。

复习思考题

10-1　硫酸渣是如何产生的，含有哪些主要组分，有回收价值的组分有哪些？

10-2　简述硫酸渣对环境的影响及资源化的意义。

10-3　举例说明硫酸渣资源化工艺方法及其特点。

11　含铁尘泥的资源化

含铁尘泥是在冶金生产过程中从不同生产工艺流程的除尘系统中排出的、以铁为主要成分的粉尘和泥浆的统称。一般由干式除尘器捕集的称为尘或灰，由湿法除尘器捕集的称为尘泥。按生产工艺，含铁尘泥可分为烧结尘泥、高炉尘泥（包括瓦斯灰和瓦斯泥）、炼钢尘泥（包括转炉、电炉尘泥）以及各种环境集尘（包括原料场集尘、出铁场集尘等）。另外，轧钢铁皮和含油铁屑等也计为含铁尘泥。

尘泥的成分各不相同，颗粒细小，全铁量通常在30%～70%范围内，由湿式除尘器得到的尘泥水分可高达20%～50%。这些粉尘（泥）除含有可回收利用的铁元素以外，还含有部分氧化钙、碳等有价组分，是宝贵的二次资源。

11.1　含铁尘泥的来源及性质

11.1.1　含铁尘泥的来源及特征

（1）烧结尘泥。烧结粉尘主要产生在烧结机的机头、机尾及成品整粒和冷却筛分等工序，全铁含量为50%左右。每生产1t烧结矿产生20～40kg的粉尘，其成分与烧结矿类似，含有较多的TFe、CaO、MgO等有益组分。

（2）炼铁尘泥。

1）高炉瓦斯灰。瓦斯灰主要来自高炉炼铁过程中随高炉煤气一起排出的烟尘，经重力除尘器收集之后统称为高炉瓦斯灰，又称布袋灰，其外观呈灰色粉末状，粒度比高炉瓦斯泥粗。由于高炉炼铁过程中使用的铁矿石、焦炭、石灰石、白云石以及萤石等原料经过高炉内部不同温度区域十分复杂的氧化－还原等物理化学变化，其排放出来的烟尘中含有多种元素的自由态和结合态的复合物。瓦斯灰干燥、易流动，堆放和运输污染严重，其主要化学成分与高炉瓦斯泥相同，但铁矿物以FeO为主。

2）高炉瓦斯泥。高炉瓦斯泥是高炉煤气洗涤污水排放于沉淀池中，经沉淀处理而得到的固体废料，主要由铁矿物、铁的氧化物、CaO、MgO、SiO_2、Al_2O_3、Zn、Pb等组成，呈黑色泥浆状，粒度较细且表面粗糙，有孔隙，呈不规则形状。瓦斯泥的铁品位一般为25%～45%，铁矿物以Fe_3O_4和Fe_2O_3为主，约占85%，小于0.074mm粒级含量一般为50%～85%，其他化学成分的含量随不同厂家、不同矿源而异。

3）高炉出铁场粉尘。高炉出铁场粉尘即指从高炉出铁场收集的粉尘。

（3）转炉尘泥。转炉尘泥是炼钢厂转炉除尘污泥。转炉湿法除尘收集的尘泥呈胶体状，很难浓缩脱水，使用压滤机脱水的滤饼含水率也很高，且黏度大，其氧化亚铁成分含量很高。如鞍钢的转炉泥，TFe含量为56.44%，FeO含量为48.11%。

（4）电炉尘泥。电炉粉尘是电炉炼钢时产生的粉尘，这些粉尘粒度很细，除含铁外还含有锌、铅、铬等金属，具体化学成分及含量与冶炼钢种有关。通常，冶炼碳钢和低合金钢的粉尘含有较多的锌和铅，冶炼不锈钢和特种钢的粉尘含有铬、镍、钼等。

（5）轧钢铁皮。轧钢铁皮是钢材在轧制过程中剥落下来的氧化铁皮以及钢材在酸洗过程中被溶解而成的渣泥的总称。轧钢铁皮中全铁含量在70%以上；初轧铁皮的粒度较粗，60%以上大于$40\mu m$。

11.1.2　含铁尘泥的产生量

含铁尘泥的产生量因工艺不同而存在较大差异。我国大型联合钢铁企业产生的含铁尘泥约占钢产量的10%，其中烧结工序粉尘产出量占烧结矿产量的2%～4%，炼铁工序粉尘（泥）产出量占铁水产量的3%～4%，炼钢工序尘泥产出量占钢产量的3%～4%，轧钢工序固废产出量占轧材产量的0.8%～1.5%。

以鞍钢年产能约为3000万吨钢为例，每生产1t钢的平均尘泥产量分别是烧结除尘灰30kg/t、高炉瓦斯灰和瓦斯泥22kg/t、高炉除尘灰25kg/t、转炉泥20kg/t。在炼钢转炉工序中还包含一些精炼炉除尘灰等，每生产1t成品钢材，铁鳞平均产量为20kg/t。各种含铁尘泥的平均年产量分别是烧结除尘灰90万吨、高炉瓦斯灰和瓦斯泥66万吨、高炉除尘灰75万吨、转炉泥60万吨、轧钢铁鳞60万吨，含铁尘泥年总产量约为351万吨。如果以我国2011年粗钢实际产量为7亿吨计算，每年各种含铁尘泥的平均年产量分别是烧结除尘灰2100万吨、高炉瓦斯灰和瓦斯泥1540万吨、高炉除尘灰1750万吨、转炉泥1400万吨、轧钢铁鳞1400万吨，含铁尘泥年总产量超过8000万吨。

不论是从保护环境还是从资源节约和循环再生方面考虑，含铁尘泥都是一种必须综合再生利用的宝贵资源。然而，来源不一的尘泥其物化特性差异较大，往往不能直接作为烧结配料生产烧结矿而进入高炉炼铁，因此含铁尘泥的再生利用成为全国各钢铁冶金企业需要根据本厂实际妥善解决的重要问题。

11.1.3　含铁尘泥的组成和性质

11.1.3.1　化学组成

我国某钢铁厂含铁尘泥的化学组成见表11－1。由表11－1可见，尘泥中除铁外，还含有碳、钙、镁等有价组分。

表11－1　我国某钢铁厂含铁尘泥的化学组成　　　　　　　　　　（%）

尘泥类型	TFe	SiO_2	MnO	CaO	MgO	Al_2O_3	C	Zn
高炉瓦斯泥	52.39	5.22	0.25	2.81	0.83	2.27	11	0.27
高炉瓦斯灰	52.79	3.27	0.06	1.89	0.64	0.95	17.33	0.33
电炉除尘灰	51.7	2.8	3.22	7.14	3.55	1.13	0.79	3.38
转炉除尘灰	48.24	4.3	1.97	6.69	2.46	3.86	3.8	4.19
转炉污泥	60.70	0.44	0.26	8.74	3.27	0.09	0.44	0.34
烧结除尘灰	54.67	5.55	0.42	10.47	2.32	2.53	0.42	0.34
轧钢铁鳞	64.21	0.21	0.34	3.54	0.56	0.21	0.11	0.08

在国外，将钢铁冶金尘泥以锌含量为标准分为高锌尘泥（$w(Zn) > 30\%$）、中锌尘泥

（$w(Zn) > 15\% \sim 26\%$）和低锌尘泥（$w(Zn) \leqslant 15\%$），我国划分此类尘泥的标准依据企业自身情况而定。我国南方大部分钢铁厂的冶金尘泥锌含量较高（大于1kg/t），$w(Zn) > 1\%$ 的高锌尘泥主要来源于高炉瓦斯泥或瓦斯灰、转炉二次除尘灰、电炉粉尘等。由于锌含量高的尘泥若返回烧结工序利用，使生成的烧结矿进入高炉炼铁，锌将会在高炉内挥发并结瘤，故要求高炉的锌负荷小于0.1kg/t，因此锌含量高的尘泥需经脱锌后返回烧结。国内外一些钢铁企业含锌粉尘的产量和成分见表11-2。从表11-2中可以看出：

（1）电炉粉尘中锌的含量相对较高，其含量多少与生产所用的原料相关。

（2）高炉粉尘中含有一定量的锌，其锌含量与生产用的矿种及生产循环富集的时间有关。同时，高炉粉尘中的碳含量较高，若能有效利用这部分碳资源则可替代钢铁企业的其他能源消耗。

（3）转炉粉尘中的铁含量较高，锌含量的多少与加入的废钢品种有关。

表 11-2　国内外一些钢铁企业含锌粉尘的产量和成分

项　目		产生量/kg·t^{-1}	TFe/%	Zn/%	MgO/%	CaO/%	SiO$_2$/%	C/%
国外	电炉粉尘	5 ~ 20	10 ~ 36	28	2 ~ 4	6 ~ 9	4	0 ~ 4
	转炉粉尘	7 ~ 30	25 ~ 45	6	1	3	1	1
	高炉粉尘	20 ~ 30	20 ~ 40	3 ~ 10	1	2 ~ 3	1 ~ 3	10 ~ 45
国内	电炉粉尘	10 ~ 25	30 ~ 45	3 ~ 17	1 ~ 3	5	2 ~ 4	0 ~ 4
	转炉粉尘	10 ~ 40	20 ~ 50	1 ~ 3	1	3	3 ~ 60	2
	高炉粉尘	15 ~ 30	15 ~ 30	3 ~ 17	1	2 ~ 5	4 ~ 5	25 ~ 55

11.1.3.2　矿物组成及特征

含铁尘泥含有的主要矿物为磁铁矿，其次为赤铁矿和脉石矿物（长石、石英、白云矿、炭屑等）。尘泥中的磁性铁含量较高，非磁性铁次之，硫化铁和硅酸铁含量很少。组成含铁尘泥的矿物粒度细，铁矿物与脉石矿物之间互相嵌布、粘连，其单体的离解度比较高。含铁尘泥的矿物组成及粒度分布见表11-3。

表 11-3　含铁尘泥的矿物组成（质量分数）及粒度分布　　　　　　（%）

尘泥类型	磁铁矿	赤铁矿	矿物粒度分布及嵌布情况
高炉瓦斯灰	38.00	23.00	矿物粒度一般在40 ~ 120μm之间，脉石矿物表面常有细小颗粒的铁矿物嵌布及炭粉粘连，铁矿物的单体离解度约为88%
高炉瓦斯泥	39.00	20.00	矿物粒度一般在15 ~ 90μm之间（大的超过120μm，小的低于3μm），铁矿物的单体离解度约为92%，与其他矿物的连生体以贫连生为主，脉石矿物表面常有细粒铁矿物嵌布并粘有炭黑粉末
高炉出铁场粉尘	34.00	32.50	粒度一般分布在10 ~ 50μm之间（最大颗粒达100μm，最小的不足3μm），与脉石矿物连生的铁矿物颗粒很小（在2 ~ 10μm之间），铁矿物的单体离解度约为88.8%，以与硅酸盐矿物连生为主
转炉尘泥	67.00	3.2	矿物粒度一般分布在2 ~ 20μm之间，铁矿物的单体离解度大于95%

11.1.3.3　含铁尘泥对环境的污染

（1）对大气的污染。含铁尘泥粒度很细，风干后遇风而起，微细粒粉尘飘散于大气中，严重污染周围的环境。另外，含铁尘泥中含有较多粒度小的低沸点碱金属，与空气接触时易与空气中的氧反应，产生自燃（氧化反应），生成有害气体，从而造成对大气的污染。

（2）对水资源的污染。含铁尘泥中含有 CN^-、S^{2-}、As、Pb、Gd、Cr^{6+} 等有害元素，具有较大的化学毒性，在雨水的作用下往往会使有害成分浸入地下，造成对地下水的污染。位于长江流域的钢铁企业常常将某些固体废弃物直接排入江河湖海之中，造成对地表水的污染。

（3）对土壤的污染。冶金尘泥的堆放占用了大量土地，毁坏了农田和森林，而且所含有的有害成分会随着雨水渗入土壤，改变土壤成分，致使植物中的有害物质含量超标。

11.2　含铁尘泥的资源化利用

在钢铁生产中低锌含铁尘泥产生量大、铁含量高，返回生产过程再利用是最合理的。按返回到钢铁生产工序的位置不同，可将含铁尘泥的利用方法分为烧结法、炼铁法和炼钢法三种类型。至于选择何种类型，要根据原料的物理化学性质、产品用途、生产规模、投资能力以及技术掌握程度等综合考虑。

11.2.1　作为烧结料

含铁尘泥可作为一部分配料加入到烧结混合料中使用。这对建有烧结厂的钢铁生产企业是最简单的方法，具有投入少、见效快的优点，而且对含铁较少的瓦斯灰、瓦斯泥也都适用，因此被国内许多钢铁厂所采用。

作为烧结料的含铁尘泥要求成分稳定且均匀、松散，水分含量在10%左右，粒度小于10mm。由于尘泥的种类多，难以分别单独进行配料计算，而且成分波动大，混合后的尘泥很难达到烧结原料的质量标准，故此法一般仅属于粗放利用，很多钢铁企业采取了改进措施。

例如，宝钢将各种含铁尘泥运到统一料场，湿泥自然干燥后加皂土混炼造球，作为烧结配料，小球的粒度为 2～8mm，水分含量为10%，强度为0.2MPa，该法已成功用于生产；济南钢厂将炼钢污泥、炼铁污泥进行混合，并浓缩成泥浆配入烧结料中，对制成的烧结矿的质量没有影响。这两项改进都取得了较好效果。

前苏联曾将高炉尘泥与转炉尘泥一起进行真空过滤脱水，而后把含水20%～30%的滤饼与较干的高炉瓦斯灰等粉尘用双辊快速混合机相混合。将这种混合料大量用于烧结生产，结果表明，对烧结矿的质量无影响。此法的特点是不仅可使混合料松散，方便运输，而且能控制其含水率在10%～14%范围内，对于我国钢铁厂有一定的参考价值。

11.2.2　生产金属化球团

金属化球团可作为高炉原料，其典型生产工艺是：将含铁尘泥依次经过浓缩、过滤、干燥、再粉碎、磨细、加入添加剂造球，干燥后入回转窑还原焙烧，生成金属化球团矿。其主要技术指标有：金属化率65%～95%，脱锌率60%～90%，粒度14～70mm，强度100～210kg/球，还原温度1050～1150℃。

该法既有脱铅、锌效果（ZnO 脱除率大于 90%），可全面利用尘泥的有价金属元素，又可保障制成的球团矿有一定的机械强度，并能降低高炉焦比、增加生铁产率，但是因其设备复杂、投入大，国内少见采用。

11.2.3 作为炼钢冷却剂

将含铁尘泥造块作为冷却剂用于炼钢，是国内许多企业采用的方法。用于炼钢的含铁尘泥多是铁含量较高的转炉污泥、轧钢铁皮等。

含铁尘泥因含有一定量的 CaO、FeO，故在炼钢过程中能起到造渣剂、助熔剂的作用。对尘泥块强度的要求，炼钢比高炉炼铁低，因此，用于炼钢的含铁尘泥造块可选用加水泥或加二氧化硅和氧化钙的冷固结、加黏结剂压团或热压团等方法。

（1）冷固结工艺。冷固结工艺可选择水泥或 SiO_2 和 CaO 作为黏结剂。加水泥法是将尘泥干燥磨细后，加 8% ~10% 的水泥造球，在室外自然养护 7 ~8 天，成品球的抗压强度可达 100 ~150 kg/球。加 SiO_2 和 CaO 的方法是在混合料中加 1% ~2% 的 SiO_2 和 4% ~6% 的 CaO 造成生球，然后在高压釜中通高压蒸汽养护，球团矿的平均强度可达 306kg/球。

（2）加黏结剂压团工艺。采用加黏结剂压团工艺对粉尘粒度要求不高，团块一般在常温或低温下固结，所用黏结剂除水泥外，还有沥青、腐植酸钠（钾、铵）盐、磺化木质素、水玻璃、玉米淀粉以及它们的混合物等。其主要技术指标为：抗压强度 70kg/球，熔点 1250 ~1350℃，游离水含量小于 1%。

（3）热压团法。加拿大某钢铁公司进行了热压团法造块试验，该工艺的特点是：将干燥后的尘泥在流态床中喷油点火，着火后靠粉尘中所含可燃物（碳、油）的燃烧供给所需热量，热料从流态床直接进入辊式压机，对辊压力为 1000 ~1250N。用这种方法生产的团块抗压强度为 272kg/球，含 TFe 51% ~56%、C 2.8%。

（4）塑性挤压成型-轮窑烧制冷却剂。首钢公司根据新鲜转炉污泥具有一定塑性的特点，将过滤后的转炉污泥适当堆存，不经干燥，加入一定量的增塑剂，用塑性挤出的方法将转炉污泥造块，经干燥焙烧生产转炉炼钢用冷却剂。为降低烧成温度，可在尘泥中配加一定的燃料。

其主要技术指标为：初始成型压力 6MPa，最高成型压力 15MPa，加压时间 0.5s，烧成温度 1000℃，转鼓指数 76%，TFe 含量 51.26%，FeO 含量 4.57%。

11.3 含铁尘泥的高附加值利用

含铁尘泥数量大、种类多，目前以返回烧结为主要利用途径，但存在 ZnO、PbO、Na_2O、K_2O 等有害杂质富集、混配和储运困难、作业条件差等问题，不仅难以充分利用尘泥中的有用元素，还降低了烧结矿的质量，影响了高炉顺行。因此，突破含铁尘泥利用的传统思路，尤其是针对几类典型污泥，如瓦斯灰（泥）、转炉污泥、轧钢铁鳞等开展高附加值利用，是一个经济、合理的途径，不仅可充分挖掘含铁尘泥的资源属性，降低生产成本，提高企业的竞争力，还可保护环境，促进钢铁制造业实现绿色化和可持续发展。

11.3.1 高炉瓦斯泥(灰)的利用

采用物理或化学方法，对瓦斯泥(灰)中的铁、碳、有色金属等有价矿物或组分进行回收，是最好的综合利用方法。例如，鞍钢采取重选－浮选－磁选工艺流程，获得铁品位为61%的铁精矿产品，铁回收率达55%；武钢通过浮选，得到铁品位为56%、碳品位为65%的铁精矿和炭精矿产品；宝钢通过浮选－磁选工艺流程，获得产率为50%、铁品位为60%的铁精矿和产率为16%、碳含量为67%的炭精矿。

(1) 回收铁。对含强磁性矿物较多的瓦斯泥(灰)，一般采用弱磁选方法进行分选；对磁铁矿含量较少的瓦斯泥(灰)，采用单一的磁选和浮选方法均得不到高品位精矿，采用摇床分选效果较好。

(2) 回收碳。有的瓦斯泥(灰)的碳含量高达20%左右，所含炭粉多以焦粉、煤粉形式存在。炭粉表面疏水、密度小、可浮性好，采用浮选方法极易与其他矿物进行分离。

(3) 回收有色金属。有色金属的回收多采用化学方法。在含量偏低的情况下，可采用选矿方法进行预富选，然后采用浸出提纯、火法富集等方法回收锌、铜、铅等。

11.3.2 炼钢尘泥的利用

(1) 生产氧化铁红。转炉尘泥中的铁矿物以 Fe_2O_3 和 Fe_3O_4 为主，杂质以 CaO、MgO 等碱性氧化物为主。因此，铁含量高的转炉尘泥通过煅烧除碳、酸浸除杂、氧化焙烧就可以制成氧化铁红，也可采用磁分离(富集铁矿物)、酸浸除杂、氧化焙烧制成氧化铁红，所制氧化铁红可用作磁性材料。在该工艺中，过滤的滤液可用于制备 $FeCl_3$，$FeCl_3$ 可作为净水剂和化工原料使用。

(2) 制备还原铁粉。采用直接还原的方法把转炉尘泥中铁的氧化物还原成金属铁，然后通过磁分离制得还原铁粉。其工艺流程为：将炼钢尘泥与还原煤按比例混合，然后经还原焙烧－磁选制取还原铁粉，还原温度为1050℃，最终铁粉中铁的品位可达97%。

(3) 生产聚合硫酸铁。聚合硫酸铁以 $[Fe(OH)_n(SO_4)_{3-n/2}]_m$（$n \leqslant 2$，$m \geqslant 10$）的形式存在，它是一种六价铁的化合物，在溶液中表现出很强的氧化性，因此是一种集消毒、氧化、混凝、吸附为一体的多功能无机絮凝剂，在水处理领域中有广阔的应用前景。以炼钢尘泥、钢渣、废硫酸和工业硫酸为原料，经过配料、溶解、氧化、中和、水解和聚合等步骤，即可得到聚合硫酸铁。

(4) 直接作水处理剂。利用转炉尘泥在水溶液中 Fe 和 C 之间的电腐蚀反应，水解产物形成的胶体可将有机分子、重金属离子进行絮凝、沉降。因此，转炉尘泥与瓦斯灰、粉煤灰等混合就可直接作为水处理剂，广泛用于印染、制药、电镀废水的处理，达到有效脱色、降 COD、提高废水可生化性的目的。

11.3.3 轧钢铁鳞的利用

(1) 生产粉末冶金铁粉。将铁鳞经干燥炉干燥去油、去水后，再经磁选、破碎、筛分，然后在隧道窑进行高温还原，得到含铁98%以上的海绵铁。卸锭机将还原铁卸出，经清渣、破碎、筛分、磁选后，进行二次精还原，生产出合格铁粉。

(2) 生产直接还原铁。我国直接还原铁生产受到资源条件的限制(天然气不足、缺乏高品位铁矿资源)而发展缓慢，轧钢铁鳞的化学成分优于高品位矿石，是生产直接还原铁的良好原料。我国进口直接还原生产用高品位矿石的价格昂贵，在进口渠道狭窄的条件下，利用这部分二次资源意义重大。

（3）生产其他产品。利用轧钢铁鳞还可生产硫酸亚铁、氯化铁、铁系颜料、永磁铁氧体材料产品等。

11.4　锌在钢铁工业中的循环富集

实践表明，企业内部常年的锌循环富集和我国南方高锌矿的冶炼会严重影响高炉操作，使高炉生产顺行受阻。据日本新日铁数据，高炉的锌负荷应小于 0.2kg/t，因此，对返回烧结利用的粉尘锌含量有严格要求。必须对含锌粉尘进行特殊处理，才能实现钢铁企业粉尘的完全循环利用。

11.4.1　锌的特性及其对高炉冶炼的危害

锌是一种银白色金属，熔点约为 419.51℃，沸点约为 906.97℃，相对原子质量为 65.37。锌在含有水蒸气的空气中表面氧化，形成致密的碱性碳酸锌（$ZnCO_3 \cdot 3Zn(OH)_2$）灰色薄膜，防止锌进一步被腐蚀。利用这一特性，锌可镀在其他金属上作防腐层，如铁片镀锌（马口铁）、金属铜线镀锌等。由于锌具有出色的耐蚀性，其最重要的应用是在钢铁材料的防腐蚀上，据统计，每年有占消费量 50% 左右的锌被用于钢铁的镀锌生产中。

锌在钢铁冶炼过程中会带来不利影响。首先，由于锌的熔点及沸点低、易挥发，在高炉冶炼条件下易被还原，高炉内锌蒸气不但会侵蚀炉喉及炉身上部砖衬而形成炉瘤，也会阻塞铁矿石和焦炭的空隙，降低高炉料柱的透气性，进而影响高炉顺行和操作；此外，在高炉上升管、下降管以及风口处也会因锌的富集而造成管路阻塞和风口上翘。因此，对高炉冶炼而言，锌是一种有害元素。

11.4.2　锌在钢铁工业中的循环路径

锌在钢铁工业中的循环路径如图 1-11 所示。锌元素进入钢铁制造流程的途径主要有两个，即含锌铁矿石和镀锌废钢。

（1）来自炼铁原料。锌元素进入钢铁生产流程的一个重要途径是伴随铁矿石进入高炉炼铁生产过程中。我国南方地区，如湖南、广西、广东、江西、四川等地出产的铁矿石锌含量较高，因为一般烧结过程中锌不能够被排除，所以不论粉矿或块矿，其中所含的锌都随入炉料进入到高炉中。在高炉中的锌，一部分不断发生"还原→挥发→氧化→还原"，形成循环富集；另一部分被煤气带出炉外，进入除尘系统中。

（2）来自镀锌废钢。锌元素进入钢铁工业的另一个重要途径是通过镀锌废钢。锌矿石经锌冶炼后制成锌锭，锌锭在镀锌过程中以不同形式结合在钢铁材料上。这些镀锌产品在加工过程中，一部分变为加工废料，直接返回钢铁再生产过程中；另一部分被加工成各种产品，经过一个生命周期的社会使用后变成废钢。虽然镀锌产品上面附着的锌在产品使用循环过程中不可避免地发生损耗，但仍会有大量的锌随钢铁的物质流循环重新回到钢铁再生产过程中，最终进入转炉或者电炉等消纳废钢的钢铁生产环节。

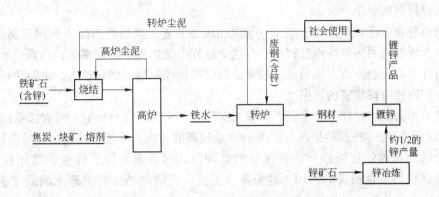

图 11 – 1 锌在钢铁工业中的循环路径

（3）锌的循环富集。在钢铁冶炼过程中，易挥发的锌多经除尘系统进入除尘灰或除尘泥中。无论是高炉产生的瓦斯灰（泥），还是转炉产生的转炉泥（灰），这些含锌的尘泥中同时含有大量的铁和碳等有价元素，因而钢铁企业中通常都是将其返回烧结使用。这种处理方式最终使进入钢铁生产流程的锌在烧结与高炉之间和高炉内部形成封闭循环，因而高炉锌负荷及除尘灰（泥）中的锌含量不断增加。目前，锌的循环富集已经成为许多钢铁企业迫切需要解决的问题。

11.4.3 改变锌的循环富集

为切断锌的循环富集路径，首先从源头上控制入炉料的锌含量，一般铁矿石锌含量不应超过 0.1% ~ 0.2%；其次对废钢进行分拣，将报废家电、汽车等含有镀锌的废钢送入电炉熔炼过程中集中使用，这样可以使在某段时间内产生的电炉除尘灰有较高的锌含量。电炉灰中一般主要含有铁、锌、铅以及废钢中合金成分的氧化物，在锌含量不高的情况下，可以通过返回电炉回用的方式富集其中的锌。采用上述方式后锌的循环富集路径如图 11 – 2 所示。

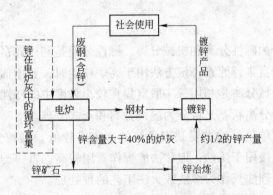

图 11 – 2 锌在电炉短流程中的循环富集路径

通过管理手段改变锌循环路径，可从源头上避免锌对高炉的危害。由于不需要采用新的工艺设备，成本低，经济上容易实现。但对于使用锌含量较高的铁矿石的企业，在自身矿石的脱锌方面又面临技术和成本问题。同时，这种处理方式也需要有合适的电炉短流程消纳含镀锌材料的废钢。

目前也有企业在转炉流程上增加一套尘泥成型装置，将转炉的除尘灰泥压制成型后，作为冷却剂再加入到转炉炼钢过程中，在这个过程中使尘泥中的锌富集，达到一定的程度后出售给锌冶炼企业。该方法简单，如果能同时严格控制高炉的锌输入，也会达到整体控制钢铁生产流程中锌危害的效果。

当高炉炉前及炉料槽下除尘灰、转炉二次除尘灰中锌含量较少时，可直接返回烧结使用。对高炉瓦斯灰(泥)及转炉灰(泥)等锌含量较高的尘泥，不能直接返回烧结进行利用，应通过合适的规模处理获得一定锌含量的处理料，然后返回锌冶炼企业循环利用，脱锌后的含铁物料再返回高炉利用，这是符合工业生态链与循环经济理念的最佳途径(见图 11 -3)。

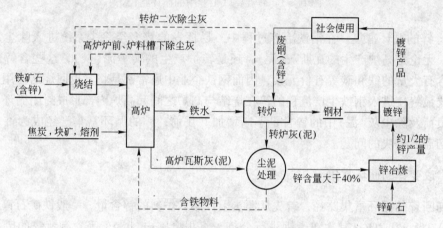

图 11 – 3　含锌尘泥的资源化处理流程

11.5　含锌尘泥的处理

11.5.1　物理法分离

物理法分离工艺分为磁性分离和机械分离。磁性分离是利用锌富集在磁性较弱粒子中的特性，采用磁选方法富集锌元素。该方法用于高炉粉尘时，要增加浮选除碳工艺，以提高磁性分离的效率。机械分离是利用锌一般富集在较小粒度中的特性，采用离心的方式富集锌元素。机械分离按分离状态又可分为湿式分离和干式分离。

磁性分离工艺较简单易行，主要缺点是锌的富集率较低。机械分离除工艺简单易行外，处理后的粗粉可直接用于炼铁；但该法的操作费用较高，富锌产品的锌含量过低，价值较小。一般来讲，物理法只作为湿法或火法工艺的预处理。

11.5.2　湿法分离

湿法分离工艺一般用于处理中锌和高锌粉尘，低锌粉尘必须先经物理富集后，再用湿法处理。氧化锌是一种两性氧化物，不溶于水或乙醇，但可溶于酸、氢氧化钠或氯化铵等溶液中。湿法回收技术就是利用氧化锌的这种性质，采用不同的浸取液将锌从混合物中分离出来，工艺流程如图 11-4 所示。根据选择浸出液的不同，湿法处理工艺有酸浸和碱浸两类。

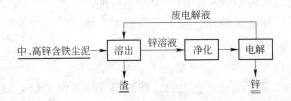

图 11-4　中、高锌含铁尘泥湿法处理工艺流程

11.5.2.1　酸浸工艺

酸浸包括强酸浸出（硫酸浸出、盐酸浸出）和弱酸浸出。在常温常压下，中、高锌含铁尘泥中锌的化合物（主要是氧化锌和铁酸锌）在酸液中被浸出，反应如下：

$$ZnO + 2H^+ \rule[0.5ex]{2em}{0.4pt} Zn^{2+} + H_2O$$

在常温常压下锌的强酸浸出率较低（80% 左右），提高浸出液的酸度可提高锌的浸出率，所以高温强酸浸出可使锌的浸出率达到最大（95% 以上）。但是大量的铁也被引入至溶液，使得后续工艺中除铁负担加重，既增加了能耗，又降低了生产率；同时尘泥中的杂质也被浸出，在电解过程中与锌一同析出，降低了锌产品的纯度。弱酸浸出可省去电解工艺，它是通过控制外部条件，使浸出后溶液中氧化锌的溶解度降低并结晶析出，因此可得到较高品位的氧化锌。弱酸浸出虽然避开了电解工艺，降低了能耗，但锌的浸出率比强酸浸出低。

无论是强酸浸出还是弱酸浸出，它们所产生的浸渣中锌含量较高（一般在 0.5% 以上），达不到我国钢铁厂将其作为原料再循环利用的标准（锌含量小于 0.1%），而且满足不了环保的要求，同时所含的铁、碳也未得到有效利用。

11.5.2.2　碱浸工艺

碱浸工艺同样可分为强碱浸出和弱碱浸出。与酸浸相比，碱浸对设备的腐蚀较轻，浸出的选择性较好。通常，当尘泥中锌含量较低时（不高于 10%），锌浸出率为 10%；锌含量较高时（不低于 20%），浸出率可达到 80%。弱碱浸出时，常压下锌的浸出速率较快，且浸出剂再生容易，可得到纯浸出液，最终得到的氧化锌品位较高。

由于尘泥中存在部分铁酸锌，铁酸锌在矿物上属于尖晶石型晶格，它的晶格结构比氧化锌坚固得多，在强酸和强碱中均较难被溶解，因而它的存在是湿法处理工艺中锌浸出率降低的主要原因。由于碱性浸出一般不考虑除铁问题，在碱性浸出前补加焙烧工艺，使铁酸锌在焙烧时转化成可被浸出的锌的化合物，即可大大提高锌的浸出率。补加焙烧工艺后，锌的碱浸出率最高可达 90%。

综上所述，湿法工艺具有以下特点：

（1）锌的浸出率较低，浸渣难以作为钢厂原料使用，也满足不了环保法提出的堆放要求；

（2）设备腐蚀严重，大多数操作条件较恶劣；

（3）对原料比较敏感，使工艺难以优化；

（4）处理过程中引入的硫、氯等易造成新的环境污染；

（5）生产效率较低，与钢铁企业的产尘量不匹配；

（6）与火法相比，其能源消耗、设备投资要少一些。

11.5.3　火法分离

我国钢铁厂产出的"高锌"含铁尘泥，按照国外标准绝大部分属于低锌尘泥（锌含量一般在8%左右）。低锌含铁尘泥火法分离工艺的原理是：利用锌的沸点较低（907℃），在高温还原条件下，锌的氧化物被还原并气化挥发成金属蒸气，随烟气一起排出，使得锌与固相分离。在气相中，锌蒸气又很容易被氧化而形成锌的氧化物颗粒，同烟尘一起在烟气处理系统中被收集。目前火法分离主要有回转窑工艺、转底炉工艺、循环流化床工艺等。与湿法工艺相比，火法工艺更适合于处理钢铁企业产生的粉尘，但也存在设备投资大、工艺复杂的缺点。

11.5.3.1　回转窑工艺

回转窑工艺是从钢铁厂废料中分离锌并回收含铁料而发展起来的。它是先使钢铁厂内各种来源的废料经过预处理，然后与还原剂混合送入还原窑，窑内炉料被加热装置加热至一定温度，使废料中铁和锌的氧化物还原，这些锌在窑温下蒸发并与排出的烟气一起离开回转窑，经过收集装置富集锌。直接还原铁产品排入回转冷却器内，用大量的水进行快速冷却，然后用筛孔为7mm的筛子筛分，大于7mm的直接还原铁送至高炉，小于7mm的则送往烧结厂，其工艺流程如图11-5所示。

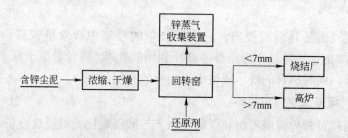

图11-5　回转窑处理含锌尘泥的工艺流程

本工艺不需造球，还原出的产品30%（大于7mm）可直接作为高炉原料使用，而70%（小于7mm）的粉末必须重新烧结。还原炉内原料填充率仅为20%~25%，金属化率为75%，因此产品质量差、生产效率较低。另外，该工艺设备庞大、投资大、成本较高。

11.5.3.2　转底炉工艺

转底炉工艺处理钢铁厂含锌粉尘比较典型的工艺是FASTMET工艺（如图11-6所示）。其工艺过程主要包括配料制团、还原、烟气处理、烟尘回收以及成品处理四个主干单元，即将含锌粉尘和其他尘泥与还原剂混合制团、干燥，然后送入转底炉中，在1300~1350℃高温下快速还原处理，得到热直接还原铁。对于热直接还原铁可以采用四种处理方式，即直接冷却、热压块、热装热送、熔分生产铁水或铸成铁块。被还原的锌、铅、钾、钠等有色金属挥发进入烟气，烟气中还有部分未燃烧完全的CO，鼓入二次风使这部分CO

二次燃烧释放能量，从排出转底炉的高温烟气中回收余热，回收余热后烟气进入收尘器回收烟尘，可得到含锌40%～70%的粗氧化锌烟尘。

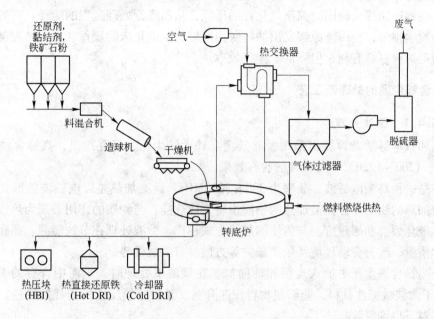

图 11-6 FASTMET 工艺流程

日本新日铁引进美国技术，经改进后用于含锌粉尘的处理，先后建立了5座转底炉。其工厂年处理电弧炉烟尘等二次物料19万吨，直接还原铁（DRI）产品金属化率大于70%～85%，锌含量小于0.1%，脱锌率达94%。氧化锌烟尘锌含量高达63.4%，可以直接送冶炼厂处理回收锌。

转底炉技术在国内已有成功应用的先例（见表11-4）。目前转底炉工艺在技术和设备上还存在一些缺陷和待改进之处，如金属化球团高温强度低，出料和冷却倒运过程中粉碎、开裂等现象严重；转底炉炉底在高温区粘料，造成炉底升高，导致生产间断；如何精确控制二次燃烧风量，从而提高能量利用率；需要延长转底炉喂料及出料设备寿命；增强炉内球团换热效率，进一步提高转底炉生产效率等。

表 11-4 近年我国转底炉建设情况

转底炉建设单位	冶金粉尘处理能力/万吨	建成时间/年
龙莽集团	10	2007
江苏沙钢	30	2009
马钢集团	20	2009
日照钢铁	20	2009
攀钢集团	10	2010
天津荣程	100	2010
莱芜钢铁	20	2010

11.5.3.3 循环流化床工艺

循环流化床工艺简称 CFB 法，利用流化床的良好气体动力学条件，通过气氛和温度的控制，在锌还原挥发的同时抑制氧化铁的还原，从而降低处理过程的能耗。在处理过程中，由于粉尘很细，使得还原挥发出的锌灰纯度较低，流化床的操作状态不易控制。温度低虽对避免炉料黏结有利，但降低了生产效率。

11.5.4 含锌尘泥的处理新工艺

11.5.4.1 微波处理

美国和日本等学者曾提出采用微波处理高锌含铁尘泥，研究得出，高锌含铁尘泥在 2.45GHz、1200~1220℃下有较好的脱锌效果。

微波是一种高频电磁波，频率为 300~3000MHz。微波加热是以电磁波的形式将电能输送给被加热的物质，并在被加热的物质中转变成热能，与物质的作用表现为热效应、化学效应、极化效应和磁效应。与传统的加热方式相比，微波处理在节约能源、提高生产效率和产品质量、改善劳动环境及生产条件等方面具有明显优势。

冶金高锌含铁尘泥中加入炭粉和辅助材料在微波下处理时，尘泥中含有的 Fe_3O_4 和 Fe_2O_3 属于微波敏感性材料，能够使物料快速升温，及时补偿反应所消耗的热量，锌和碱金属在高温下得到脱除。

11.5.4.2 等离子处理

等离子技术是德国人于 20 世纪 40 年代早期发明的，其原理是利用通电电流在电极上产生的高温(3000℃)将通入的燃料气体分子离解成原子或离子。气体原子或离子在燃烧室内燃烧，释放出高达 20000℃的火焰中心温度。将含锌粉尘与焦炭的混合物置于等离子发射空间，使其在如此高的温度下迅速还原，并生成金属蒸气。金属混合物的蒸气因为沸点不同，在冷凝器中逐级分离。

该工艺的突出优点是：设备占地面积小，效率高；整个工艺过程清洁，无二次污染；粉尘与还原剂混合干燥后直接加入等离子炉。但它也有明显的缺点，如电能消耗大、还原剂要求高(需要高质量焦炭)、噪声较大、电极消耗大等。

11.5.4.3 电炉粉尘在线回收

日本金属材料研究开发中心(JRCM, Japan Research and Development Center for Metals) 提出了将含有粉尘的电炉废气直接导入高温焦炭过滤床中，使锌和铁分离，实现回收锌的新工艺(称为 JRCM 新工艺)，工艺流程如图 11-7 所示。

此工艺的粉尘回收系统主要由高温焦炭过滤床和重金属冷凝器两部分组成。前者是可移动的高温焦炭过滤床，通过控制其内部的还原气氛及温度，实现粉尘中锌、铅氧化物的还原，被焦炭过滤床捕集的铁及其他化合物随移动的焦炭床排除，进行回收利用；还原所得到的气态锌、铅随废气流出焦炭过滤床后，进入后部的冷凝器中。在后部的重金属冷凝器中，使含有锌、铅的蒸气与冷却介质的微小粒子相接触，使之快速冷却到 450℃后对锌、铅进行回收，冷却介质经过再生后可以循环利用。

此粉尘回收系统直接与电炉相连，高温粉尘不需冷却，直接被导入粉尘回收系统中，因此，粉尘中的高温热能可以被充分利用，能量损失可大量减少，环境负荷可显著降低。

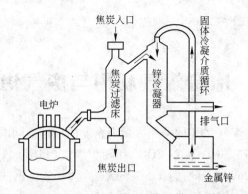

图 11-7   电炉粉尘在线回收工艺流程

另外，由于采用了焦炭过滤床与电炉直接相连的在线粉尘捕集方式，不仅可以实现不向环境中排放任何粉尘，有价金属的回收率及回收效率也可有望得到显著提高。

用固体碳及 CO/CO_2 还原电炉粉尘中氧化锌的实验室研究表明，影响还原反应进行的主要因素为反应温度和反应气氛。当反应条件控制在 $\varphi(CO)/\varphi(CO_2)=10$、温度为 $1000\sim1100℃$ 时，可保证电炉粉尘中氧化锌的顺利还原与气化分离。

复习思考题

11-1   举例说明钢铁生产中尘泥的种类及其产生量。

11-2   简述含铁尘泥的组成、特性及其对环境的污染状况。

11-3   简述含铁尘泥一般的资源化方法及其高附加值利用途径。

11-4   常规的烧结或球团工艺不能直接利用或无法有效利用冶金含锌尘泥的原因是什么？

11-5   为什么说对高炉冶炼而言锌是一种有害元素？

11-6   锌元素进入钢铁制造流程的主要途径有哪些，如何采取措施切断锌在其中的富集循环？

11-7   简述含锌粉尘湿法及火法处理工艺过程及其特点。

11-8   火法处理含锌粉尘、使粉尘中锌与其他组分分离是利用了锌的何种特性？

11-9   高温焦炭过滤床电炉粉尘在线回收系统有哪些特点？

12 冶金煤气利用与废气治理

冶金过程中产生大量煤气，其种类和数量因企业的结构不同而有很大差异。冶金煤气主要包括高炉煤气(BFG)、焦炉煤气(COG)和转炉煤气(LDG)。目前我国钢铁工业能源结构是煤炭 70%、电力 26%、石油类 3.5%、天然气 0.5%。钢铁工业所用煤炭的能量中 40% 转化为煤气，其能值占钢铁工业总能耗的 34% 左右。可见，有效利用钢铁生产中的副产品——冶金煤气具有重大意义。

除副产煤气外，钢铁生产过程中还产生大量含 SO_2、NO_x、CO_2 等有害废气，它们是导致并加剧酸雨形成、造成温室效应的主要原因。因此，加强钢铁企业节能减排并治理污染气体排放，对钢铁行业的可持续发展和生态环境具有重要意义。

12.1 冶金煤气综合利用

12.1.1 冶金煤气的分类及特性

12.1.1.1 焦炉煤气

焦煤隔绝空气加热(即煤的干馏)将得到固体、液体和气体产品，它们分别为焦炭、焦油和荒煤气，荒煤气经电捕焦脱焦油、湿法脱硫、酸洗脱氨及油洗脱萘后成为焦炉煤气。

焦炉煤气中的 H_2 含量约为 60%，CH_4 含量约为 25%，还含有约 10% 的 CO 及 CO_2。此外，焦炉煤气中还含有多种微量成分，如焦油、硫化物、萘及氨等。要回收利用焦炉煤气，需对焦炉煤气进行净化处理，脱除这些微量成分。焦炉煤气的典型组成见表 12 - 1。

表 12 - 1 焦炉煤气的典型组成

主要组分	H_2	O_2	N_2	CH_4	CO	CO_2	C_nH_m
组成/%	58.26	0.40	4.38	24.55	7.74	2.67	2
微量组分	H_2S	HCN	萘	苯	氨	COS	焦油
组成/mg·m^{-3}	500	500	150	3000	100	100	50

目前，我国焦炭年生产能力约为 3 亿吨，其中一半的生产能力在钢铁联合企业内，另一半在独立的焦化企业内。按每吨焦炭副产约 400m^3 焦炉煤气计算，我国焦化行业年产焦炉煤气 1200 亿立方米。目前钢铁联合企业的焦炉煤气主要用于工业炉燃料。由于焦炉煤气中 H_2 含量较高，而 H_2 的燃烧热值不高，其仅作燃料使用十分可惜。独立焦化企业除去民用、商用燃料外，每年放散的焦炉煤气超过 200 亿立方米，大量焦炉煤气通过火炬烧掉，不仅浪费资源还造成环境污染。

12.1.1.2 高炉煤气

在钢铁工业"三气"（高炉煤气、焦炉煤气、转炉煤气）中，高炉煤气虽然可燃气体含量低，但其排放量最大。在"三气"二次能源总量中，高炉煤气约占64%，焦炉煤气约占29%，转炉煤气约占7%，因此，高炉煤气的有效利用是钢铁工业节能降耗的重中之重。

高炉煤气成分以 N_2、CO_2 和 CO 为主，其特点是含尘量大、不易着火、热值低（一般为 $3300 \sim 3800kJ/m^3$（标态）），见表 12 - 2。高炉煤气常温下燃烧不稳定，理论燃烧温度只有 1300℃ 左右，一般不能以单一高炉煤气作为工业炉燃料。

表 12 - 2 不同高炉煤气的成分及热值比较

名　称	CO/%	CO_2/%	H_2/%	N_2/%	CH_4/%	热值 $Q/kJ \cdot m^{-3}$
宝钢高炉煤气	22.42	23.29	3.59	50.69	0.01	3200
新日铁高炉煤气	23	22	4	51	—	3400

高炉煤气的主要用户是高炉热风炉、焦炉、电站锅炉以及燃用高焦混合煤气的轧钢加热炉等。由于高炉煤气的热值较低，一般企业在煤气平衡不好时首先选择放散高炉煤气，因此高炉煤气放散率常作为衡量一个企业煤气平衡措施和水平的标志。

12.1.1.3 转炉煤气

转炉煤气是转炉吹氧冶炼过程中，铁水中的碳与吹入的氧气发生反应而生成的气体，其反应式为：

$$2C + O_2 =\!=\!= 2CO_{(g)}$$
$$2C + 2O_2 =\!=\!= 2CO_{2(g)}$$
$$2CO + O_2 =\!=\!= 2CO_{2(g)}$$

同时，在吹炼过程中向转炉添加各类辅助原料时也会产生煤气，其反应式为：

$$Fe_2O_3 + 3C =\!=\!= 2Fe + 3CO_{(g)}$$
$$Fe_2O_3 + C =\!=\!= 2FeO + CO_{(g)}$$

当炉内温度较高时，碳的主要氧化物是 CO，约占90%；同时有少量的碳与氧直接作用生成 CO_2 或 CO，从钢液表面逸出后再与氧作用生成 CO_2，其总量约占10%。在转炉冶炼过程的初期和末期，炉气的发生量较少，炉内温度较低，CO 含量也较少，炉气不具备回收价值。在冶炼中期，炉内温度高达 $1400 \sim 1600$℃，炉气的产生量大且主要成分为 CO，在此过程中对炉气净化、回收、储存就形成转炉煤气。转炉煤气的典型组成见表 12 - 3。从表 12 - 3 中可知，转炉煤气的主要成分为 CO、CO_2 和 N_2，此外转炉煤气中还含有硫、磷、砷、氟等有害成分，要回收利用转炉煤气，就必须将其净化脱除。

表 12 - 3 转炉煤气的典型组成　　　　　　（%）

H_2	O_2	N_2	CO	CO_2	ΣS	ΣP	ΣAs	ΣF	H_2O	Σ
2.00	0.47	21.50	60.00	16.00	0.01	0.02	1ppm	1ppm	饱和	100

12.1.2 冶金煤气的利用

高炉煤气和焦炉煤气所提供的热量通常占钢铁企业总热量收入的80%以上。煤气作为副产品，是钢铁企业中最重要的二次能源，占企业总能耗的 30% ~ 40%，并参与钢铁企业的能源平衡。在各种燃料中，气体燃料的燃烧最容易控制，燃烧效率也最高，因此，冶金煤气是企业生产中最受欢迎的一种清洁、优质燃料。此外，开发煤气新用途、研究高效利用富余煤气技术、减少煤气放散带来的经济损失和空气污染已引起众多钢铁企业的重视。

12.1.2.1　高炉煤气余压透平发电

高炉炉顶排出的煤气具有一定的压力和温度（压力一般为 120 ~ 300kPa，温度约为 200℃），高炉煤气余压透平发电（TRT, top gas pressure recovery turbine）装置就是将这部分高压煤气经透平机膨胀做功，驱动发电机发电，进行能量二次转换和回收的装置。与常规火力发电相比，TRT 省去了燃煤锅炉及各种相应的配套设施，不需要燃料，也不消耗煤气，可节省大量能源。TRT 机组不但是节能环保设备，还可调节高炉的炉顶压力，是实现高炉顺行的措施之一。

TRT 装置与高炉减压阀组并联在煤气系统上。当 TRT 装置因故不运行时，高炉煤气通过减压阀组后进入净煤气总管，确保高炉正常生产；当 TRT 装置运行时，减压阀组关闭，高炉煤气从减压阀组前的三通处引入 TRT 装置，经过各种大型阀门进入透平主机，经膨胀做功，带动发电机发电。在发电过程中只利用高炉煤气的压力能，不消耗煤气量。低压的高炉煤气由透平出口液压插板阀回至净煤气总管。高炉煤气流向参见图 12 - 1。

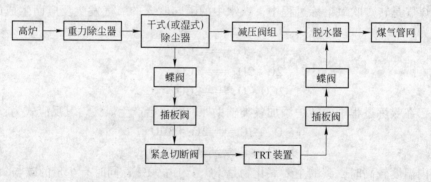

图 12 - 1　高炉煤气流向

某钢铁公司 1260m³ 高炉年产生铁近 80 万吨，高炉煤气发生量为（1.4 ~ 2.0）× 10⁵m³/h，压力稳定（0.13 ~ 0.15MPa）。其主要的 TRT 工艺参数为：入口煤气流量（1.4 ~ 2.0）× 10⁵m³/h，设计煤气流量 1.75 × 10⁵m³/h，入口煤气压力 107 kPa，入口煤气温度（45 ± 10）℃，出口煤气压力 10 kPa，透平机效率 84%，发电功率 2983kW。

该厂 TRT 工程投产后，年发电量达 28.9GW·h，相当于节约标煤 1.3916 万吨，节能效果显著，3 年即可收回投资。

12.1.2.2　低热值煤气燃气轮机联合循环发电

低热值煤气一般指高炉煤气，因其热值低、含尘量和含水量大、压力波动大等因素，在钢铁企业中难以满足生产需要，除高炉热风炉、焦炉使用外，剩余的煤气被白白地放散掉，既浪费能源，又污染环境。使用低热值煤气燃气轮机联合循环发电技术可充分利用这些资源。目前较先进的高炉煤气联合循环发电（CCPP, Combined Cycle Power Plant）装置，是由燃气轮机组与蒸汽轮机组共同构成的一套完整的发电装置。燃气轮机是以高炉煤气为工质，经压缩、燃烧后在透平中膨胀，将部分热能转换为机械能的旋转式动力机械，一般由压缩机、燃烧器、燃气透平、控制系统及必要的辅助设备组成。而汽轮发电机是以蒸汽为工质，将蒸汽的热能转换为机械能的旋转式热能动力机械。高炉煤气联合循环发电正是将上述两种装置有机结合后的一种新的发电方式。

我国某钢铁企业的 CCPP 工艺流程见图 12 - 2。燃气轮机采用电动机启动，燃烧器采用焦炉煤气点火。高炉煤气经湿式电除尘器将含尘量降至 1mg/m³ 以下，经煤气加压机加压至 1.13MPa、400℃；助燃空气经过滤后，加压至 1.23MPa、385℃。；煤气及空气送至燃烧器燃烧，燃烧产生的高温（1104℃）高压烟气进入燃气轮机做功发电。燃气轮机排出的温度为 567℃、质量流量为 547t/h 的高温烟气进入双压余热锅炉，余热锅炉产生 76t/h 的中温中压蒸汽（3.82MPa、450℃）和 11.1t/h 的低压蒸汽（0.129MPa，蒸汽饱和温度）。另外，从现有发电厂引入的中温中压蒸汽与余热锅炉产生的中温中压蒸汽一并进入 25MW 凝汽式汽轮机做功发电，低压蒸汽直接供余热锅炉作为除氧器用汽。余热锅炉排烟经烟囱排入大气，当余热锅炉发生故障时，烟气通过旁通烟囱排入大气。

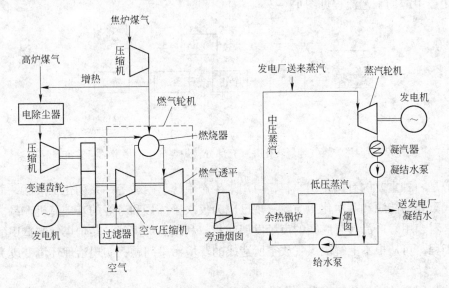

图 12 - 2 我国某钢铁企业的 CCPP 工艺流程

与常规锅炉发电机组相比，CCPP 装置的热电转换效率提高近 10 个百分点，可达 45% 以上，使发电成本大为降低，具有显著的节能效果、较好的经济效益和环境效益。目前，CCPP 在宝钢、通钢、济钢、鞍钢等都已投入使用。

12.1.2.3 焦炉煤气、转炉煤气用于生产甲醇

焦炉煤气富含 H_2 和 CH_4，转炉煤气富含 CO 和 CO_2，且这两种气体均含微量的有毒有害成分，直接排放将产生温室效应，严重环境污染，而燃烧排放又将造成极大的能源浪费。这两种气体经净化处理或转化、提纯后，可用于生产甲醇、天然气或合成油等高附加值产品。

甲醇生产的化学反应如下：

$$CO + 2H_2 \Longrightarrow CH_3OH$$
$$CO + H_2O \Longrightarrow CO_2 + H_2$$
$$CO_2 + 3H_2 \Longrightarrow CH_3OH + H_2O$$

理论上，含有 H_2、CO、CO_2 的混合气均可用于合成甲醇，且气相中氢碳比为 2 即可。实际生产过程则要求 H_2 过量，氢碳比的最佳值为 2.05～2.10。

一般焦炉煤气中氢碳比为 5.3，氢多碳少，所以不能直接用于合成甲醇。由于焦炉煤气还含有大量的 CH_4，先将甲烷转化后可获得 H_2、CO、CO_2。

甲烷转化有水蒸气转化和纯氧转化两种方法。水蒸气转化（$CH_4 + H_2O \Longrightarrow CO + 3H_2$）是 1mol 的 CH_4 生成 1mol 的 CO 和 3mol 的 H_2，仍未达到甲醇合成所需的最佳氢碳比。纯氧转化是利用氧气直接与焦炉煤气中的氢气燃烧（内供热），减少了焦炉煤气中的部分氢气，合成气中氢碳比更接近最佳值。因此，焦炉煤气制甲醇常采用纯氧转化工艺。

焦炉煤气纯氧转化后，合成气的氢碳比仍为 2.6 左右，还未达到最佳值。钢铁联合企业富产转炉气，转炉气中 $CO + CO_2$ 总量接近 80%，焦炉煤气纯氧转化后的合成气中补充部分转炉气，可改善氢碳比，提高转化效果及甲醇产量。焦炉煤气纯氧转化并补充部分转炉煤气生产甲醇的工艺流程见图 12 - 3。

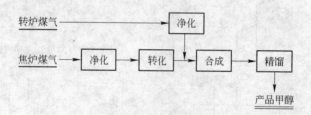

图 12 - 3　焦炉煤气纯氧转化并补充部分转炉煤气生产甲醇的工艺流程

甲醇是一种重要的有机化工原料，可用来生产甲醛、醋酸等一系列化工产品，而且还是新一代重要的能源和基本化工原料，现已成为仅次于烯烃和芳烃的基础有机产品。从长远观点来看，甲醇产品具有广阔的市场发展前景。利用焦炉煤气、转炉煤气制造甲醇是一项环保工程，可从根本上解决煤气放空所造成的环境污染问题，实现治理环境变废为宝的目的。

目前利用焦炉煤气生产甲醇多在独立焦化厂内进行。在钢铁企业里，利用焦炉煤气合成甲醇需要有充足的焦炉煤气富余量。生产 1t 甲醇需消耗 2000～2200m^3 的焦炉煤气，年产 10 万吨甲醇的装置每小时消耗焦炉煤气 25000m^3。此外，投资规模较大，年产 20 万吨甲醇的项目总投资高达 4 亿元。

12.1.2.4　焦炉煤气用于直接还原生产海绵铁

随着经济和技术的发展，对钢铁产品的质量和品种要求日益提高，尤其是电炉钢比例的增加，形成了对直接还原铁（DRI）的强劲需求，推动了直接还原技术的发展。煤基直接还原工艺以回转窑法最具典型，其主要缺点是设备利用率低、对原燃料质量要求高、操作难度大、容易结圈，特别是用煤作为还原剂和燃料时，导致产品中硫和其他杂质的含量过高。而采用气基直接还原工艺将可解决上述问题，生产出高质量的直接还原铁。

气基直接还原铁生产技术的关键是还原性气体（70% H_2 和 30% CO）的制备，而焦炉煤气经加氧热裂解后即可得到廉价的还原性气体($74\% H_2$ 和 $25\% CO$），可以作为气基竖炉的还原性气体的气源。尤其对缺少天然气而焦炉煤气大量富余的地区，焦炉煤气可为生产直接还原铁提供最佳的气体资源。但目前其产业化应用还有一定的困难，主要原因是：

（1）焦炉煤气资源短缺。对于钢铁企业内部，焦炉煤气主要用于钢铁厂内的热能平衡，富余的焦炉煤气量不足以供应 DRI 的生产需求。而对于独立焦化企业，$40\% \sim 50\%$ 的焦炉煤气用于加热焦炉，剩余气量也很难满足 DRI 生产的需要。近几年来，虽然焦炭生产能力大幅度提高，产生了大量富余焦炉煤气，然而根据 MIDREX 法换算，生产 1t DRI 需要约 $700m^3$ 焦炉煤气，年产 100 万吨 DRI 需 7 亿立方米焦炉煤气，相当于一个 300 万吨焦化厂一年产生的全部焦炉煤气量。无论是钢铁厂中的焦化厂还是独立焦化厂，目前都很难在一个地点集中 7 亿立方米的焦炉煤气。

（2）富铁矿资源短缺。生产 DRI 是固态还原，要求铁矿品位在 66% 以上。我国没有高品位铁矿，必须依赖人造富矿或进口高品位铁矿，而这大幅增加了生产 DRI 的成本，限制了 DRI 的生产。

综上所述，在目前的原燃料条件下，裂化焦炉煤气生产直接还原铁尚缺实际需求和供应能力。

12.1.2.5 焦炉煤气制取氢气

氢气是焦炉煤气的主要成分，含量达 $54\% \sim 59\%$，因此其适合用于分离提氢。与水电解法制取氢气相比，利用焦炉煤气制取氢气效益更显著。据统计，水电解法生产氢气耗电 $6.5kW \cdot h/m^3$，而利用焦炉煤气生产氢气仅耗电 $0.5kW \cdot h/m^3$。焦炉煤气制取氢气的方法主要有深冷法和变压吸附法（PSA）。

深冷法是利用焦炉煤气中各主要组分冷凝温度的不同，在高压条件下使焦炉煤气冷凝，从而使氢气与其他气体组分分离，然后用液氮清洗脱除气体中剩余的 CO 和 CH_4，最终得到的气体中 H_2 含量达 $83\% \sim 88\%$。深冷法 COG 制取氢气应用最早、技术最成熟，它不仅能回收氢气，还能回收焦炉煤气中的其他副产品。但深冷法需要在特别高的压力条件下进行操作，对设备的抗压性能要求高，装置投资大，运转费用高，投资回收期长，难以被大多数焦化厂接受。

变压吸附法是一种物理分离技术，它能将焦炉煤气中的氢气与其他组分分离。该法利用气体组分在固体材料上吸附特性的差异以及一级吸附量随压力变化而变化的特性，通过周期性的压力变换过程实现气体的分离或提纯。焦炉煤气变压吸附制取氢气由于具有回收率大、纯度高（大于 99%）、操作条件温和等特点，已在国内广泛推广。

12.1.2.6 高炉喷吹焦炉煤气

高炉喷吹焦炉煤气已有很长的历史。在 20 世纪 80 年代初，前苏联已在多座高炉上完成了喷吹焦炉煤气的试验研究。20 世纪 80 年代中期，法国索尔梅厂 2 号高炉开始进行喷吹焦炉煤气的作业，喷吹量达 $21000m^3/h$，焦炉煤气与焦炭的置换比为 0.9kg/kg，喷吹装置的投资费用可在 10 个月左右收回。奥钢联 LNZ 厂自 2002 年起开始在两座高炉上喷吹焦炉煤气替代重油，其最大喷吹量为 $12500m^3/h$（50kg/t），将重油消耗从 70kg/t 降低到 20kg/t。因此，在高炉中喷吹焦炉煤气的工艺技术已经十分成熟。

目前高炉喷吹焦炉煤气的最大问题是焦炉煤气的来源。作为优质燃料的焦炉煤气，在各钢铁厂普遍存在着供应紧张的现象。然而，随着企业内能量利用率的提高和替代燃料的使用，加热所需要的焦炉煤气将不断减少，焦炉煤气会有一定的富余量供高炉喷吹。另外，将焦炉煤气用于发电的成本远远高于将焦炉煤气用于高炉喷吹，所以将用于发电的焦炉煤气也改用高炉喷吹，则能更好地体现焦炉煤气的价值和使用效果。因此对钢铁联合企业来说，将焦炉煤气供给高炉喷吹是合理的选择。

需要指出的是，焦炉煤气的供应量相对短缺且存在一定的波动，所以高炉喷吹焦炉煤气仅作为喷煤的补充和完善。

12.2　冶金工业废气治理

12.2.1　烧结烟气脱硫、脱硝

在钢铁冶炼过程中约有70%以上的SO_2及48%的NO_x来自烧结工序，烧结厂是冶金工业SO_2、NO_x的最大产生源。随着钢铁企业的快速发展，烧结矿产量大幅度增加，SO_2、NO_x的排放量随之增大，目前烧结烟气脱硫、脱硝已成为钢铁行业污染减排的重点和关键。

12.2.1.1　烧结烟气的特点

烧结烟气具有如下特点：

（1）烟气量大，变化幅度大。由于烧结过程漏风率高（40%～50%）和固体料循环率高，使烧结烟气量大大增加，每产生1t烧结矿产生4000～6000m^3烟气，即使是设备状况较好、漏风率较低的大型烧结机，其实际吨烧结矿产生的烟气量也要达到2800m^3。此外，由于烧结料透气性存在差异及铺料不均等原因，造成烧结烟气系统的阻力变化较大，最终导致烟气量变化大，变化幅度可高达40%以上。

（2）二氧化硫浓度变化大。随着原燃料供需矛盾的不断变化和钢铁企业追求成本的最低化，钢铁企业所使用的原燃料的产地、品种变化很大，由此造成其质量、成分（包括硫含量）等的差异波动很大，使得烧结生产最终产生的二氧化硫的浓度变化范围较大，从$10^2 mg/m^3$数量级到大于5000mg/m^3（标态）。

（3）烟气成分复杂。由于使用铁矿石为原料，烧结烟气的成分相对比较复杂，除二氧化硫和烟尘外，还含有氮氧化物、氯化氢、氟化氢、多环芳烃（PAH）等气态污染物，同时含有重金属、二噁英等危险污染物，烧结生产所排放的二噁英仅次于垃圾焚烧炉。由于烧结通常配套的电除尘器对微细粉尘的捕集效果欠佳，烧结排放烟气中的粉尘粒度分布以微细粉尘为主。

（4）烟气温度变化范围大。随着生产工艺的变化，烧结烟气的温度变化范围一般为120～180℃，但有些钢厂从节约能源消耗、降低运行成本考虑，采用低温烧结技术，使烧结烟气的温度大幅下降，可低至80℃左右。

（5）含氧量与含湿量高。为了提高烧结混合料的透气性，混合料在烧结前必须加适量的水制成小球，因此烧结烟气的含湿量较大，可达到7%～13%。烧结烟气的含氧量一般为15%～18%。

由于烧结烟气的特殊性，使得烧结烟气脱硫不能完全照搬电厂烟气脱硫的模式，必须针对自身的特点开发适合自己的烟气脱硫技术路线。

对烧结过程中 SO_2 及 NO_x 排放的控制主要有三种方法，即原料控制、烧结过程控制和烧结烟气脱硫、脱硝。其中，原料控制是基础条件，烧结过程控制是有效手段，烧结烟气脱硫、脱硝是最终保障。由于烧结原料往往受到客观因素的限制，不可能完全实现选用低硫原料，而烧结过程又要以保证烧结矿质量为第一目标，所以烧结烟气脱硫、脱硝是控制 SO_2 及 NO_x 污染最实际可行的手段。

12.2.1.2 烧结烟气脱硫

自 20 世纪 70 年代起，烧结烟气脱硫技术开始逐渐进入工业化应用，至今已形成具有各地区域特点的烧结脱硫技术路线。我国自 2005 年 12 月包钢建成首套脱硫设施至今，已建成并投运多个烧结脱硫设施，烧结烟气脱硫方法主要以石灰石－石膏法、氨－硫酸铵法、循环流化床法为主。

烧结烟气脱硫工艺按脱硫剂和脱硫产物是固态还是液态分为干法和湿法，脱硫剂和脱硫产物分别是液态和固态的脱硫工艺则称为半干法。干法用固态脱硫剂脱除废气中的 SO_2，气固反应速度慢，脱硫率和脱硫剂的利用率一般较低；但脱硫产物处理容易，投资一般低于传统湿法，有利于烟气的排放和扩散。湿法是用溶液吸收烟气中的 SO_2，气液反应传质效果好，脱硫率高，技术成熟；但脱硫产物难处理，投资较大，且烟温降低不利于排放，烟气需再次耗能加热。

A 石灰石－石膏法

石灰石－石膏法是目前采用最多的一种脱硫方法，吸收剂为 5% ~ 15% 的 $CaCO_3$、$Ca(OH)_2$ 浆液，吸收 SO_2，生产 $CaSO_4$。由石灰石－石膏法衍生的钢渣石膏法、双碱法等都属于钙法系列的脱硫技术，其本质是利用钙元素将气相中的硫元素转移到固相中。

我国某烧结厂采用气喷旋冲湿式石灰石－石膏法进行烧结烟气脱硫，工艺流程如图 12-4 所示。

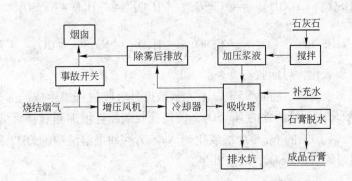

图 12-4 气喷旋冲湿式石灰石－石膏法工艺流程

其工作原理是：烧结抽风烟气经增压风机喷射管喷入吸收塔浆池后，与石灰石浆液充分接触，使气、液两相高度旋冲混合，延长气相在液体中的停留时间，以浆液为连续相、气体为高度分散相进行气液传质，烟气中二氧化硫与碳酸钙进行反应，生成亚硫酸钙：

$$CaCO_3 + SO_2 + H_2O \Longrightarrow CaSO_3 \cdot H_2O + CO_2$$

一部分亚硫酸钙与烟气中的氧作用转化成二水硫酸钙，大部分亚硫酸钙在吸收塔浆液池中与氧化风机供给的氧气发生反应，生成石膏：

$$CaSO_3 \cdot H_2O + \frac{1}{2}O_2 + H_2O =\!=\!= CaSO_4 \cdot 2H_2O$$

石膏浆液在脱硫塔底部驻留一定时间，生成石膏晶体。

该工艺具有脱硫剂价廉易得、脱硫效率高、对烟气的适应性能好、适于大容量机组的烟气净化等优点，但其投资及运行费用较高，系统复杂，占地面积大，而且易于腐蚀磨损以致堵塞管路，从而降低了其运行的可靠性。湿式石灰石 – 石膏法脱硫的最终副产品为石膏，可供水泥厂作为水泥原料。

钢渣石膏法是利用炼钢转炉的废钢渣制成钢渣乳液，副产品是含大量杂质的石膏。该法利用了废渣，减少了石灰石粉的用量，从而降低了成本，其缺点是易结垢、产品不易利用。

双碱法是针对石灰或石灰石法易结垢和堵塞的问题而发展的一种脱硫工艺，又称钠碱法。首先采用钠化合物（NaOH、Na_2CO_3 或 Na_2SO_3）溶液吸收烟气中的 SO_2，生成 Na_2SO_3 和 $NaHSO_3$，接着用石灰或石灰石使吸收液再生为钠溶液，并生成亚硫酸钙或硫酸钙沉淀。由于吸收塔内采用溶于水的钠化合物作为吸收剂，不会结垢。然后将离开吸收塔的溶液导入一开口反应器内，加入石灰或石灰石进行再生反应，再生后的钠溶液返回吸收塔重新使用。吸收反应为：

$$Na_2CO_3 + SO_2 =\!=\!= Na_2SO_3 + CO_{2(g)}$$

$$2NaOH + SO_2 =\!=\!= Na_2SO_3 + H_2O$$

$$Na_2SO_3 + SO_2 + H_2O =\!=\!= 2NaHSO_3$$

反应器中的再生反应为：

$$Na_2SO_3 + Ca(OH)_2 + \frac{1}{2}H_2O =\!=\!= 2NaOH + CaSO_3 \cdot \frac{1}{2}H_2O_{(s)}$$

$$2NaHSO_3 + Ca(OH)_2 =\!=\!= CaSO_3 \cdot \frac{1}{2}H_2O_{(s)} + \frac{3}{2}H_2O + Na_2SO_3$$

$$2NaHSO_3 + CaCO_3 =\!=\!= CaSO_3 \cdot \frac{1}{2}H_2O_{(s)} + Na_2SO_3 + CO_{2(g)} + \frac{1}{2}H_2O$$

将亚硫酸钙进一步氧化，可回收石膏。

此法的脱硫率也很高，可达 95% 以上。其缺点是吸收过程中生成的部分 Na_2SO_3 会被烟气中残余 O_2 氧化成不易清除的 Na_2SO_4，使得吸收剂损耗增加和石膏质量降低。电站锅炉烟气中，有 5% ~ 10% 的 Na_2SO_3 被氧化为 Na_2SO_4。如果溶液中的 OH^- 和 SO_4^{2-} 保持足够高的浓度，则可除去 Na_2SO_4，反应如下：

$$Na_2SO_4 + Ca(OH)_2 + 2H_2O =\!=\!= 2NaOH + CaSO_4 \cdot 2H_2O$$

若吸收塔采用稀硫酸来除去硫酸钠，则要增加硫酸消耗，反应如下：

$$Na_2SO_4 + H_2SO_4 + 2CaSO_3 + 4H_2O =\!=\!= 2(CaSO_4 \cdot 2H_2O) + 2NaHSO_3$$

B　氨 – 硫酸铵法

烧结烟气湿式氨法脱硫也称为氨 – 硫酸铵法，是用液氨或氨水作为吸收剂（液），使用含 $(NH_4)_2SO_3$、$(NH_4)_2SO_4$、NH_3HSO_3 的混合溶液来循环吸收 SO_2。在吸收液中，主要是以 $(NH_4)_2SO_3$ 来吸收 SO_2。在吸收段发生的反应为：

$$(NH_4)_2SO_3 + SO_2 + H_2O \Longrightarrow 2NH_4HSO_3$$

在补氨过程中，NH_4HSO_3 与氨反应生成 $(NH_4)_2SO_3$：

$$NH_4HSO_3 + NH_3 \Longrightarrow (NH_4)_2SO_3$$

由于吸收液在二氧化硫和氨两个吸收段中循环使用，$(NH_4)_2SO_3$ 浓度便会提高。反应生成的 $(NH_4)_2SO_3$ 通过鼓风强制氧化，转化为 $(NH_4)_2SO_4$，反应如下：

$$(NH_4)_2SO_3 + \frac{1}{2}O_2 \Longrightarrow (NH_4)_2SO_4$$

一定浓度的硫酸铵溶液进入副产品制备系统，通过结晶工艺得到硫酸铵晶体，然后进入离心干燥系统，得到成品硫酸铵。氨－硫酸铵法脱硫工艺流程示意图如图 12－5 所示。

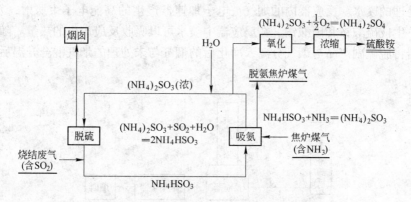

图 12－5　氨－硫酸铵法脱硫工艺流程示意图

氨－硫酸铵法工艺的最大特点是：既能去除烧结废气中的 SO_2，又能去除焦炉煤气中的氨，而且还合理利用了回收的 SO_2，生成硫酸铵化肥。所以，该法特别适合有焦化厂的钢铁联合企业或厂区附近建有化工厂的企业，利用焦化、化工的氨源，以废治废，降低成本。此外，该法具有吸收剂利用率高，脱硫效率高，没有废水、废渣，副产物利用前景好等优点，但存在管道腐蚀、易造成二次污染等缺点。

除了上述湿式氨法外，还有干式电子束氨法。电子束脱硫技术是一种物理与化学方法相结合的高新技术。它利用电子加速器产生的等离子体氧化烟气中的 $SO_2(NO_x)$，并与注入的 NH_3 反应，生成硫酸铵和硝酸铵化肥，实现脱硫、脱硝目的。在辐射场中，燃煤烟气中的主要成分 O_2、$H_2O_{(g)}$ 吸收高能电子的能量，生成大量反应活性极强的活性基团和氧化性物质，如 O、OH、O_3、H_2O。这些氧化性物质与气态污染物进行各种氧化反应，举例如下：

$$SO_2 + 2OH \Longrightarrow H_2SO_4$$
$$NO + O \Longrightarrow NO_2$$
$$NO_2 + OH \Longrightarrow HNO_3$$

生成的 H_2SO_4 和 HNO_3 与加入的 NH_3 发生如下反应：

$$H_2SO_4 + 2NH_3 \Longrightarrow (NH_4)_2SO_4$$
$$HNO_3 + NH_3 \Longrightarrow NH_4NO_3$$

反应生成的硫酸铵和硝酸铵气溶胶微粒带有电荷，很容易被捕集。

电子束法是 1970 年由日本荏原（Ebara）公司首先提出的烟气脱硫技术。20 世纪 80 年代以来，先后在日本、美国、德国、波兰等国家进行研究并建立了中试工厂。1992~1994年，日本建造了3座小型示范厂，取得了预期的效果。目前，电子束法仍受到许多国家的关注。荏原公司在我国成都电厂90MW机组上实施了电子束脱硫示范工程，1998年1月，该系统趋于正常，是当时世界上处理烟气量最大的电子束脱硫装置。

电子束烟气脱硫大致由烟气冷却、加氨、电子束照射和副产品收集等几部分组成，其工艺流程如图12-6所示。电子在高真空的加速管里由高电压加速，然后透射过30~50μm的两片金属箔照射烟气。约130℃的排出烟气经静电除尘后，部分烟气进入喷水冷却塔降温、除尘，使烟温降到适于脱硫、脱硝的温度(约65℃)，再进入同时喷入氨气的反应器脱硫。烟气水露点通常低于60℃，所以冷却水在塔内完全被气化，一般不会产生需进一步处理的废水。反应器内的烟气被电子加速器产生的高能电子束照射，发生脱硫、脱硝反应，生成硫酸铵和硝酸铵。在反应器中喷水可以吸收反应产生的热量。随后经干式静电除尘器将脱硫副产品与烟气分离，净化后的烟气与未处理的烟气混合升温后送入烟囱排放。

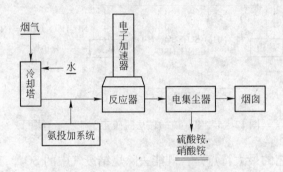

图12-6 电子束烟气脱硫工艺流程

电子束法脱硫效率不低于90%，可同时脱硫、脱硝，投资较低，副产物可用作肥料，无废渣排放；但运行电耗高，运行成本还受到肥料市场的直接影响。

C 氢氧化镁浆液法

氢氧化镁浆液法以氧化镁为脱硫剂，在吸收塔内，进入的原烟气与塔内由氧化镁溶解产生的氢氧化镁浆液接触，烟气中的SO_2被吸收，生成亚硫酸镁，亚硫酸镁被进一步氧化成硫酸镁。其主要反应为：

$$SO_2 + H_2O \Longrightarrow H_2SO_3$$
$$MgSO_3 + H_2SO_3 \Longrightarrow Mg(HSO_3)_2$$
$$H_2SO_3 + \frac{1}{2}O_2 \Longrightarrow H_2SO_4$$
$$H_2SO_4 + Mg(OH)_2 \Longrightarrow MgSO_4 + 2H_2O$$
$$Mg(HSO_3)_2 + Mg(OH)_2 \Longrightarrow 2MgSO_3 + 2H_2O$$
$$MgSO_3 + \frac{1}{2}O_2 \Longrightarrow MgSO_4$$
$$Mg(HSO_3)_2 + \frac{1}{2}O_2 \Longrightarrow MgSO_4 + H_2SO_3$$

氧化镁脱硫系统主要由氢氧化镁浆液制备系统、烟气处理系统、SO_2吸收氧化系统、废水处理系统等组成。氧化镁脱硫法的主要特点是：

（1）虽然同为湿式脱硫法，但与石灰石－石膏脱硫法相比，氧化镁脱硫系统更为简单，设备少，投资省，对不同SO_2浓度的烟气均有较高的脱硫效率。

（2）脱硫系统不存在结垢问题。由于氢氧化镁吸收剂浆液与SO_2反应生成硫酸镁，硫酸镁溶解于水中，因此不存在结垢与堵塞的问题。

（3）废水量大。废水的处理方法有制硫酸、制七水硫酸镁或抛弃等。在日本沿海钢厂，由于考虑到废水中的硫酸镁含量与海水接近，为节约建设与运行成本，一般均将废水排入大海。

D　循环流化床法

循环流化床法（CFB—FGD）采用氧化钙粉作为脱硫剂，经消化处理成$Ca(OH)_2$后送入脱硫装置，与原烟气接触，吸收烟气中的SO_2和其他酸性气体并与之反应，生成亚硫酸钙和硫酸钙。其反应式为：

$$CaO + H_2O == Ca(OH)_2$$

$$Ca(OH)_2 + SO_2 == CaSO_3 \cdot \frac{1}{2}H_2O + \frac{1}{2}H_2O$$

$$Ca(OH)_2 + 2HCl + 2H_2O == CaCl_2 \cdot 4H_2O$$

$$CaSO_3 \cdot \frac{1}{2}H_2O + \frac{3}{2}H_2O + \frac{1}{2}O_2 == CaSO_4 \cdot 2H_2O$$

$$Ca(OH)_2 + CO_2 == CaCO_3 + H_2O$$

$$Ca(OH)_2 + SO_3 == CaSO_4 + H_2O$$

循环流化床脱硫系统主要由脱硫剂运输储存消化系统、烟气系统、吸收除尘系统、脱硫剂物料循环系统、出灰及外运系统等组成。循环流化床脱硫法的主要特点是：

（1）脱硫工艺、系统比较简单，具有较高的脱硫效率，同时对小颗粒粉尘具有很高的除尘效率；

（2）由于脱硫剂与脱硫后副产品均为干态，无污水产生，不需要设置庞大的污水处理设施，可有效减少投资和占地面积；

（3）由于脱硫设施在脱除SO_2的同时也脱除了SO_3，使烟气的酸露点温度下降，加之经脱硫后的净化烟气温度比湿法高，因此，对脱硫设备下游的除尘器、烟道、烟囱等不存在严重的腐蚀问题；

（4）由于脱硫副产物以亚硫酸钙为主，其特性不稳定，使得它的综合利用途径受到较大的限制，目前主要以堆置和填井方式处理；

（5）由于流化床的形成必须以一定的烟气流速来保证，过低的烟气流速会使流化床产生塌床，因此其对烟气量波动幅度的要求较高。

12.2.1.3　烧结烟气脱硝

A　选择性催化还原法

选择性催化还原法（SCR，selective catalytic reduction）的基本原理是：以氨（NH_3）作为还原剂喷入废气，在较低温度和催化剂的作用下，将NO_x还原成N_2和H_2O。所谓选择性，是指 NH_3 具有选择性，它只与 NO_x 进行反应而很少与尾气中的氧发生反应，因而还原剂用量较少。基本的放热还原主反应如下：

$$8NH_3 + 6NO_2 = 7N_2 + 12H_2O$$

$$4NH_3 + 6NO = 5N_2 + 6H_2O$$

以上两式相加可得：

$$2NH_3 + NO + NO_2 = 2N_2 + 3H_2O$$

选择性催化还原法的特点如下：

(1) NO_x 脱除效率高。SCR 法一般的 NO_x 脱除效率可维持在 70% ～ 90%，一般的 NO_x 出口浓度可降低至 $100mg/m^3$ 左右，是一种高效的烟气脱硝技术。

(2) 二次污染小。SCR 法的基本原理是用还原剂将 NO_x 还原为无毒、无污染的 N_2 和 H_2O，整个工艺产生的二次污染物质很少。

(3) 技术较成熟，应用广泛。SCR 烟气脱硝技术已在发达国家得到较多应用。如德国火力发电厂的烟气脱硝装置中，SCR 法大约占 95%。在我国已建成或拟建的烟气脱硝工程中采用的也多是 SCR 法。

(4) 投资费用高，运行成本高。我国某电厂 600MW 机组采用日立公司的 SCR 烟气脱硝技术，总投资约为 1.5 亿人民币。除了一次性投资外，SCR 工艺的运行成本也很高，其主要表现在催化剂的更换费用高、还原剂(液氨、氨水、尿素等)消耗费用高等方面。

(5) 影响因素多，关键技术难度大。在 SCR 脱硝工艺中，影响脱除效率的主要因素包括反应温度、反应时间、催化剂性能以及 NH_3 与 NO_x 的摩尔比等。如何使 SCR 系统处于最大脱除效率，实现各影响因素的最佳工作状态，是 SCR 技术的难度所在。

B 选择性非催化还原法

选择性非催化还原(SNCR, selective non-catalytic reduction)脱硝技术是把炉膛作为反应器，将 NH_3 或尿素($(NH_2)_2CO$)等氨基还原剂直接喷入炉膛温度为 950 ～ 1050℃ 的区域，后者迅速热分解成 NH_3，NH_3 与烟气中的 NO_x 反应生成 N_2。该方法不用催化剂，反应温度较高，脱硝效率较低(一般不超过 60%)，而且还原剂消耗量较大，故虽有诱人之处，也有严重不足。SNCR 技术的关键是对温度的控制，温度过高或过低都不可。此法的工业应用是从 20 世纪 70 年代中期日本的一些燃油、燃气电厂开始的，欧盟国家于 20 世纪 80 年代末在一些燃煤电厂也开始应用，美国的燃煤电厂在 90 年代初才开始采用。

12.2.1.4 烧结烟气同时脱硫、脱硝

烧结烟气中除 SO_2 外，还含有大量 NO_x，需开发同时具备脱硫、脱硝效果的综合处理技术。由于烧结烟气中 SO_2 和 NO_x 的浓度都不高，但总量却非常大，若分别安装脱硫、脱硝装置，不但占地面积大，而且投资、运行费用高，因此，同时脱硫、脱硝技术越来越受到关注。目前，烟气同时脱硫、脱硝技术主要有活性炭法、活性焦吸附法、循环流化床法、半干喷雾法、高能辐射化学法、奥钢联的 MEROS(Maximized Emission Reduction of Sintering)烟气净化技术等，下面仅以应用较为广泛的活性炭法为例进行介绍。

活性炭能有效吸附二氧化硫，在干燥、无氧条件下主要是物理吸附，有氧气和水蒸气存在时会发生化学吸附，该法是一种集除尘、脱硫、脱硝及脱除二噁英四种功能于一体的干法烧结烟气处理技术。活性炭法在日本和韩国企业中的应用比较广泛，脱硫率可达

98%，脱氮率达80%。近年来，我国太钢的2号和3号烧结机已引进烧结烟气活性炭综合处理装置。

烧结烟气活性炭法脱硫、脱硝工艺流程如图12-7所示。烧结机排出的烟气经旋风除尘器简单除尘后，粉尘浓度从1000mg/m³降为250mg/m³，由主风机排出。烟气经增压鼓风机后送往移动床吸收塔，并在吸收塔入口处添加脱硝所需的氨气。烟气中的SO_x、NO_x在吸收塔内进行反应，生成硫酸和铵盐，被活性炭吸附除去。吸附了硫酸和铵盐的活性炭送入解吸塔，经加热至400℃左右即可解吸出高浓度SO_2。解吸出的高浓度SO_2可以用来生产高纯度硫黄（99.95%以上）或浓硫酸（98%以上），再生后的活性炭经冷却筛去除杂质后，送回吸收塔进行循环使用。活性炭法在进行烟气处理过程中烟气温度并没有下降，故无需再对处理后的烟气加热来进行排放，这有别于其他脱硫技术。

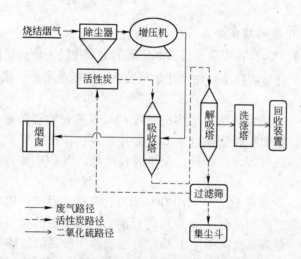

图12-7 烧结烟气活性炭法脱硫、脱硝工艺流程

活性炭吸附烧结烟气净化工艺主要由吸收、解吸和硫回收三部分组成，该法具有脱除污染物功能强、占地面积小、副产物可利用、不产生二次污染等许多优点。

烧结烟气活性炭法脱硫、脱硝的主要反应如下。

（1）硫的总吸附反应：

$$SO_2 + \frac{1}{2}O_2 + H_2O \xrightarrow{\text{活性炭}} H_2SO_4$$

（2）加热解吸再生反应：

$$2H_2SO_4 + C \xrightarrow{\text{加热}} 2SO_2 + CO_2 + 2H_2O$$

（3）脱硝反应：

$$H_2SO_4 + NH_3 = NH_4HSO_4$$

$$NH_4HSO_4 + NH_3 = (NH_4)_2SO_4$$

$$NO + NH_3 + \frac{1}{4}O_2 = N_2 + \frac{3}{2}H_2O$$

$$2NO + C = N_2 + CO_2$$

12.2.2 二氧化碳的捕集及资源化

钢铁生产的温室气体主要来自以煤为主的能源消耗过程，在多种温室气体中，最终外排量以 CO_2 占绝大多数。在一定的操作条件下，用长流程生产 1t 钢将产生约 2000kg CO_2，排放量随生产操作条件的变化而改变。

目前，我国钢铁工业 CO_2 排放量占全国总排放量的 15% 左右，仅次于电力系统和建材行业，居第三位。从世界范围对比，欧盟国家、日本、俄罗斯、美国以及其他一些国家钢铁工业 CO_2 排放量分别占全球钢铁工业 CO_2 总排放量的 12%、8%、7%、5%、17%，而我国则高达 51%。可见，我国钢铁产业的碳减排压力巨大。

为实现钢铁工业温室气体的减排，首先应加快高新技术的应用和改造并不断优化生产流程，提高能源利用效率和加大二次能源的回收利用；其次，还应积极开展废气中 CO_2 的处置与回收利用。

12.2.2.1 二氧化碳的捕集分离

回收利用废气中的 CO_2，首先是进行二氧化碳的分离提纯工作。目前，二氧化碳的捕集方法有物理吸收法、化学吸收法、物理化学吸收法、变压吸附法、膜分离法以及低温分离法。

（1）物理吸收法。物理吸收法是指溶剂吸收 CO_2 仅通过物理溶解作用，CO_2 与溶剂之间不发生化学反应。物理吸收法适合于 CO_2 分压较高、净化度要求较低的情况，再生时不用加热，只需降压或气提，总能耗比化学吸收法低，但 CO_2 分离回收率低，在脱除 CO_2 前需将硫化物去除。

（2）化学吸收法。化学吸收法是利用 CO_2 为酸性气体的性质，以弱碱性物质进行吸收，然后加热使其解吸，从而达到脱除 CO_2 的目的。目前典型的化学吸收剂为烷基醇胺和热钾碱溶液。其中，热钾碱法主要用于 CO_2 分压和总压较高的气体中 CO_2 的捕集，在中型化工厂应用较多，其缺点是溶液腐蚀性较强。烷基醇胺法主要有 MEA 法、DEA 法等。化学吸收法适合于 CO_2 分压较低、净化度要求高的情况，但再生时需要加热，能耗较大。

（3）物理化学吸收法。物理化学吸收法的特点是将两种不同性能的溶剂混合，使溶剂既有物理吸收功能，又有化学吸收功能。该法溶剂的再生热耗比物理吸收法高，又比化学吸收法低。物理化学吸收法对溶液的净化度要求较高，总能耗介于化学吸收法和物理吸收法之间。用两种不同方法交替使用，联合组成一个系统，可以发挥各自的长处，在某些情况下可比采用其中任何一个单独方法节省操作费用。

（4）变压吸附法。变压吸附法的基本原理是：利用吸附剂对吸附质在不同分压下有不同的吸附容量、吸附速度和吸附力，并且在一定压力下对被分离的气体混合物的各组分有选择吸附的特性，加压除去原料气中的杂质组分，减压脱附这些杂质而使吸附剂再生。变压吸附法的优点是工艺过程简单、能耗低、适应能力强，但此法的吸附容量有限，需要大量的吸附剂，吸附、解吸频繁，自动化程度要求较高。

（5）膜分离法。膜分离法是根据一定条件下膜对气体渗透的选择性，将 CO_2 与其他气体分离。膜材料主要有高分子膜、无机膜以及正在发展的混合膜等。膜分离法是一种能耗低、无污染、操作简单、易保养的清洁生产技术。其分离装置简单，投资费用比溶剂吸收法低。目前膜分离法分离出来的 CO_2 纯度不高，需采用多级提纯。如果进行多级提纯，还应提高气体入口的压力。膜分离法目前还处于实验室研究阶段，如何研究出一种同时具有高选择性和高透过率的膜材料是未来的研究方向。

（6）低温分离法。低温分离法是基于混合气体中不同组分具有不同气化和液化特性而将气体分离的方法。CO_2 的临界温度为 31℃，临界压力为 7.63MPa，从理论上来讲，CO_2 低温分离简单易行。但是随着分离过程的进行，CO_2 的分压会越来越小，分离会越来越困难，因而造成回收率低。通常低温分离法主要用于 CO_2 含量大于 90% 的气体中 CO_2 的提纯，特别是在与其他工艺方法联合采用时，该法是一种费用低廉的工艺。

12.2.2.2　二氧化碳的资源化方法

二氧化碳具有较高的民用和工业价值，是一种非常宝贵的资源，不仅广泛应用于石油开采、冶金、焊接、低温冷媒、机械制造、人工降雨、消防、化工、造纸、农业、食品业、医疗卫生等方面，还可应用于超临界溶剂、生物工程、激光技术、核工业等尖端高科技领域。近年来开发出的二氧化碳新用途，如棚菜气肥、蔬菜（肉类）保鲜、生产可降解塑料等，也展现出良好的发展前景。

（1）物理应用。CO_2 的物理应用是指在使用过程中不改变 CO_2 的化学性质，而仅把 CO_2 作为一种介质。例如，用固态 CO_2 干冰作制冷剂进行食品保鲜和储存、作饮料添加剂、作灭火剂、用于气体保护焊、在低温热源发电站中作工作介质、作抑爆充加剂等。液体 CO_2 和干冰可用作原皮保藏剂、气雾剂、驱虫剂、驱雾剂、碱性污水中和剂、含氰污水解毒剂，也可作为水处理的离子交换再生剂。此外，干冰还可用于轴承装配、燃料生产、低温试验等。近年来，国外对干冰的应用发展迅速，新开拓的应用领域有木材保存剂、爆炸成形剂、混凝土添加剂、核反应堆净化剂、冶金操作中的烟尘遮蔽剂 5 种。

（2）化学应用。化学应用是指 CO_2 在应用过程中改变化学性质，构成新的化合物，随着化合物的寿命不同，最终 CO_2 还会返回大气中，但却可大大降低 CO_2 的排放速度。二氧化碳的化学利用包括用于水处理过程、用作碳源合成新的有机化合物、作原料纸张的添加剂和颜料、生产无机化工产品。在发展中国家，目前几乎所有的 CO_2 都用在矿泉水和饮料生产中。在发达国家，CO_2 被广泛应用于多个领域。例如，CO_2 在北美国家的主要应用情况为：制冷 40%，饮料碳酸化 20%，化学产品生产 10%，冶金 10%，其他 20%；在西欧国家的应用情况为：矿泉水和软饮料生产 45%，食品加工 18%，焊接 8%；日本的液体 CO_2 和干冰有 44% 用于焊接，其中干冰用于制冷、保鲜的比例各占 20%，其余的 60% 用于医疗、药物和消防等。

（3）生物应用。CO_2 可用作覆盖植物的气肥，能提高光合作用的效率，使产品早熟、产量提高。此外，CO_2 还可用作果蔬保鲜剂，通过注入高浓度 CO_2 可降低 O_2 含量，以抑制果蔬中微生物的呼吸和病菌的发生。

（4）冶金废气中 CO_2 回收利用举例：转炉钢渣吸收 CO_2 制作人工礁。日本 JFE Steel 发明了用钢渣吸收 CO_2 并使之成形为立方体，置于海中成为人造礁石的技术，将这种制品命名为 "Marine Blocks"。其制造方法是：向钢渣中加适量的水，然后置于密封的模具中，从模具底部以一定的压力喷入 CO_2 气体，碳酸化反应从渣块的底部开始并逐渐向上进行，经过一定的时间即可得到 "海洋砌块"。各种废气都可以用作 CO_2 的气源，为防止含水渣的干燥，喷入的气体要被水蒸气饱和。砌块的尺寸是 $1m \times 1m \times 1m$。CO_2 气体进入渣、粒之间的连通孔隙并沿着气体的路径将渣料碳酸化，这样渣粒被 $CaCO_3$ 覆盖且彼此之间紧密地结合在一起，这些连通孔隙在渣块中是均匀分布的。与混凝土砌块不同，由于这样的微观结构，渣块浸入海水中不显强碱性。渣块的碳酸化率几乎是均匀的。渣块的孔隙率为 25%，密度为 $2.4g/cm^3$，与混凝土相近，其抗压强度为 19MPa。这种碳酸化的渣块经过 5 年的考验没有发现膨胀和开裂的现象，表明其具有长期稳定性。碳酸化钢渣块的表面是 $CaCO_3$，与珊瑚和贝壳的成分相同，实验证明，这种海洋砌块比混凝土块或花岗岩更适合于海洋生物的生长。

12.3 冶金工业节能减排

钢铁生产需消耗大量含硫的煤与石油，同时排放大量 CO_2、CO、SO_2、NO_x 等有害气体，是形成酸雨和导致全球变暖的原因之一。因此，只有降低钢铁生产的能耗才能保护自然生态、减少环境污染。钢铁工业有效地进行节能减排是废弃物源头治理的重要方式，是建设资源节约型、环境友好型社会的必然选择。

12.3.1 节能减排的意义

12.3.1.1 应对资源短缺

我国资源短缺，已探明的煤炭储量占世界储量的 11%，原油占 2.4%，天然气占 1.2%，人均能源资源占有量不到世界平均水平的一半。铁矿石依赖进口，全球新增铁矿石产量的 90% 以上用于满足我国钢铁工业的需要。石油进口量已占到国内消费量的 50%。目前，很多产品正在面临资源和环境的双重约束，原材料和能源的不足以及环境的承受能力已成为我国总体经济规模扩张的瓶颈，更是制约钢铁工业发展的瓶颈。

近年来，我国粗钢产量持续高速增长，钢铁工业的总能耗也逐年增加（见表 12-4），快速发展是以对资源过度消耗为代价的，可持续发展受到严重威胁。

表 12-4 钢铁工业总能耗及其占全国总能耗的比例

年 份	全国总能耗(标准煤)/万吨	钢铁工业总能耗(标准煤)/万吨	钢铁工业总能耗占全国总能耗的比例/%
2005	235997	32509.148	13.78
2006	258676	35314.448	13.65
2007	280508	37590.076	13.40
2008	291448	38381.194	13.17

在能源有效利用方面，国内和国外先进的冶金企业也存在着较大差距，这种差距主要体现在钢铁生产的各个工序上。从表 12-5 中可以看出，国内和国外先进冶金企业的综合能耗差距虽然只有 14%，但个别工序能耗指标差距较大，存在一定的降耗潜力。例如，炼铁系统(包括烧结、球团、焦化、炼铁)的能耗占钢铁工业总能耗的 70% 以上(生产 1t 铁约产生 1.5t 的 CO_2)，因此，炼铁工序承担了钢铁工业节能降耗的重任。

表 12 - 5　2008 年钢铁工业各工序消耗的标准煤

工　序	烧结	焦化	炼铁	转炉	电炉	热轧	冷轧	综合
国内企业/kg·t^{-1}	66	142	466	27	210	93	100	761
国外先进企业/kg·t^{-1}	59	128	438	-9	199	48	80	655
差距/%	11	19	5	133	5	48	20	14

12.3.1.2　加强环境保护

我国钢铁工业在目前的产能规模下，粉尘污染治理设备不完备，无组织排放问题突出，环境保护问题非常紧迫。以 SO_2 和烟（粉）尘排放、吨钢新水消耗及废水排放等指标为例，在现有的技术水平下，即使将我国行业重点企业与国际先进企业水平相比，仍存在较大差距（见表 12 - 6）。

表 12 - 6　2008 年我国钢铁工业环保现状及与国际水平比较

指　标	宝钢股份	我国重点钢铁企业平均	韩国浦项	日本新日铁
工业水重复利用率/%	>98	96.6		90
吨钢新水消耗/m^3	5.20	5.18	4.01	
吨钢外排废水/m^3	1.33	2.51	1.13	
吨钢 SO_2 排放/kg	1.43	1.83	0.76	0.59
吨钢粉尘、烟尘排放/kg	0.59	1.63	0.16	1.69

目前我国重点大中型钢铁企业的环境污染局部得到了控制，宝钢、武钢、唐钢、济钢、太钢、莱钢等部分企业有很大改善，但是许多中小型钢铁企业的环境污染问题仍在恶化，一些规模小、技术落后的设备仍在运行，对行业整体能耗与环境负荷水平造成了不利影响。

12.3.1.3　履行国际义务

控制和减少温室气体（特别是 CO_2）排放是人类社会面临的紧迫任务。我国在哥本哈根国际气候谈判中，提出了到 2020 年单位国内生产总值 CO_2 排放比 2005 年下降 40% ~ 45% 的目标，并将其列入"十二五"发展纲要。为实现此目标，我国必须转变经济发展模式，坚持低碳发展之路，节能减排是必然的选择。

随着国际社会对碳减排的重视，我国在"后京都协议"的相关国际谈判中面临着巨大的压力，行业减排将日益受到关注，钢铁工业作为 CO_2 主要排放行业必将承担起相应的责任。

12.3.2　节能减排技术举例

我国钢铁工业主要有烧结、焦化、炼铁、炼钢及轧钢五大生产工序，此外还有污水处理等生产辅助系统。推广应用各生产工序和生产辅助系统的重点节能减排技术，是目前实现钢铁工业节能减排的有效途径。作为炼铁工序重要的节能减排技术，如高炉煤气余压透平发电（TRT）技术、高炉煤气联合循环发电（CCPP）技术以及烧结烟气脱硫技术等，已在前文述及（见 12.1、12.2 节）。下面仅介绍几个典型的节能减排技术。

12.3.2.1　干熄焦

干法熄焦(CDQ, Coke Dry Quenching)简称干熄焦, 是相对于湿熄焦而言的, 它是采用惰性气体 N_2 熄灭赤热焦炭的一种熄焦方法。该工艺利用冷的 N_2(150℃)在干熄槽中与赤热的焦炭(950~1050℃)换热来冷却焦炭(200℃), 吸收焦炭热量的惰性气体(850℃)将热量传递给干熄焦锅炉产生蒸汽。被冷却的 N_2 再由风机鼓入干熄槽循环使用, 干熄焦锅炉产生的中压(或高压)蒸汽并入厂内蒸汽管网或用于发电。干熄焦技术具有如下特点:

(1) 回收红焦显热。红焦显热占焦炉能耗的 35%~40%, 这部分能量相当于炼焦煤能量的 5%, 如将其回收和利用, 可显著降低成本, 起到节能降耗的作用。采用干熄焦可回收约 80% 的红焦显热, 平均每熄 1t 焦炭可回收 3.9~4.0MPa、450℃ 的蒸汽 0.45~0.55t。

(2) 改善焦炭质量。干熄焦避免了湿熄焦急剧冷却对焦炭结构的不利影响, 其机械强度、耐磨性、真密度都有所提高。焦炭的 M_{40}(抗碎强度)提高 3%~6%, M_{10}(耐磨强度)降低 0.3%~0.8%, CRI(反应性指数)明显降低。

(3) 减轻熄焦操作对环境的污染。干熄焦技术可有效避免湿熄焦过程中产生的大量酚、氰化物、硫化物等有害物质的直接排放, 减轻对附近设备设施的腐蚀和对周围环境及大气的污染。

干熄焦工艺流程如图 12-8 所示。

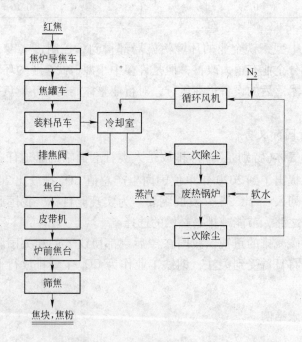

图 12-8　干熄焦工艺流程

12.3.2.2　烧结余热回收

A　烧结余热的分类及回收利用途径

烧结过程中的余热可分为烧结和冷却两部分。烧结部分的余热来自烧结废气, 冷却部分的余热来自热烧结矿的冷却。在传统的烧结工艺中，这两部分余热资源都随废气放散到大气中，造成了环境污染和资源浪费。如果对这两部分余热资源进行回收利用，不仅可减少能源浪费，同时还能给企业带来很好的经济效益和社会效益。

目前回收利用烧结工序余热的主要途径有：

（1）将烧结矿冷却废气直接作为烧结点火空气使用，或将较高温度的烧结矿冷却废气用于预热助燃空气，从而降低点火煤气消耗，此外还可进行热风烧结；

（2）利用烧结废气和烧结矿冷却废气预热烧结混合料，以降低烧结生产的固体燃料消耗；

（3）利用余热锅炉回收高温烧结废气和高温烧结矿冷却废气余热，生产蒸汽；

（4）将烧结余热通过锅炉和汽轮机组透平转换成电能。

虽然近年来我国烧结余热发电发展迅速，但是大部分钢铁企业仍然以前三种方式回收烧结余热，余热回收水平不高、利用不充分，易造成能源二次浪费，而烧结余热发电技术是提高烧结余热利用效率的有效手段之一。

下面以我国某烧结厂 $400m^2$ 烧结机、$360m^2$ 烧结环冷机为例，介绍烧结余热回收利用方法。

B　烧结机主抽尾部余热回收

现代烧结生产主要是一种自上而下的抽风烧结过程。随着烧结机台车的移动，燃烧层不断下移，烧结矿层的温度从 1000～1100℃ 逐渐被主抽风箱抽进来的冷空气冷却。烧结工艺过程及主抽烟道废气温度分布如图 12－9、图 12－10 所示。

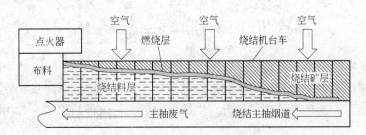

图 12－9　烧结工艺过程

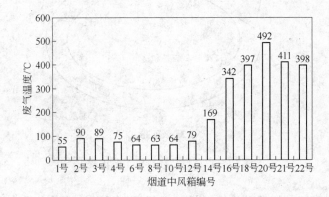

图 12－10　烧结主抽烟道废气温度分布

目前回收利用的余热资源为主抽风箱末尾 18~22 号几节风箱的废气，废气温度范围为 300~500℃，余热烟气量约为 $2.5 \times 10^5 \mathrm{m^3/h}$。针对此部分余热资源的回收，有如下两种方式可以选择：

（1）采用热管技术。将热管换热器置于烧结机主抽尾部烟道区域进行热交换。由于受到技术和空间的限制，此方法对烧结机主抽尾部烟气的热量利用不够彻底，同时高密度布置热管会使气体阻力增大，主抽风量减少，进而影响烧结工艺的生产。

（2）设置余热锅炉。将烧结机主抽尾部烟气引入余热锅炉，换热后再送回主抽烟道。此技术可确保烧结机主抽尾部烟道的压力及风量，不影响烧结生产过程。与热管技术相比，设置余热锅炉技术对烧结机主抽尾部烟气的余热资源利用得更彻底。烧结机主抽尾部烟道余热回收原理如图 12－11 所示。

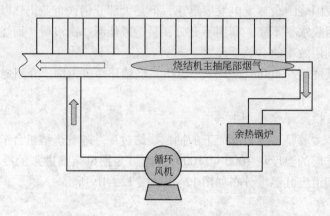

图 12－11　烧结机主抽尾部烟道余热回收原理

C　烧结环冷机余热回收

冷却烧结矿的设备主要有环冷机和带冷机两种，两者的运行原理基本一致，区别仅在于前者是环形运行，而后者是直线运行。烧结环冷机工艺流程如图 12－12 所示。

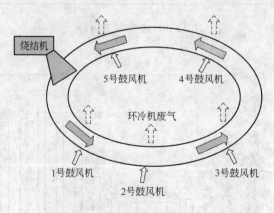

图 12－12　烧结环冷机工艺流程

温度达 500~800℃ 的烧结矿从烧结机被运送到环冷机台车上，经鼓风机逐步冷却至120℃ 以下后，再经传送带送往高炉。冷却过程中产生大量的高温含尘烟气，沿环冷机运行方向其温度依次降低，经与 1~5 号鼓风机对应的①~⑤段出口排出，烧结余热利用的主要区域是温度较高的①段和②段。烧结环冷机余热回收工艺流程如图 12-13 所示。

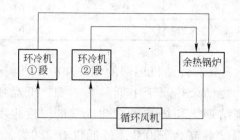

图 12-13　烧结环冷机余热回收工艺流程

将环冷机①段和②段排出来的废烟气引至环冷机旁的余热锅炉内，经余热锅炉换热后排出的约 140℃ 的尾气再经循环风机送回环冷机台车风箱，以实现烟气的循环利用。360m² 烧结环冷机余热回收系统的烟气温度及流量测试结果见表 12-7。

表 12-7　360m² 烧结环冷机余热回收系统的烟气温度及流量测试结果

测试数据	①段	②段
烟气温度最大值/℃	394	369
烟气温度最小值/℃	288	196
烟气温度平均值/℃	351.4	298.5
烟气流量/m³·h⁻¹	3.3×10^5	3×10^5

通过烟气的循环利用，可提高①段和②段环冷机出口的废气温度，改善余热资源的品质，提高余热资源的利用效率，同时可最大化地提高余热资源利用率，实现余热资源分级利用。

D　烧结余热回收效果及技术关键

余热锅炉回收了烧结机主抽尾部烟气余热以及环冷机①段和②段较高温度的烟气余热，产生的余热蒸汽推动汽轮机带动发电机组进行发电，其主要工艺配置及参数见表 12-8。利用本烧结工艺中主抽废气余热资源和环冷机废气余热资源进行发电，发电机组额定容量为 14.5MW，年总发电量达 1.11×10^8 kW·h 左右。

表 12-8　烧结余热回收发电主要工艺配置及参数

配　置	项　目	压力/MPa	温度/℃	流量/$\times 10^4$ m³·h⁻¹
主抽余热锅炉	余热烟气参数	—	400	25
	余热蒸汽参数	1.96	360	26t/h
环冷余热锅炉	①段烟气参数		351.4	33
	②段烟气参数	—	289.5	30
	中温蒸汽参数	1.96	360.0	35t/h
	低温蒸汽参数	0.49	260.0	13t/h

配　置	项　目	压力/MPa	温度/℃	流量/×10⁴m³·h⁻¹
双压汽轮发电机组	中压蒸汽参数	1.96	330.0	61t/h
	低压蒸汽参数	0.49	260.0	13t/h

根据烧结工艺的特点，只有烧结机尾部的烟气和冷却机头部的废气温度较高，可资利用。从整体上评价，烧结余热属于中低品质热源，低品质所占比例较大。根据烧结生产的具体情况，烧结烟气和烧结矿冷却废气的温度也不尽相同。据有关测试表明，余热回收废气的温度最高为 520℃，最低仅有 280℃，热源稳定性差。另外，在实际生产过程中难免会出现烧结设备短时间中断运行的情况，造成烧结余热热源的连续性无法保证。因此，烧结余热的热源品质、稳定性及连续性将是烧结余热回收利用技术的关键。

12.3.2.3　非高炉炼铁

为了解决高炉炼铁存在的流程长、污染严重、能源利用率低等问题，工业国家都在开发研究替代工艺，其中比较成熟的有两个：一个是直接还原炼铁工艺；另一个是熔融还原炼铁工艺。

直接还原炼铁法已有近百年的历史，提出的工艺、方法达数百种，当前实现工业化生产的也有数十种，按使用还原剂的类型，可分为气体还原剂法（简称气基法）、固体还原剂法（简称煤基法）及以电为热源、以煤为还原剂的电煤法；按反应器的类型，可分为竖炉法、流化床法、回转窑法、转底炉法、罐式法等。直接还原炼铁工艺与传统高炉炼铁生产工艺相比，产生的烟尘、粉尘和二氧化硫少，固体废物量大为降低。但是，直接还原炼铁工艺需要高品位的铁矿石（块矿）和天然气。因此，经过多年发展，世界直接还原铁年产量仍只有 4000 万吨左右。

熔融还原炼铁原是指"含碳铁水在高温熔融状态下与熔化的铁矿石产生反应"的新工艺，而后随着实际工作的进展，用非焦煤直接生产热铁水的工艺均称为熔融还原。这种理念早在 100 多年前就被冶金学家提出，但直到 1989 年才开始得到工业生产应用并成为当代钢铁工业前沿技术之一。该工艺的特点有：

（1）不用焦炭，不需建焦炉、化工设施，采用块矿和部分球团矿时可不建烧结设施，减少了重要污染源，为实现钢铁厂清洁生产、减少环境污染创造了条件；

（2）焦煤资源少（世界焦煤储量仅约占煤总储量的 1/10）且分布不均匀，熔融还原炼铁不用焦煤，有利于钢铁工业可持续发展；

（3）熔融还原炼铁流程短、投资少，具有降低生产成本的潜力。

目前许多国家均积极开发研究熔融还原炼铁新工艺，如奥钢联的 COREX 法、韩国浦项和奥钢联联合开发的 FINEX 法、澳大利亚的 AUSIRON 法和 HISMELT 法、俄罗斯的 ROMELT 法、日本的 DIOS 法、美国的 AISI 法、欧洲的 CCF 法和 CLEANSMELT 法等。

12.3.2.4　负能炼钢

A　负能炼钢的定义

负能炼钢是 20 世纪 70 年代由日本钢铁厂首先提出的，是指炼钢过程中回收的煤气和蒸汽能量大于实际炼钢过程中消耗的水、电、风、气等能量总和。如表 12 – 9 所示，通常转炉炼钢消耗的能量（标煤）在 15～30kg/t（钢）范围内波动，而回收煤气、蒸汽的能量可折合标准煤 25～35kg/t。因此，实现负能炼钢一方面要努力降低炼钢能耗；另一方面要加强回收，提高能量回收效率。

表 12 – 9 转炉炼钢能量平衡

项　目	转炉消耗能量		项　目	转炉回收能量	
	kg/t（标准煤）	%		kg/t（标准煤）	%
氧气	9.73	34	蒸汽	10.5	30
电	8.02	28	煤气	24.5	70
煤气	5.15	18			
氩气	1.72	6			
氮气	0.86	3			
其他	3.15	11			
合　计	28.63	100	合　计	35	100

负能炼钢的技术定义是一个工程概念，而非热力学平衡的概念。它重点体现了转炉生产过程中对烟气回收利用的状况和实际生产中所消耗的各种能量。负能炼钢的技术概念未能全部涵盖炼钢工艺全过程的能量转换与能量平衡，也不能作为评价整个炼钢工序能耗水平的唯一标准。此外，该概念未能充分反映炼钢生产中更为主要的节能指标和技术，如钢铁料消耗、铁钢比、渣量和温度控制等重要技术环节。

国际先进钢铁企业都把实现转炉负能炼钢作为重要指标。我国转炉钢的比例超过80%，因此，推广此项技术对钢铁行业的节能减排意义重大。

B 我国负能炼钢的现状

我国最早实现负能炼钢的是宝钢。近年来，随着国内钢铁企业对能源紧缺认识和危机意识的加强，同时受到宝钢转炉负能炼钢经验和收益的鼓舞，已有多家转炉炼钢厂实现了负能炼钢技术。国内负能炼钢技术的发展可分为以下三个阶段：

（1）技术突破期（20 世纪 90 年代）。1989 年，宝钢 300t 转炉实现转炉工序负能炼钢，转炉工序能耗（标准煤）达到 –11kg/t。1996 年，宝钢实现全工序（包括连铸工序）负能炼钢，能耗（标准煤）为 –1.12kg/t。

（2）技术推广期（1999～2003 年）。1999 年，武钢三炼钢 250t 转炉实现转炉工序负能炼钢。2002～2003 年，马钢一炼钢、鞍钢一炼钢、本溪炼钢厂等一批中型转炉基本实现负能炼钢。2000 年 12 月，莱钢 25t 小型转炉初步实现负能炼钢。但多数钢厂负能炼钢的效果均不太稳定。

（3）技术成熟期（2004 年至今）。近几年，国内钢厂更加注重转炉负能炼钢技术，许多钢厂已能够较稳定地实现负能炼钢。特别是对于 100t 以上的中型转炉，实现负能炼钢的厂家日益增多。

C 实现负能炼钢的技术措施

（1）优化工艺流程。炼钢工艺流程的合理优化对降低转炉工序能耗有重要的影响。例如，传统工艺采用混铁炉匹配转炉生产，多次倒包使铁水的温降很大，如采用单一铁水罐进行铁水运输、铁水预处理及转炉兑入，则可降低铁水温降损失。此外，加快转炉生产节奏，减少钢包周转数，可进一步降低出钢温度。综合采用上述两项技术可使转炉增加废钢用量，从而降低转炉工序的能耗。

（2）强化转炉煤气回收。加强煤气的回收、管理与调度，减少放散量，在提高煤气回收量的同时改善煤气质量，是实现负能炼钢的技术核心。经验证明，为了在目前的生产条件下实现负能炼钢，煤气回收量应超过 $90m^3/t$，而回收煤气的热值应大于 $7MJ/m^3$。为实现这一目标，要求回收煤气中 CO 含量大于 55%。为此，可采取提高炉口处炉气压力、改善烟道设计以减少空气的吸入量等措施，来提高煤气热量回收率及强化转炉煤气的回收量。

（3）加强蒸汽回收。加强蒸汽回收可采用以下技术措施：

1）进一步优化氧气转炉余热锅炉的设计，提高蒸汽压力和品质，进而提高蒸汽的利用价值；

2）改善企业内蒸汽管网，将蒸汽送入内部电厂，减少蒸汽放散量；

3）发展转炉蒸汽供真空精炼使用的工艺技术，解决目前存在的工艺和装备等方面的技术问题，增加炼钢厂本身消耗蒸汽的能力；

4）发展低压蒸汽发电技术，将蒸汽能转变为电能。

（4）优化转炉冶炼工艺。为缩短吹炼时间，降低各项消耗，可采用如下技术措施：

1）采用高效供氧技术，缩短冶炼时间，加快钢包周转；

2）努力降低铁钢比，增加废钢用量；

3）采用铁水"三脱"预处理技术，减少转炉渣；

4）优化复合吹炼工艺，降低氧耗，提高金属收得率；

5）采用自动炼钢技术，实现不倒炉出钢。

复习思考题

12 - 1 试比较高炉煤气（BFG）、焦炉煤气（COG）和转炉煤气（LDG）的组成及特性。

12 - 2 举例说明冶金煤气的综合利用方法。

12 - 3 焦炉煤气用于直接还原生产海绵铁存在哪些困难，如何解决？

12 - 4 高炉煤气余压透平发电（TRT）技术是利用了煤气的什么特性，它对高炉冶炼有何影响？

12 - 5 烧结烟气有哪些特点，控制烧结过程中 SO_2 及 NO_x 的排放主要有哪些方法？

12 - 6 简述石灰石 - 石膏法处理烧结烟气的原理，写出其主要反应方程式。

12 - 7 为什么说氨 - 硫酸铵法处理烧结烟气可实现以废治废、降低成本？写出其主要反应方程式。

12 - 8 废气脱硝的选择性催化还原法（SCR）中的"选择性"指的是什么？

12 - 9 目前烧结烟气同时脱硫、脱硝技术有哪些？试以其中的典型工艺为例，分析其工艺过程特点。

12 - 10 通过与国内其他行业及国外同行业对比，简析我国钢铁工业二氧化碳的排放状况及节能减排的意义。

12 - 11 举例说明二氧化碳的捕集分离及资源化方法。

12 - 12 干熄焦技术有何特点？试从物相、换热后产品、换热气氛、热传导率等几方面，比较其与高炉渣干法处理的异同点。

12 - 13 为什么说烧结余热属于中低品质热源，回收利用烧结工序余热的主要途径及技术关键有哪些？

12 - 14 简述非高炉炼铁技术的分类、国内外现状及趋势。

12 - 15 为实现负能炼钢，应采取哪些技术措施？

13 冶金废水治理与循环利用

钢铁工业是用水大户和废水排放大户,其用水量占总工业用水量的20%,废水排放量约占工业废水总排放量的11.3%。钢铁冶金废水具有水量大、种类多、水质复杂多变等特点,在当前淡水资源紧缺、全球倡导低碳经济的背景下,钢铁废水的治理及循环利用越来越受到人们的重视。

在钢铁企业中,污染负荷较大的废水是高炉煤气洗涤水、轧钢氧化铁皮冲洗水、焦化酚氰废水、转炉除尘废水等。焦化酚氰废水中含有较难降解的有机污染物,治理难度较大,一直是钢铁企业废水治理的重点。

本章主要以焦化酚氰废水、高炉煤气洗涤水及转炉除尘废水为例,介绍冶金废水的治理与循环利用方法。

13.1 冶金废水概述

13.1.1 冶金废水的分类及特征

冶金废水通常按下述方法分为三类:

(1)按所含的主要污染物性质,可分为以含有机污染物为主的有机废水、以含无机污染物(主要为悬浮物)为主的无机废水以及仅受热污染的冷却水。例如,焦化厂的含酚氰污水是有机废水,炼钢厂的转炉除尘污水是无机废水。

(2)按所含污染物的主要成分,可分为含酚氰污水、含油废水、含铬废水、酸性废水、碱性废水和含氟废水等。

(3)按生产和加工对象,可分为矿山采选废水、烧结厂废水、焦化厂废水、炼铁厂废水、炼钢厂废水和轧钢厂废水等。

13.1.1.1 矿山采选废水

矿山采选废水的来源主要有以下两个:

(1)矿床开采过程中,大量的地下水渗流到采矿工作面,这些矿坑水经过泵提升排至地表,是矿山废水的主要来源。

(2)矿石开采过程中排放大量含有硫化物的矿石,在露天堆放时不断与空气和水或水蒸气接触,产生金属离子和硫酸根离子,当遇到雨水或堆置于河流、湖泊附近时,形成的酸性废水会迅速大面积扩散,形成矿山废水。

铁矿的矿山采选废水主要包括采矿场废水和工业场地废水,采矿场废水主要是大气降水和地下渗水。工业场地废水主要分为两种:一种是冲洗地坪、湿式除尘废水;另一种是生产废水。选矿过程中主要是产生废水和废渣污染,由于硫、铁元素会生成硫酸盐,废水多呈酸性,且大多含有高浓度悬浮物、多种金属离子、选矿药剂等。选矿厂用水量很大,应提倡一水多用、提高废水处理回用率、回收废水中有用金属等，以减少废水排放量。

　　矿山废水的特点是水量、水质变化大，废水呈酸性。要合理确定矿山废水的处理规模，并使被处理水的水质波动不过大，往往需要设置调节水池和调节水库，先把水收集起来，再进行处理。矿山废水是硫酸型废水，一般 pH = 2 ～ 4，这样低的硫酸含量显然没有回收价值，因此往往采用石灰中和法处理，其工艺流程如图 13 - 1 所示。

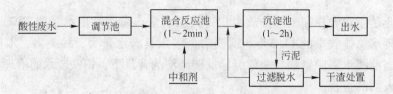

图 13 - 1　矿山酸性废水石灰中和法工艺流程

　　鉴于 Fe(OH)$_3$ 在沉淀和脱水性能方面远比 Fe(OH)$_2$ 好，常在曝气或用一氧化氮催化氧化处理之后以石灰中和，这样既可简化工艺设备和流程，又可提高沉淀效果和出水水质。常用的矿山酸性废水处理中和剂是消石灰和石灰，其他中和剂因价格高而不宜采用，因此，处理后水中的 Ca^{2+} 含量往往很高或者呈饱和态，再利用时应特别注意水质稳定问题，否则会引起管道和设备的阻塞，给生产带来更大损失。

13.1.1.2　烧结厂废水

　　烧结厂产生的废水主要来自湿式除尘器、地坪冲洗、设备冷却及输送皮带冲洗等。除尘水和冲洗水中的悬浮物含量与工艺原料的组成有直接关系，有时高达 10000mg/L。

　　烧结厂废水沉渣中含有 40% ～ 50% 的铁、14% ～ 40% 的焦粉以及石灰等物质。表13 - 1 所示为某烧结厂除尘废水沉渣的化学成分。烧结厂废水经沉淀浓缩后，污泥铁含量较高，有较好的回收价值。

表 13 - 1　某烧结厂除尘废水沉渣的化学成分　　　　　　　　　（%）

水样	TFe	FeO	Fe$_2$O$_3$	SiO$_2$	CaO	MgO	S	C
水样 1	50.12	13.75	56.40	11.40	6.69	2.54	0.115	5.5
水样 2	51.23	15.20	56.37	13.23	4.69	2.10	0.108	5.42
平均	50.68	14.48	56.39	12.32	5.69	2.32	0.112	5.46

　　烧结厂废水处理的主要目标是去除悬浮物。烧结厂废水经沉淀后污泥含铁品位很高，沉淀较快，但由于有一定黏性，使脱水困难。在 20 世纪 70 年代以前采用人工或机械挖泥，污泥经露天堆放脱水晒干，送至返矿皮带，给入混料机。该法劳动强度大，环境污染严重。70 年代以后采用浓泥斗，沉泥从斗下部罐体底端排出，通过返矿皮带送入混合机。该法由于泥浆浓度难以控制，给混料带来一定困难。生产工艺要求沉泥含水率达到 12%以下方符合混料要求，然而近几年采用压滤机进行污泥脱水，脱水后污泥含水率达到18% ～ 20%。因此，污泥脱水是烧结废水治理的关键技术，只有解决好这一环节，烧结废水的回用和污泥综合利用才可得以实施。

　　随着钢铁工业技术的发展，带式烧结机趋向于大型化，大型厂的除尘设备多采用电除尘器代替湿式除尘,烧结厂的主要废水便得到根本的解决。由于我国湿式除尘设备还要在较长时期和较大范围内采用,研究烧结废水处理的新技术、新工艺仍有现实意义。

13.1.1.3　焦化厂废水

焦化厂废水的来源主要有三个方面。首先是焦炉煤气中的水分。焦炉煤气中的水分是焦煤在高温干馏过程中随着煤气逸出、冷凝而形成的。煤气中有成千上万种有机物,凡能溶于水或微溶于水的物质均在冷凝液中形成极其复杂的剩余氨水,这是焦化废水中最大的一股废水。其次是煤气净化过程中,如脱硫、除氨及提取精苯、萘和粗吡啶等过程中形成的废水。再次是焦油加工和粗苯精制中产生的废水,这股废水数量不大,但成分复杂。

焦化厂废水主要分为两类。一类来自化工产品回收、焦油等车间,主要是剩余氨水、煤气水封溢流水和冷凝水、冲洗设备和地面用水以及焦油车间排水等,即通常所说的焦化酚氰污水。这部分水中含有大量的酚和悬浮物、氨及其化合物、氰化物、硫氰化物、油类等多种有毒物质,必须经过处理才可排放。另一类是熄焦污水,含有大量悬浮物,经沉淀处理后可循环使用,也可用于地面抑尘。

焦化厂废水成分复杂,水质变化幅度大,含有大量的难降解物质,可生化性较差,毒性大。废水中的氰芳环、稠环、杂环化合物都对微生物有毒害作用,若将有毒的焦化厂废水直接排入水体,将会造成水体缺氧,危害水生生物,进而通过食物链最终进入人体而产生毒害。因此,去除焦化废水中的有机物和氨氮对减轻焦化废水给环境和人类造成的危害具有重要意义。

13.1.1.4　炼铁厂废水

炼铁厂废水主要有高炉煤气洗涤水、冲渣废水、铸铁机排水以及冷却水。该废水的水质特点是水温较高、悬浮物浓度大(可高达 $1000\sim3000\text{mg/L}$)。高炉煤气洗涤水中含有大量悬浮物以及酚、氰、硫酸盐等,经过处理后方可循环使用。间接冷却水可冷却后循环使用,也可与其他冷却设备串级使用。炼铁厂废水的来源主要有以下三个方面。

A　设备间接冷却废水

高炉炉腹、炉身、出铁口、风口、风口大套、风口周围冷却板的冷却废水及其他不与产品或物料直接接触的冷却废水,都属于设备间接冷却废水。这种废水因不与产品或物料接触,使用过后只是水温升高,如果直接排放至水体,有可能造成一定范围的热污染。因此,这种间接冷却用水一般设计成循环供水系统,在系统中设置冷却塔(或其他冷却建筑物),废水得到降温处理后即可以循环使用。从定量的、严格的角度来讲,间接冷却水仅靠冷却塔实现循环供水是不够的,还必须解决水质(主要指水中各种物质,如悬浮物质、胶体物质、溶解物质等)稳定问题。这是由于水中不仅存在悬浮物,而且存在各种盐类物质,随着循环的进行,悬浮物和溶于水中的盐类物质因水的蒸发而得到了浓缩,周而复始就会造成结垢、腐蚀以及黏泥等水质障碍,从而影响循环,所以要设计一定量的排污及补充定量新水。同时,炼铁厂可以利用生产工艺对水质的不同要求,将间接冷却系统的排水排至其他可以承受的系统加以利用。一般情况下,在高炉工程的给排水设计中,高炉、热风炉冷却系统的排水可以作为高炉煤气洗涤水系统循环水的补充水。若高炉为干式除尘或因其他原因污水不能排至煤气洗涤系统，则可排至高炉炉渣粒化（水渣或干渣）水系统，因此通常不向环境外排废水。

高炉冷却水量可按单位炉容的用水量指标计算或按不同炉容的定额确定，但两者都是笼统的指标，设计时应先按用水点分别确定水量，再综合确定总用水量。表 13 - 2 中列举了单位炉容的用水量指标。

表 13 - 2　单位炉容的用水量指标

类　　别	有效容积/m³	1m³ 高炉容积的平均用水量/m³·h⁻¹
中型高炉	255 ~ 620	1.6 ~ 2.7
大型高炉	≥620	1.4 ~ 1.8
20 世纪 80 年代以后的大型、特大型高炉	1200、>4000	2.1 ~ 3.2

现代化高炉的有效容积都在 $1000m^3$ 以上，为提高高炉的一代寿命，往往采用新型的冷却设备，并对冷却水的供水水质要求甚高，有的甚至采用软水或纯水作为冷却水，对水量则有一个放大要求的趋势，所以基本已摒弃按炉容确定冷却水用量的方法。例如，武汉钢铁公司 3 号高炉的有效容积为 $3200m^3$，采用纯水密闭循环系统，其高炉、热风炉的密闭循环水量平均为 $6546m^3/h$，最大为 $7286m^3/h$；宝钢 3 号高炉的有效容积为 $4350m^3$，采用纯水密闭循环和工业水开路循环相结合的系统，其高炉、热风炉循环用水量为 $16412m^3/h$；唐山钢铁公司两座 $1260m^3$ 高炉采用软水密闭和工业水循环相结合的系统，其高炉、热风炉循环水用量为 $7320m^3/h$（每座 $3660m^3/h$）。这些例子说明，高炉、热风炉循环用水量均有较大增长，但这并不是指标的落后，而是技术的进步。

B　设备及产品的直接冷却废水

设备的直接冷却主要指高炉炉缸的喷水冷却、高炉在生产后期的炉皮喷水冷却以及铸铁机的喷水冷却。产品的直接冷却主要指铸铁块的喷水冷却。直接冷却废水的特点是水与设备或产品直接接触，不但水温升高，而且水质被污染。但由于设备的直接冷却，尤其是产品的直接冷却对水质要求一般不高，对水温控制也不十分严格，所以废水一般经过沉淀、冷却后即可循环使用。这一类系统的供水原则应该是尽量循环，其补充水只是循环过程中损失的水量。

C　生产工艺过程废水

炼铁厂生产工艺过程废水的来源以高炉煤气洗涤和炉渣粒化为代表。高炉炉顶煤气先经干式除尘器除掉大颗粒灰尘，然后用管道引入煤气洗涤系统进行清洗、冷却。清洗、冷却后的水就是高炉煤气洗涤废水。这种废水温度高达 60℃ 以上，含有大量由铁矿粉、焦炭粉等所组成的悬浮物以及酚、氰、硫化物和锌等，水中悬浮杂质含量为 600 ~ 3000mg/L。由于该废水水量大、污染重，必须进行处理，然后应尽量循环使用。

高炉煤气洗涤系统的用水量应根据洗涤工艺要求以及洗涤供水系统来确定，水温应在 60℃ 以下。高炉煤气洗涤系统用水量见表 13 - 3，表中所列数据是每清洗 $1000m^3$ 标准煤气的用水指标。

煤气洗涤用水中悬浮物的质量浓度不大于 200mg/L，电除尘器用水中悬浮物的质量浓度不大于 50mg/L。

表 13 - 3   高炉煤气洗涤系统用水量（清洗 $1000m^3$ 标准煤气）　　　　(m^3)

设备名称	洗涤塔	冷却塔	溢流文氏洗涤器		文氏洗涤器	电除尘器	减压阀
			串联	塔前			
用水量	4 ~ 4.5	3.5 ~ 4	4	1.5 ~ 2.0	0.5 ~ 1.0	0.14	0.26

高炉冲渣用水的特点是水温较高、含有细小的悬浮物。冲渣用水量一般为 $8 ~ 12m^3/$ t，对冲渣废水水质无特殊要求，通常水中悬浮物的质量浓度不大于 400 mg/L，水温在 60℃以下。

13.1.1.5   炼钢厂废水

目前炼钢主要分为转炉炼钢（以纯氧顶吹转炉炼钢为主）和电炉炼钢（炼特殊钢），包括连铸机生产工艺，其废水主要分为以下三类：

（1）设备间接冷却废水。设备间接冷却废水的水温较高，水质不受污染，采取冷却降温措施后可循环使用，不外排；但必须控制水质稳定，否则会发生设备腐蚀或结垢阻塞现象。

（2）设备和产品直接冷却废水。设备和产品直接冷却废水的主要特征是含有大量氧化铁皮和少量润滑油脂，经处理后方可循环利用或外排。

（3）生产工艺过程废水。生产工艺过程废水实际上就是指转炉除尘废水（烟气洗涤废水）、冲渣废水。烟气洗涤废水中主要含有大量的悬浮物及各种可溶物质。

由于车间组成、炼钢工艺、给水条件的不同，炼钢废水的水量有所差异。一般还是以用水量来推算其废水量。用湿法除尘的转炉，每炼 1t 钢需水 $70m^3$ 左右，其中炉体冷却用水量为 $20 ~ 25m^3$，烟气净化水量为 $5 ~ 6m^3$，连铸用水量为 $6 ~ 7m^3$，其他约为 $35m^3$。

13.1.1.6   轧钢厂废水

轧钢厂废水主要包括热轧废水、冷轧废水及酸洗废水。

（1）热轧废水。热轧废水含有大量氧化铁、悬浮物和油，其水温高，水量大，经冷却、除油、过滤、沉淀处理后，可循环利用。

（2）冷轧废水。冷轧废水中的主要污染物包括悬浮油和乳化油两类。悬浮油的处理比较简单，采用刮油机一类的装置即可简单除去。对于含乳化油的污水必须首先破乳，然后浮选除去油。常用的破乳方法有加热法、pH 值调节法、加药凝聚法以及超声波法。

（3）酸洗废水。钢材酸洗过程形成的污水中主要含有各种酸类，如盐酸、硫酸以及相应的铁盐和重金属离子等。当污水中游离酸和铁盐的浓度较高时，一般以回收方法为主；当酸和铁盐的浓度较低时，一般采用中和法处理，常用的碱性药剂有石灰及石灰石、白云石等。含碱废水除含有碱性物质外，还含有悬浮物、油类、乳化液及氧化铁皮等。

13.1.2   冶金废水的危害

钢铁冶金工业废水中主要含有酚及其化合物、氰化物、酸、悬浮物以及各种重金属离子，如铁、锰、铬、铅、锌等，其中毒性较大的是铬、铅、锌。下面介绍几种主要污染物的毒性和危害。

13.1.2.1   酚及其化合物

钢铁冶金工业含酚废水主要来自焦化厂、煤气发生站，高炉煤气洗涤水也含酚。酚类化合物有较大的毒性，它可使蛋白质凝固，其溶液极易被皮肤吸收而使人中毒。高浓度酚可引起剧烈腹痛、呕吐和腹泻、便血等症状，重者甚至死亡。低浓度酚可引起积累性慢性中毒，有头痛、头晕、恶心、呕吐、吞咽困难等反应。酚可引起皮肤灼伤，小量接触也可引起接触性皮炎，溅入眼睛会立即引起结膜及角膜灼伤、坏死。

酚类对给水水源的影响也特别严重。长期饮用被酚污染的水会引起头晕、贫血以及各种神经系统病症。我国政府在《地面水中有害物质的最高允许浓度》中规定，挥发酚的最高允许浓度为 0.01mg/L；在生活饮用水卫生规程中规定，挥发酚类不得超过 0.002mg/L。加氯消毒的水，当酚量超过 0.001mg/L 时，则产生令人不愉快的氯酚味。

酚污染严重影响水产品的产量和质量，能使贝类减产、海带腐烂、养殖的扇贝和牡蛎等逐渐死亡。水体中酚浓度低时，能影响鱼类的洄游繁殖；浓度为 0.1~0.8mg/L 时，鱼肉有酚味；浓度更高时，引起鱼类大量死亡甚至绝迹。我国《渔业水体中有害物质的最高容许浓度》中规定，挥发酚的最高允许浓度为 0.01mg/L。

酚的毒性还可抑制一些微生物（如细菌、海藻等）的生长。用酚浓度高于 100mg/L 的废水直接灌溉农田会引起农作物枯死和减产，特别是在播种期和幼苗发育期，会使幼苗霉烂。酚浓度低时，直接影响虽然不大，但酚在粮食中的富集值得重视。

13.1.2.2　氰化物

钢铁冶金工业的氰化物主要来自选矿废水、氰化物浸金废液、高炉煤气洗涤水、焦化厂的含酚、含氰废水等。水中大多数氰化物是氢氰酸，毒性很大。氢氰酸、氰化钠、氰化钾对人的致死量分别为 0.06g、0.1g、0.12g。

氰化物对鱼类的毒性较大，当氰浓度为 0.04~0.1mg/L 时就可使鱼类致死。氰化物对细菌也有毒害作用，能影响废水的生化处理过程，其含量在 1mg/L 时就会干扰活性污泥法的使用。

13.1.2.3　酸

冶金工业的含酸污水主要来自矿山的矿坑和堆石场、轧钢酸洗过程中的冲洗水。采矿污水中的酸为硫酸，轧钢污水中的酸有硫酸、盐酸、硝酸和氢氟酸或其混合酸。

含酸污水若不加处理排入水体，危害较大。一方面，会给水中有机物的生长带来不利影响，破坏污水生化处理设施的正常运行；另一方面，酸还能腐蚀金属和混凝土构筑物，如桥梁、堤坝、港口设施和其他水中构筑物。

13.1.2.4　悬浮物

水中含有大量悬浮物会妨碍水中生物（如鱼类、贝类、藻类）的正常生长。悬浮物的有机物还会腐败变质，散发出难闻气味，破坏环境。大量的悬浮物沉积于河底、海底，又可能给航运带来不利影响。

13.1.2.5　重金属离子

含有各种重金属离子的污水排入天然水体会破坏水体环境，危害渔业和农业生产，污染饮用水源。钢铁冶金工业废水中对人体危害较大的重金属离子主要是铬离子和锌离子等。

（1）六价铬。铬有三价和六价之分。人们认为三价铬是生物所必需的微量元素，有激活胰岛素的作用，可以增加对葡萄糖的利用。三价铬不易被消化道吸收，在皮肤表层与蛋白质结合而形成稳定络合物。实验证明，三价铬的毒素仅为六价铬的 1%。六价铬对人体的危害主要有三个方面：一是对皮肤有刺激作用，容易引起皮炎和铬疮；二是对呼吸系统的损害，表现为鼻中隔膜穿孔、咽喉炎和肺炎；三是对内脏的损害，六价铬经消化道侵入，会造成味觉和嗅觉减退甚至消失。

（2）锌。锌是人体必需的微量元素之一，正常人每天从食物中吸入锌 10~15mg。肝是锌的储存池，锌与肝内蛋白结合成锌硫蛋白，供给机体生理反应时所必需的锌。人体缺锌会出现许多不良症状。误食可溶性锌盐对消化道黏膜有腐蚀作用，过量的锌会引起急性肠胃炎症状，如恶心、呕吐、腹痛、腹泻，偶尔引发腹部绞痛，同时伴有头晕、全身乏力；误食氯化锌会引起腹膜炎，导致休克甚至死亡。

13.1.3　冶金废水排放指标

对应于各类污染物，有许多用来表示水质状况或水污染状况的指标，常用的有溶解氧（DO，Dissolved Oxygen）、生化需氧量（BOD，Biochemical Oxygen Demand）、化学需氧量（COD，Chemical Oxygen Demand）、总有机碳（TOC）、总氮（TN）、总磷（TP）、悬浮物（SS）、石油类、各种有毒物（包括重金属）、放射性、酸碱度（或 pH 值）、细菌总数、水温等。其中，生化需氧量、化学需氧量都是用氧化水中污染物所需要消耗的氧量来间接反映水中有机物的量。生化需氧量是指在一定时间内和一定温度下，水中能够被微生物分解氧化的有机物被生物氧化所需的氧量。通常，以生化需氧量表示的废水污染度是指 20℃下 5 天的 BOD（用 BOD_5 表示），以每升水（所含的污染物）所消耗的氧的毫克数来表示。化学需氧量是指以重铬酸钾为氧化剂在强酸下与废水加热 2h，将水中有机碳转变为 CO_2 及水所消耗的重铬酸钾量换算成相当的氧量，单位与 BOD 相同，通常表示为 COD_{Cr}（当用高锰酸钾作氧化剂时，则表示为 COD_{Mn}）。氨氮（Ammonia Nitrogen）是指水中以 $NH_4 + NH_3$ 形态存在的氮，其量的单位为 mg/L。其他水质指标可参考有关水污染的书籍或标准。

钢铁厂污水排放需要遵循的法规有《污水综合排放标准》（GB 8978—1996）、《钢铁工业水污染物排放标准》（GB 13456—1992）和《中华人民共和国水污染防治法实施细则》（2003 年 3 月 20 日）。《钢铁工业水污染物排放标准》按照生产工艺和废水排放去向，分年限规定了钢铁工业废水最低允许循环利用率、吨产品最高允许排水量、水污染物最高允许排放浓度，适用于钢铁工业的企业排放管理以及建设项目的环境影响评价、设计、竣工验收和其建成后的排放管理。其中规定的水污染物排放标准有 pH 值、悬浮物含量、挥发酚含量、氰化物含量、化学需氧量、油类含量、六价铬含量、总硝基化合物含量和锌含量等。

13.2　焦化酚氰废水的生物处理与回用

13.2.1　废水生物处理的原理

近年来，人们从微生物、反应器及工艺流程等几方面着手，研究开发了活性污泥法、生物膜法、生物流化床技术、固定化生物处理技术及生物脱氮技术等。这些技术的发展使大多数有机物质实现了生物降解处理，出水水质得到了很大改善。

在自然水体中存在着大量依靠有机物生活的微生物。它们不但能分解氧化一般的有机物并将其转化为稳定的化合物，而且还能转化有毒物质。生物处理就是利用微生物分解氧化有机物的这一功能，并采取一定的人工措施，创造有利于微生物生长、繁殖的环境，使微生物大量增殖，以提高其分解氧化有机物效率的一种污水处理方法。所有的微生物处理过程都是一种生物转化过程，在这一过程中，易于生物降解的有机污染物可在数分钟至数小时内进行两种转化：一种是变成从液相中逸出的气体；另一种是使微生物得到增殖，成为剩余生物污泥。

按照微生物对氧需求程度的不同，生物处理法可分为好氧、缺氧和厌氧三类。好氧是指污水处理构筑物内的溶解氧含量在 1mg/L 以上，最好大于 2mg/L。厌氧是指污水处理构筑物内基本没有溶解氧，硝态氮含量也很低。一般硝态氮含量小于 0.3mg/L，最好小于 0.2mg/L。缺氧指污水处理构筑物内 BOD_5 的代谢由硝态氮维持，硝态氮的初始浓度不低于 0.4mg/L，溶解氧浓度小于 0.7mg/L，最好小于 0.4mg/L。

13.2.2 焦化酚氰废水的生物处理过程

目前国内外焦化废水的处理技术中，应用最为广泛的首推 A－A－O(也称为 A^2/O)生物处理法。A^2/O 处理工艺是 Anaerobic－Anoxic－Oxic 的英文缩写，它是厌氧－缺氧－好氧生物脱氮工艺的简称。国内焦化厂废水处理中，采用该工艺的有 30 多家企业，该工艺运行稳定、可靠，COD_{Cr} 及 $NH_3－N$ 的去除率分别在 93% 及 86% 以上，外排水指标基本能够达到 GB 13456—1992 的二级排放标准。

我国某焦化企业酚氰废水 A^2/O 处理工艺流程如图 13－2 所示，采用该工艺流程进行焦化废水处理的统计平均数据示例如表 13－4 所示。由表 13－4 可以看出，各项出水指标完全达到了环保规定的污水综合排放标准。

表 13－4 A^2/O 法焦化废水处理效果

指 标	COD_{Cr}	挥发酚	氰化物	硫化物	石油类	氨氮
去除率/%	96.6	99.9	99.5	99.0	95.0	92.8
出水浓度/mg·L^{-1}	<100	<0.2	<0.3	<0.5	<5	<25

A^2/O 工艺流程包括以下六个主要过程单元：

(1) 预处理。预处理的主要目的是去除废水中的油，为生化反应创造合适的进水条件。预处理水量为 50m³/h。预处理构筑物包括重力除油池、事故调节水池、浮选除油池、油渣分离池和轻油分离池。

(2) 厌氧降解(A1 段)。从浮选池出来的水由泵送往厌氧池，在厌氧池与生活污水混合后与池中组合填料上的生物膜(厌氧菌)进行生化反应，将废水中一些难生物降解的有机物转化为易降解的有机物，同时提高废水的可生化性。该段工艺参数为：磷酸盐约 8mg/L，pH＝6～8，水温 30℃。

(3) 缺氧反硝化(A2 段)。厌氧池的出水通过泵和脉冲布水器打入生化反应核心设施之一的缺氧池，它以进水中的有机物作为碳源和能源，以二次沉淀池部分出水的硝态氮作为反硝化的氧源，在池中组合填料上的生物膜(兼性菌团)作用下进行反硝化脱氮反应，使废水中的氨氮、COD 等污染物质得以降解去除。缺氧池的控制参数为：溶解氧(DO)小

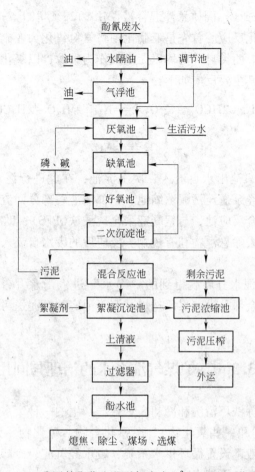

图 13-2 我国某焦化企业酚氰废水 A^2/O 处理工艺流程

于 0.2mg/L, 磷酸盐 3~4mg/L, pH=6~8, 水温 30℃。在缺氧条件下进行的是反硝化反应。即由异养细菌利用硝酸盐和亚硝酸盐中的氧作为电子受体, 利用有机物作为电子供体, 将硝酸盐和亚硝酸盐还原成氮气而从水中逸出, 同时还将废水中的有机物氧化为 CO_2 和 H_2O。其主要反应过程如下：

$$NO_2^- + 3H(有机物) \Longrightarrow \frac{1}{2}N_2 + H_2O + OH^-$$

$$NO_3^- + 5H(有机物) \Longrightarrow \frac{1}{2}N_2 + 2H_2O + OH^-$$

(4) 好氧硝化(O 段)。好氧池也是生化反应核心设施之一, 废水中氨氮在此被氧化成硝态氮。缺氧池出水流入好氧池, 与经污泥泵提升送回到好氧池的活性污泥充分混合, 由微生物降解废水中的有机物。为了满足生化要求, 通过设置的微孔曝气器来增加废水中的溶解氧, 为微生物供氧并对混合液进行搅拌, 另外还投加纯碱(Na_2CO_3)和磷酸盐。好氧池进水水质的控制范围为：酚小于 700mg/L, 氰小于 20mg/L, 油小于 70mg/L, COD 小于 1350mg/L, 氨氮小于 300mg/L, 固体悬浮物小于 100mg/L, pH=7~8。好氧池控制工艺参数为：溶解氧 2~5mg/L, 磷酸盐约 3mg/L, pH≈7, 水温 25~30℃(不得急剧变化),

碱度(以 $CaCO_3$ 计)150mg/L，固体悬浮混合液(MISS)2g/L 以上。在有氧环境中，自养型好氧细菌分两步完成硝化反应。首先是亚硝化菌将氨氮氧化为亚硝酸盐，然后是硝化菌将亚硝酸盐氧化为硝酸盐。两类自养菌均以无机碳作为碳源，以氧化反应所释放的能量作为能源进行合成、同化。其主要反应如下：

亚硝化反应　　$NH_4^+ + 2HCO_3^- + \dfrac{3}{2}O_2 =\!=\!= NO_2^- + H_2O + 2H_2CO_3$

硝化反应　　　　　　$NO_2^- + \dfrac{1}{2}O_2 =\!=\!= NO_3^-$

(5) 泥水分离。好氧池出水自流入二次沉淀池，在此进行泥水分离。污泥一部分回流至好氧池，其余部分经泵送至污泥浓缩池。上部清液一部分回流至缺氧池，参与反硝化反应；其余部分进入混合反应池，与絮凝剂聚合硫酸铁(PFS)、助凝剂聚丙烯酰胺(PAM)进行混合反应，进一步去除悬浮物和有机物。反应后的废水自流入絮凝沉淀池，废水在此实现泥水分离。

(6) 分离水回用。泥水分离后得到的"净水"进入酚水井，经过滤后分别送筛焦、除尘、熄焦等工序，其余部分送选煤厂选煤。沉于池底的污泥送污泥浓缩池，由螺旋压滤机脱水后装车外运。

13.3　高炉煤气洗涤水的治理与回用

高炉煤气洗涤水是炼铁厂清洗和冷却高炉煤气产生的一种废水。它含有大量的悬浮物(主要是铁矿粉、焦炭粉和一些氧化物)、酚氰化合物、硫化物、无机盐以及锌金属离子等。高炉煤气洗涤水一般都设置循环供水系统，废水经沉淀、冷却后循环利用。

高炉煤气洗涤水具有如下特点：

(1) 由于水温升高，蒸发浓缩，二氧化碳逸散而形成结垢；

(2) 由于水中游离无机酸和二氧化碳的作用，产生化学腐蚀，金属与水接触产生电化学腐蚀；

(3) 在洗涤过程中与产品直接接触，被带进过量的钙、镁和锌金属离子等，以致结垢严重；

(4) 水中不生长藻类，也没有生物细菌的繁殖。

高炉煤气洗涤水的结垢主要是由于水中重碳酸盐、碳酸盐和二氧化碳之间的平衡遭到破坏所致，即 $Ca(HCO_3)_2 =\!=\!= CaCO_{3(s)} + CO_2 + H_2O$ 是可逆反应，当水中游离二氧化碳少于平衡需要量时，则产生碳酸钙沉淀；如超过平衡量时，则产生二氧化碳腐蚀，可以认为该循环水水质同时具有结垢和腐蚀两种属性。

对于高炉煤气洗涤水而言，首先应采取化学沉淀处理，把某些可溶物转化成难溶的化合物，并使其析出沉淀。在此基础上再采取净循环水水质稳定所必需的措施(但不需杀菌灭藻)，以实现高度循环。所以，要解决循环水水质稳定问题，必须对循环水水质进行全面处理，即控制悬浮物、成垢盐、腐蚀、微生物、水温等。这些处理技术之间互相联系、互相影响，所以必须坚持全面处理，形成良性循环。炼铁厂的用水量大，用水水质要求有明显差别，十分有利于串级用水，只要保证各类水循环中浓缩倍数不太高，有定量"排污"到下一道用水系统中，全厂就可以达到无废水排放的水平。

13.3.1 悬浮物的去除

炼铁系统的废水以悬浮物污染为主要特征，高炉煤气洗涤水悬浮物的质量浓度高达 1000 ~ 3000mg/L，经沉淀后出水悬浮物的质量浓度应小于150mg/L，方能满足循环利用的要求。沉降速度应按不大于0.25mm/s设计，相应的沉淀池单位面积负荷为1 ~ 1.25m^3/($m^2 \cdot h$)。鉴于混凝药剂近年来得到广泛应用，高炉煤气洗涤水大多采用聚丙烯酰胺絮凝剂或聚丙烯酰胺与铁盐并用，都取得了良好效果，沉降速度可达3mm/s以上，单位面积水力负荷提高到2m^3/($m^2 \cdot h$)，相应的沉淀池出水悬浮物的质量浓度可控制在小于100mg/L。炼铁厂多采用辐射式沉淀池，有利于排泥。不管采用什么形式的沉淀池，都应有加药设施，可达到事半功倍的效果，并保证循环利用的实施。

13.3.2 温度的控制

经洗涤后水温升高，这种现象统称为热污染。循环用水如不排放，热污染不构成对环境的破坏。但为了保证循环，针对不同系统的不同要求，应采取冷却措施。炼铁厂的几种废水都产生温升，由于生产工艺不同，有的系统可不设冷却设备，如冲渣水。水温度的高低对混凝沉淀效果以及结垢与腐蚀的程度均有影响。设备间接冷却水系统应设冷却塔，而直接冷却水或工艺过程冷却系统则应视具体情况而定。

对采用双文氏管串联供水再加余压发电的煤气净化工艺而言，高炉煤气的最终冷却不是靠冷却水，实际上，高炉煤气在经过两级文氏管洗涤之后进入余压发电装置的过程中，煤气骤然膨胀降压，其温度可以下降20℃左右，达到了使用和输送、储存的温度要求。所以，清洗工艺对洗涤水温无严格要求，可以不设冷却塔。但无高炉煤气余压发电装置的两级文氏管串联系统，仍要设置冷却塔。

13.3.3 水质的稳定

水的稳定性是指在水的输送过程中，其本身的化学成分是否起变化以及是否引起腐蚀或结垢的现象。既不结垢也不腐蚀的水称为稳定水。所谓不结垢、不腐蚀是相对而言的，实际上水对管道和设备都有结垢和腐蚀现象，若在可控制允许范围之内，即称水质是稳定的。随着水处理技术的发展，特别是近年来水质稳定药剂的开发，对水质稳定的控制已经有了成熟的技术。设备间接冷却循环水不与污染物直接接触，称为净循环水，其水质稳定控制已有成熟的理论和成套技术；对于直接与污染物接触的水，循环利用时称为浊循环水，如高炉煤气洗涤水，它的水质稳定技术更复杂，多采用复合的水质稳定技术有针对性地解决。炼铁厂的净循环水和浊循环水都属于以结垢型为主的循环水类型，其水质稳定实际上是解决溶解盐(碳酸钙)的平衡问题，如下列化学方程式所示：

$$CaCO_3 + CO_2 + H_2O \Longrightarrow Ca(HCO_3)_2$$

当反应达到平衡时，水中溶解的$CaCO_3$、CO_2和$Ca(HCO_3)_2$量保持不变，水处于稳定状态。当水中HCO_3^-超过平衡的需求量时，反应向左进行，水中出现$CaCO_3$沉积，产生结垢。一般常用极限碳酸盐硬度来控制$CaCO_3$的结垢。极限碳酸盐硬度是指循环冷却水所允许的最大碳酸盐硬度值，超过这个数值，就会产生结垢。控制碳酸盐结垢的方法如下：

（1）酸化法。酸化法是在水中投加硫酸或者盐酸，利用 $CaSO_4$、$CaCl_2$ 的溶解度远远大于 $CaCO_3$ 的原理防止结垢，反应如下：

$$Ca(HCO_3)_2 + H_2SO_4 \rightarrow CaSO_4 + 2CO_2 + 2H_2O（加硫酸）$$

$$Ca(HCO_3)_2 + 2HCl \rightarrow CaCl_2 + 2CO_2 + 2H_2O（加盐酸）$$

此法对不含锌的废水有些作用，但也不能完全解决问题，通常还有结垢现象发生，有时相当严重。为维持生产正常运行，只好排出部分废水，补充一些新水，以保持循环系统水质平衡。因此，酸化法只能缓解由于 $CaCO_3$ 引起的结垢，而不能缓解其他成垢因素引起的结垢问题，且常常严重腐蚀设备。

（2）石灰软化法。石灰软化法是在水中投入石灰乳，利用石灰的脱硬作用去除暂时硬度，使水软化，反应如下：

$$CaO + H_2O \rightarrow Ca(OH)_2 （投入石灰乳）$$

$$Ca(HCO_3)_2 + Ca(OH)_2 \rightarrow 2CaCO_{3(s)} + 2H_2O$$

石灰的投加量可以采用理论计算求出，而实际工作中多用试验方法确定。要特别提出注意的是，在用石灰软化时，为使细小的 $CaCO_3$ 颗粒长大，同时要加絮凝剂（如 $FeCl_3$）。

（3）CO_2 吹脱法。CO_2 吹脱法是在洗涤废水进入沉淀池之前进行曝气处理。曝气的目的是吹脱溶解于废水中的 CO_2，破坏成垢物质的溶解平衡，促使其结晶析出并直接在沉淀池中与悬浮物一起被去除，从而避免系统中结垢的发生。不过，曝气只有随着时间的延长才逐渐发生作用。试验表明，只有曝气 30min 以上，水中 CO_2 的吹脱效果才明显，pH 值可以上升到 8 左右。但在此过程中，洗涤废水中的悬浮物比较容易沉淀，进而曝气池的清泥又成为一个难题；并且曝气的强度、空气的分配不好掌握，安装和维护也不方便，加之曝气所需的鼓风机耗电较多，使得此方法的应用受到限制。

（4）碳化法。有的炼铁厂将烟道废气（含有部分 CO_2）通入洗涤废水中，以增加洗涤水中的 CO_2，使 CO_2 与循环水中易结垢的 $CaCO_3$ 反应，生成溶解度大的 $Ca(HCO_3)_2$。该物质是不稳定物质，为抑制 $Ca(HCO_3)_2$ 分解，防止 $CaCO_3$ 结晶析出，需保持水中有少许过量的 CO_2，使水中游离 CO_2 的质量浓度维持在 $1 \sim 3mg/L$，从而使 $Ca(HCO_3)_2$ 不分解，保证供水管道不结垢，这就是碳化法稳定水质的基本原理。其化学平衡式为：

$$CaCO_3 + CO_2 + H_2O \rightarrow Ca(HCO_3)_2$$

（5）药剂缓垢法。加药剂稳定水质的机理是在水中投加有机磷类、聚羧酸型阻垢剂，利用它们的分散作用、晶格畸变效应等优异性能控制晶体的成长，使水质得以稳定。最常用的水质稳定剂有聚磷酸钠、NTMP（氮基膦酸盐）、EDP（乙醇二膦酸盐）和聚马来酸酐等。随着研究和应用的不断深入以及复合配方有针对性的应用，药剂之间可有增效作用，投药量大大减小。随着化学工业的发展，各种高效水质稳定剂被开发出来，所以在循环水系统中，药剂法控制水质稳定将更有广阔前景。

13.3.4 氰化物的处理

当洗涤水中氰的质量浓度较高时，尤其是当废水去除悬浮物后欲外排时，应考虑对氰化物进行处理。大型高炉的煤气洗涤水水量大、氰的质量浓度低，可不考虑进行氰化物处理。小型高炉，尤其是炼锰铁的高炉洗涤水，氰的质量浓度高，应进行处理。其处理方法主要有：

（1）碱式氯化法。碱式氯化法是在碱性条件下，投加氯、次氯酸钠等氯系氧化剂，使氰化物氧化成无害的氰酸盐、二氧化碳和氮。此法处理效果好，但处理费用较高。

（2）回收法。个别炼锰铁的高炉洗涤水中氰质量浓度很高时，可用回收法。先调整废水的 pH 值，使其呈酸性，然后进行空气吹脱处理，使氰化氢逸出，收集后用碱液处理，最后回收氰化钠。

（3）亚铁盐络合法。亚铁盐络合法是向废水中投加硫酸亚铁，使其与水中的氰化物反应生成亚铁氰化物的络合物。此法的缺点是沉淀池污泥外排后可能还原成氰化物，再次造成污染。

（4）生物氧化法。生物氧化法是利用微生物降解水中的氰化物。如塔式生物滤池，以焦炭或塑料为滤料，在水力负荷为 $5 \sim 10 m^3/(m^2 \cdot d)$ 时，氰化物去除率可达85%以上。

13.4　转炉除尘废水的治理与回用

13.4.1　两种炉气处理方法与废水特点

13.4.1.1　未燃法

众所周知，炼钢过程是一个铁水中碳和其他元素氧化的过程。铁水中的碳与吹入的氧发生反应，生成 CO，随炉气一同从炉口冒出。回收这部分炉气，可作为工厂能源的一个组成部分。这种炉气称为转炉煤气，这种处理过程称为回收法或未燃法。

13.4.1.2　燃烧法

如果炉口处没有密封，大量空气则通过烟道口随炉气一同进入烟道，在烟道内空气中的氧气与炽热的 CO 发生燃烧反应，使 CO 大部分变成 CO_2，同时放出热量，这种方法称为燃烧法。

含尘烟气一般采用两级文氏管洗涤器进行除尘和降温。处理后，洗涤水通过脱水器排出，即为转炉除尘废水。

13.4.1.3　废水特点

上述两种不同的炉气处理方法给除尘废水带来不同的影响，即烟气净化废水水质与烟气净化方式有关，并随吹炼时间而急剧变化。

采用未燃法，除尘废水中的悬浮物以 FeO 为主，废水呈黑灰色，悬浮物的颗粒较大，废水的 pH 值大于7，甚至可达到10以上。

采用燃烧法，由于烟道内 CO 与 O_2 发生燃烧反应，以 FeO 进一步氧化成 Fe_2O_3 为主，且其颗粒较小，废水呈红色，一般 pH 值都在7以下，属于酸性。有的燃烧法废水也呈碱性，这是由于混入大量石灰粉尘所致。

13.4.2　转炉除尘废水处理技术

处理转炉除尘废水的关键技术包含三个方面，即悬浮物的去除、水质的稳定、污泥的脱水与回收。

炼钢烟气除尘废水主要含有大量的悬浮物，如一般中型氧气顶吹转炉烟气净化废水中的悬浮物含量可高达 3000～20000mg/L。悬浮物的主要成分是铁、钙、硅和镁的氧化物。处理炼钢烟气除尘废水的方法主要采用自然沉降、絮凝沉降和磁力分离。

13.4.2.1　悬浮物的去除

纯氧顶吹转炉除尘废水中的悬浮物杂质均为无机化合物,采用自然沉淀的物理方法虽能使出水悬浮物含量达到 150～200mg/L 的水平,但循环利用效果不佳,必须采用强化沉淀的措施。

一般在辐射式沉淀池或立式沉淀池前加混凝药剂,或先通过磁凝聚器经磁化后进入沉淀池。最理想的方法应使除尘废水进入水力旋流器,利用重力分离的原理将大于 $60\mu m$ 的大悬浮颗粒去掉,以减轻沉淀池的负荷。废水中投加 1mg/L 的聚丙烯酰胺即可使出水悬浮物含量达到 100mg/L 以下,效果非常显著,可以保证正常的循环利用。

由于转炉除尘废水中悬浮物的主要成分是铁氧化物,采用磁凝聚器处理含铁磁质微粒十分有效。氧化铁微粒在流经磁场时产生磁感应,离开时具有剩磁,微粒在沉淀池中互相碰撞、吸引,凝成较大的絮体,从而加速沉淀并能改善污泥的脱水性能。

聚丙烯酰胺(PAM,Polyacrylamide)为水溶性高分子聚合物,不溶于大多数有机溶剂,具有良好的絮凝性,可以降低液体之间的摩擦阻力。按离子特性可将其分为非离子、阴离子、阳离子和两性型四种类型,主要用作絮凝剂。对于悬浮颗粒较粗、浓度高、粒子带阳电荷且呈中性或碱性的污水,由于阴离子聚丙烯酰胺分子链中含有一定量极性基能吸附水中悬浮的固体粒子,使粒子间架桥形成大的絮凝物,因此可加速悬浮液中粒子的沉降,有非常明显的加快溶液澄清、促进过滤等效果。该产品广泛用于化学工业废水、废液的处理,市政污水的处理,自来水工业、高浊度水的净化和沉清以及洗煤、选矿、钢铁冶金工业、锌和铝加工业、电子工业等水处理。

13.4.2.2　水质的稳定

由于炼钢过程中必须加入辅料石灰,在吹氧时部分石灰粉尘还未与钢液接触就被吹出,随烟气一同进入除尘系统,因此,除尘废水中 Ca^{2+} 含量相当多,它与溶入水中的 CO_2 反应,致使除尘废水的暂时硬度较高,水质失去稳定性。采用沉淀池后投入分散剂(或称水质稳定剂)的方法,在螯合、分散的作用下能较有效地防垢、除垢。投加碳酸钠(Na_2CO_3)也是一种可行的水质稳定方法,Na_2CO_3 与石灰($Ca(OH)_2$)反应形成 $CaCO_3$ 沉淀,反应式如下:

$$CaO + H_2O \Longrightarrow Ca(OH)_2$$
$$Na_2CO_3 + Ca(OH)_2 \Longrightarrow CaCO_{3(s)} + 2NaOH$$

而生成的 NaOH 与水中 CO_2 作用又生成 Na_2CO_3,从而在循环反应的过程中使 Na_2CO_3 得到再生,在运行中由于排污和渗漏,仅补充少量的 Na_2CO_3 就能保持平衡。该法在国内一些工厂的应用中有很好的效果。

此外,利用高炉煤气洗涤水与转炉除尘废水混合处理,也是保持水质稳定的一种有效方法。由于高炉煤气洗涤水含有大量的 HCO_3^-,而转炉除尘废水含有较多的 OH^-,两者结合发生如下反应:

$$Ca(OH)_2 + Ca(HCO_3)_2 \Longrightarrow 2CaCO_{3(s)} + 2H_2O$$

生成的碳酸钙正好在沉淀池中除去,这是以废治废、综合利用的典型实例。若在运转

过程中 OH^- 与 HCO_3^- 的量不平衡,可在沉淀池后适当加些阻垢剂以做保证。

总之,水质稳定的方法是根据生产工艺和水质条件,因地制宜地选取最有效、最经济的方法。

13.4.2.3 污泥的脱水与回收

转炉除尘废水经混凝沉淀后可实现循环使用,但沉积在池底的污泥必须予以恰当处理。转炉除尘废水污泥中铁氧化物含量达 70%,有很高的利用价值。处理此种污泥与处理高炉煤气洗涤水的瓦斯泥一样,国内一般采用真空过滤脱水的方法,因脱水性能比较差,脱水后的泥饼很难被直接利用,将其制成球团可直接用于炼钢,如图 13-3 所示。

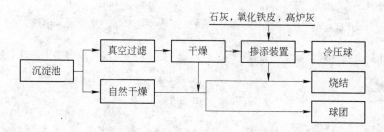

图 13-3 污泥的处理与利用途径

污泥的回收主要有以下几种形式:

(1) 碳酸化球团。含水 25%~30% 的污泥掺入 20% 左右的石灰粉,加以搅拌,石灰粉吸收污泥水分而消化,同时产生热量。搅拌后的污泥压制成生球,然后装入碳酸化罐,并通入 CO_2 气体对生球进行碳酸化,使消石灰和 CO_2 作用生成碳酸钙固结球。碳酸化球团可作炼钢的冷却剂,其工艺流程如图 13-4 所示。

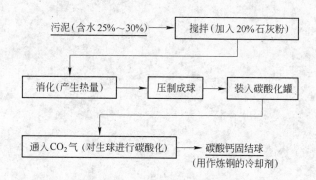

图 13-4 碳酸化球团工艺流程

(2) 球焙烧。向含水 50%~60% 的污泥中加入石灰粉,用搅拌机搅拌 1min 后装入消化桶消化,加以研磨,同时按比例掺入精矿粉,然后压制成球,用竖窑焙烧 40~50min 即成熟球,可供炼钢使用,其工艺流程见图 13-5。

(3) 高压成型烘干造球。将污泥与石灰粉混合消化,与轧钢的氧化铁皮混合,然后用 70~100MPa 的压力机压制成球,再以 200℃ 的温度烘干,即可用于炼钢,其工艺流程见图 13-6。

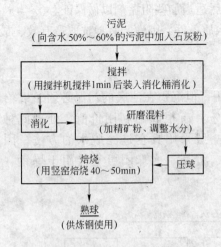

图 13 – 5　球焙烧工艺流程

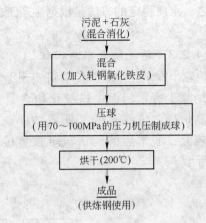

图 13 – 6　高压成型烘干造球工艺流程

复习思考题

13 – 1　简述冶金废水的来源、特征及危害。

13 – 2　矿山酸性废水有哪些特点，其一般的处理方法及注意事项是什么？

13 – 3　烧结厂的废水污染主要表现在哪些方面，烧结废水治理的主要技术难点是什么？

13 – 4　简述焦化酚氰废水生物处理的原理及过程。

13 – 5　按照工艺过程以及作用来划分，炼铁厂废水的主要来源有哪些？

13 – 6　高炉煤气洗涤水有何特点，含有哪些有害组分，其处理技术主要包括哪些内容？

13 – 7　利用高炉煤气洗涤水与转炉除尘废水混合处理稳定水质的方法是什么？写出其反应方程式。

13 – 8　转炉烟气净化废水水质与烟气净化方式有何关系，处理转炉除尘废水的关键技术包括哪些方面？

14 废旧金属的资源化

随着科学技术的发展和生活水平的提高，人类对金属的消费量日趋增加。然而，原生金属资源的不可再生性使人类面临严重的资源危机。废旧金属资源的再生作为资源综合利用的重要组成部分，对于保证资源永续、减少环境污染、节省能源、提高经济效益具有重要意义。所以近年来，废旧金属的回收利用得到了广泛关注，并且以投资少、消耗小、成本低等特点在国内外得到迅速发展。

14.1 废钢资源化概述

14.1.1 废钢的来源

废钢铁(泛称废钢)是指在特定环境条件下，形态、性能发生变化而失去了原有使用价值的钢铁材料及制品。废钢资源按其来源可分为以下几种：

(1) 自产废钢。来自钢铁企业内部炼钢、轧钢等工序的切头、切尾、残钢、轧废等的废钢称为自产废钢，又称"内部废钢"。自产废钢通常只在本企业内部循环利用，不进入市场流通。

(2) 加工废钢。来自制造加工工业的废钢(即加工铁屑)称为加工废钢。加工废钢通常在较短的时间内就能返回钢铁工业，所以又称"短期废钢"。

(3) 折旧废钢。国内的各种钢铁制品(如机器设备、车辆、容器、家用电器等)在使用寿命终了并报废后形成的废钢，称为折旧废钢。从钢铁工业生产出来的钢到最后变成折旧废钢，一般要经过一段较长的时间（10 年以上），所以折旧废钢又称"长期废钢"。在数量上，折旧废钢量远大于加工废钢量，因此，在研究废钢资源问题时应特别注重折旧废钢。在美国、日本、德国等发达国家，其工业化程度较高，工业化历史较长，钢铁产品消费量几十年长期稳定在较高的水平上，所以折旧废钢产量较高，使其废钢资源中折旧废钢所占的比例较大(见表 14 - 1)。我国的折旧废钢比例小于世界发达国家。

表 14 - 1 2001 年美国、日本、俄罗斯、中国四国的废钢资源结构　　　　　　（%）

国　家	不同来源废钢的百分比		
	自产废钢	加工废钢	折旧废钢
美国	25	13	62
日本	26	14	60
俄罗斯	34	15	51
中国	35	24	41

(4) 进口废钢。从国外进口的废钢即为进口废钢。由于我国钢铁工业的快速增长，

国内废钢资源不能满足钢铁生产的需要，每年需要大量进口国外废钢，进口废钢是我国废钢资源的一个重要补充。

据不完全统计，全世界自1870年以来，各主要产钢国家累计钢铁储存量已超过150亿吨。美国至20世纪末，储存总量接近40亿吨。我国作为新兴的钢铁大国，近年来钢铁产量猛增，目前钢铁积蓄总量已接近15亿吨。若按平均14年的折旧期计算，全世界每年产生的废钢大约为7亿吨，其中可回收利用的将占55%左右，如此大量的废钢是钢铁工业的宝贵资源。

14.1.2　废钢资源化的意义

废钢资源的有效利用可大大减少对原生矿物资源的开采耗用，降低社会总能耗，节约投资，保护生态环境，提高劳动生产效益。特别是在原生矿物资源极度消耗并日趋匮乏的今天，废钢资源在世界钢铁工业可持续发展战略中的地位越发显得突出。目前世界各国都在积极有效地回收利用废钢资源，以减少对矿物资源的依赖和能源的长期过度消耗。

废钢作为钢铁生产所必需的资源，是唯一可以替代铁矿石用于钢铁产品制造的原料。废钢被形象地称为"第二矿业"，它既是一种载能的再生资源，又是一种环保资源，可节约能源、减少排放。废钢主要用于电炉冶炼，据统计，废钢－电炉流程与高炉－转炉流程相比，可节约能源60%，节水40%，减少排放废气86%、废水76%、废渣97%。另外，废钢如果得不到有效的回收利用，任意堆置，不但浪费资源，还会侵占土地，对土壤、水体、大气及生态环境造成严重威胁。将不同钢铁生产流程的吨钢能耗进行对比（如表14－2所示）可见，利用废钢进行钢铁生产是所有工艺流程中能耗最低的。

表14－2　不同钢铁生产工艺流程的吨钢能耗对比　　　　　　　　　　（GJ/t）

工　序	烧结	炼焦	高炉炼铁	直接还原铁	炼钢	轧制	其他	合计
高炉－转炉长流程	2.51	2.51	12.41		0.84	2.93	2.09	23.92
废钢－电炉短流程					6.28	2.93	0.42	9.63
直接还原铁工艺				12.41	6.28	2.93	1.26	22.81

废钢作为一种优良的再生资源，可无限循环使用。利用废钢炼钢，每吨废钢可再炼成近1t钢，可节约1.7t铁精矿，减少4.3t原生矿的开采，同时可省去采矿、选矿、炼焦、炼铁等过程。

14.1.3　废钢指数——"第二矿业"的象征

在四种不同来源的废钢中，自产废钢通常只在钢铁企业内部循环利用，不进入流通市场，所以不能作为国内市场上废钢资源的一部分。进口废钢来自国外，更不能看做是进口国的废钢资源。因此在国内的废钢资源中，只能计入加工废钢和折旧废钢。这两种废钢量之和就是一个国家的废钢资源量（由于加工废钢和折旧废钢通常由社会有关行业专门回收加工，常用采购废钢表示两者之和）。但是，不能仅用废钢资源量的绝对值来说明废钢资源的充裕程度，这是因为一个国家的废钢资源是否充足是相对于这个国家的钢产量而言的。在钢产量很小的情况下，只要有少量的废钢就显得很充足，反过来也是同样的道理。

为此，可定义一个衡量钢铁工业废钢资源充足程度的指数，称为废钢指数 S，表示如下：

$$S = \frac{\text{统计期内国内回收的折旧废钢量}(P_1)\text{与加工废钢量}(P_2)\text{之和}}{\text{统计期内该国的钢产量}(T)}$$

$$= \frac{\text{统计期内国内采购废钢量}(P_1 + P_2)}{\text{统计期内该国的钢产量}(T)}$$

废钢指数 S 是"第二矿业"的象征，是衡量一个国家钢铁工业废钢资源充足程度的判据。S 值越大，废钢资源越充足，"第二矿业"越兴旺。一个国家废钢资源的收支平衡关系如表 14-3 所示。

表 14-3　一个国家废钢资源的收支平衡关系

收 入 项		支 出 项	
代 号	名 称	代 号	名 称
P_1	折旧废钢 采购废钢	Q_1	出口废钢
P_2	加工废钢	Q_2	废钢消耗
P_3	自产废钢(内部废钢)		
P_4	进口废钢		

在统计期内若废钢收支平衡，则：

$$P_1 + P_2 + P_3 + P_4 = Q_1 + Q_2$$

按上式，在废钢收支平衡的情况下可推算废钢指数，即：

$$S = \frac{P_1 + P_2}{T} = \frac{Q_1 + Q_2 - P_3 - P_4}{T}$$

若收支不平衡，则废钢库存量发生变化，废钢指数也相应改变。图 14-1 所示为在假设废钢收支平衡的条件下，1988～1997 年间美国、日本、中国的废钢指数变化比较。由图 14-1 可见，废钢指数美国居首，中国最低，日本介于中国与美国之间且波动较小(在 0.35～0.40 之间)。美国钢产量在 20 世纪 70 年代末至 80 年代初大幅度下降后，废钢指数很高，1988 年为 0.7514。由于钢铁工业对铁矿石的依赖程度大幅度下降，原有的部分铁矿暂时关闭，在废钢充足、电价较低的情况下，电炉钢厂得到很大发展，部分取代了高

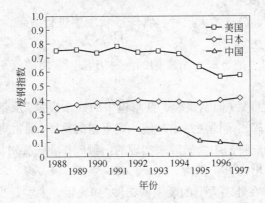

图 14-1　美国、日本、中国的废钢指数变化比较

炉-转炉流程。90年代以来,其钢产量有所回升,废钢指数逐步下降,1997年为0.5767,但废钢资源仍是充足的,多余的废钢出口国外。

14.2 废钢的资源化

14.2.1 废钢质量要求

废钢主要作为电炉和转炉炉料使用。为满足冶炼工艺、钢水质量、技术经济指标、操作安全等需要,对废钢质量有一定要求,具体如下:

(1) 化学成分明确。应该明确废钢的化学成分,限制硫、磷含量。废钢中不得混有铝(Al)、锡(Sn)、砷(As)、锌(Zn)、铜(Cu)、铅(Pb)等有色金属,这些元素在冶炼过程中难以去除,不但会影响钢的洁净度,而且还会影响钢的质量,造成电炉炉体的损坏,恶化技术经济指标。

(2) 表面洁净。废钢表面应清洁少锈。若废钢表面粘有大量泥砂、炉渣、耐火材料、水泥等物质,则会降低炉料的导电性,延长熔化时间;并会降低炉渣碱度,影响氧化期脱磷效果,侵蚀炉衬;同时还会增加造渣石灰消耗,进而增加电耗,降低生产率。锈是含水的铁氧化物,严重时会降低钢和合金的收得率,增加钢中的氢含量。

(3) 外形尺寸合理。入炉废钢要有合适的块度及外形尺寸。大块废钢装料时易砸坏炉体,同时容易造成炉内塌料,损坏电极。废钢尺寸过大,会给装料造成困难。另外,大块废钢在炉内熔化缓慢,影响电耗及生产率等指标。对入炉废钢中的轻薄料要求具有一定的块度和堆积密度。块度过小,炉料在炉内过于致密,不利于废钢的快速熔化。堆积密度太小,无疑要增加装料次数(通常以控制在2或3次为宜),而电炉每少加一次料可降低电耗 $10 \sim 20 kW \cdot h/t$,缩短出钢时间约10min,提高生产率。

(4) 具有使用安全性。废钢中不得混有密封容器、易燃物、易爆物、有毒物及放射性物质,以保证安全、清洁生产。

14.2.2 废钢处理工艺

废钢需经过一定的加工处理,达到一定的质量要求后才能成为合格的炼钢原料。

14.2.2.1 废钢的破碎

将不易入炉、运送、分选的大尺寸、特殊形状废钢进行破碎,主要采用气割、落锤、爆破、剪切、碎化等方法。

(1) 气割法。气割法是处理大型废钢的一种方法。常用的气割法有乙炔气割、氧气气割和等离子气割等。

(2) 落锤法。对铸铁件(如钢铁模、铁水包中的残余废铁)及带生铁的渣等脆性易碎物,一般采用落锤法砸碎。落锤法是通过使一定重量的重锤(通常重5~10t)从高处落下,依靠落锤释放的重力势能将击中物破碎来实现的。砸碎作业需要对周边环境做周密的安全保护措施,防止碎片飞出伤人、伤物。

(3) 爆破法。只有在处理大型的废钢铁物件(如轧辊、大型锭模、凝固在盛钢桶或铁水包中的大块钢铁等)时才采用爆破法。此类作业应由爆破专业人员来完成。通常在用混凝土浇灌或内用钢锭模砌铺的专门坑内进行爆破，坑上用大块的厚钢板盖严。

（4）剪切法。当废钢的尺寸或厚度较大时，打包非常困难，要想使其成为合适的炉料，需用剪切的方法将其切成短段。近年来主要采用液压剪切机，剪切机的规格尺寸、剪切能力已标准化、系列化。一般是通过上料辊道或吊车将废钢送到剪切口前，经侧向推板预压后，由剪切机的(液压传动)垂直下刀片来完成剪切。

（5）碎化法。把废钢碎化成小块，便于将有色金属和其他杂质有效地去除，同时被碎化成拳头大小的钢特别有利于满足炼钢的要求。废钢碎化分为常温碎化和低温碎化，常温碎化可直接由切碎机来完成。切碎机内装有一个剪切转子和底筛，剪切机的剪切转子高速转动时，转子上铰装的刀片或击锤与切碎机入口的剪切刀板共同将送入的大块废钢切碎。小碎块落入筛下，筛上废钢则被反复击打切碎。刀片可跳过较硬的废钢以避免损坏，将较大尺寸的硬块经专门出口抛出。

钢在 -100℃ 以下会变脆，易于碎化。低温碎化就是利用这个特点来对废钢进行处理的。例如，把报废的汽车打包后，利用制氧时的副产品液氮将废钢冷却至 -120℃ 的低温，使之变脆后再送入切碎机碎化，只需在较小功率条件下即可完成。

14.2.2.2　废钢的打包与压块

为了增加堆积密度、减少装炉次数，需要将废钢屑、轻薄料等轻型废钢打包成捆、压缩成块。此外，对炉料质量有特殊要求时，可考虑将废钢熔化制成料锭，但由于费用较大，较少使用。

（1）废钢的打包。对于轻型废钢(如冲压薄板的边角料、汽车壳体等，一般厚度不大于3mm)，应采用打包的方法使其压实成捆。典型的大型打包机由料箱和三个方向的液压顶杆组成。当废钢放入料箱后，便被液压顶杆连续地从空间 X、Y、Z 三个相互垂直的方向进行压缩，最后打成箱型包捆，其密度可达到 $2 \sim 3t/m^3$。

（2）废钢的压块。压块是将被破碎的切屑压制成较短的圆柱形废钢料块，其直径为 $20 \sim 200mm$，密度达到 $4.2 \sim 5.3t/m^3$。为便于压块，压块前先将切屑破碎成小于 $19mm$ 的碎片(在切碎机中进行)，然后在干燥窑、离心机内或使用挥发油等方法进行去油处理。这样，在炼钢时可防止因油而造成的空气污染、耐火材料的损坏、废热回收系统的阻塞以及爆炸危险等。去油的碎屑再经分选去除有色金属后，即可进行压块。典型的压块机有三个基本组成部分，即液压顶杆、铁墩和压模。将碎屑装入压模中，碎屑被液压顶杆挤入压模成块，然后移动铁墩，废钢压块由液压顶杆推出，退回顶杆或移动压模，压块即自行落下。

14.2.2.3　废钢的分选

为去除混杂在废钢中的有色金属和其他非金属杂质，提高废钢的质量，必须对废钢进行分选。常用的分选方法是破碎 + 除尘 + 磁选，即用破碎的方法先将原始废钢(含有色金属、非金属杂物、油漆、氧化铁皮等)碎化成各自的分离物，然后利用高压气流在除尘装置内将密度不大的杂物吹离废钢，最后利用磁选法使黑色金属与有色金属分开。从钢渣中分选废钢也属于废钢分选技术之一。先用电磁吊车把渣中的大块废钢吊出，然后用球磨机把渣破碎，经过筛分、磁选即可回收小块废钢。

分离有色金属的方法很多，其中热分离法是有效的分选法之一。在装有煤气烧嘴的倾斜式回转窑内，保持废钢中所要分离金属的熔点温度，可使要分离的金属熔化并从专门设计的孔中流出,实现分离。

降低废钢中残余有色金属的含量是废钢处理中的重点和难点。它是防止废钢回收体系被污染、使钢铁的"静脉流程"得以实现的关键。

14.2.3　废钢资源化流程

废钢主要用作短流程中电炉的炼钢主料。与传统的铁矿石 – 高炉炼铁 – 转炉炼钢长流程不同,废钢经破碎、剪切、打捆等加工后直接装入电炉中熔炼(配以精炼炉),得到合格钢水,不需炼铁工序,故将此流程称为废钢 – 电炉炼钢短流程,其工艺流程如图 14 – 2 所示。短流程炼钢可直接在电炉内熔炼回收的废钢,通过在钢包炉(LF)中添加合金元素来调节金属的化学成分。这种短流程操作简洁、生产环节少、生产周期短、占地面积小,因此发展迅速。目前世界电炉钢产量约占总产量的 1/3。

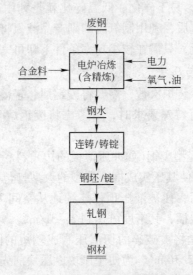

图 14 – 2　废钢 – 电炉炼钢工艺流程

长流程与短流程在社会分工和钢铁循环中的地位与功能如图 14 – 3 所示。由图 14 – 3 可见,长流程所依赖的资源是来自自然界的不可再生资源,其技术特征是铁元素的提取,是提供新鲜"血液"的"动脉"流程。然而从可持续发展的角度分析,长流程本质上是依靠"损害"自然界来获取钢铁材料的一种流程。短流程所依赖的资源是社会使用后的废弃物,其技术特征是废弃物中铁元素的回收再利用,是净化原有"血液"的"静脉"流程。从可持续发展的角度分析,短流程本质上是依靠废弃物资源化的循环经济流程。

与长流程相比,短流程的投资和建设周期可减少 1/3 ~ 1/2,生产能耗及操作成本分别可降低 1/2 和 1/4,劳动生产率可提高 1 ~ 3 倍。同时,短流程更具环保优势,废气、废水、废渣分别可减少 86%、76%、97%,尤其是二氧化碳的排放量可大大减少。

此外,废钢也是转炉炼钢的主要金属料之一,是冷却效果稳定的冷却剂。适当增加转炉炼钢的废钢比,可降低转炉炼钢的消耗和成本,但废钢的加入量通常不超过总装入量的30%。在当今转炉大量消费废钢技术尚未有突破的情况下,电炉炼钢短流程仍是利用废钢的主要途径。

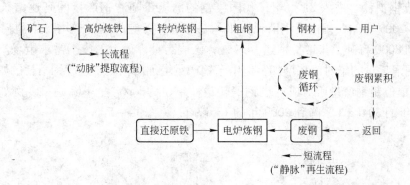

图 14 − 3 长流程与短流程在社会分工和钢铁循环中的地位与功能

14.3 我国的废钢利用

14.3.1 我国废钢利用现状

图 14 − 4 所示为我国近年来废钢资源构成(自产废钢、采购废钢、进口废钢)变化的统计结果。

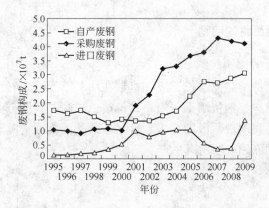

图 14 − 4 我国近年来废钢资源构成的变化

(1) 自产废钢。由于近年我国钢铁企业大力发展连铸技术,特别是采用全连铸技术和连轧技术,综合成材率大幅提高,使得钢铁企业自产废钢较少。2009 年,我国废钢总消耗量为 8000 万吨,其中钢厂自产废钢约 3050 万吨,占全年废钢消耗量的 38.1%。

(2) 采购废钢。采购废钢的产生量取决于钢铁累积。与发达国家相比,我国工业化起步晚,废钢积蓄不多。近年来,随着我国钢铁消费的增长,采购废钢增加较快,逐渐成为钢铁企业废钢来源的主要渠道。2009 年,我国采购废钢量为 4100 万吨,占年度废钢消费量的 50.1%。

(3) 进口废钢。我国是废钢的净进口国,依靠进口废钢才能维持钢铁原料的供需平衡。1995 ~ 2005 年间,我国进口废钢量从 135 万吨增加到 1014 万吨,2009 年我国进口废钢达 1369 万吨,对国外废钢资源的依赖程度增加。

（4）废钢消耗。进入 21 世纪，我国废钢的需求量随着钢产量的高速增长而大幅增加。2000～2009 年间，国内废钢消耗以平均每年 535 万吨的速度递增，年消耗量从 2900 万吨增长到 8000 万吨，年增长率达 14.7%，已成为世界最大的废钢需求市场。然而，虽然我国废钢消耗量的绝对值在增加，但由于钢产量增加的幅度超过废钢消耗的幅度，致使废钢单耗（单位粗钢产量所对应的废钢消耗量，单位为 kg/t）呈下降趋势。例如，废钢单耗从 1995 年的 304kg/t 下降到 2009 年的 135kg/t，见图 14－5。

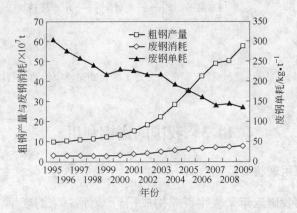

图 14－5 我国粗钢产量、废钢消耗及废钢单耗的变化

14.3.2 我国废钢利用面临的问题

14.3.2.1 废钢资源短缺

近年来我国钢产量持续高速增长，废钢指数在 0.1 以下徘徊（见图 14－6），远落后于美国、日本等发达国家，废钢资源十分短缺，价格也较高。我国工业化进程短，以前积蓄的废钢量远远不能满足我国现阶段的需求，这是导致我国废钢资源短缺、废钢单耗逐年下降的最根本和最主要的原因（见图 14－5）。

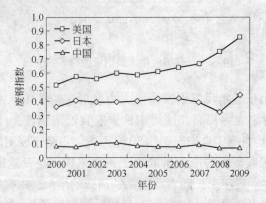

图 14－6 美国、日本、中国的废钢指数变化比较

除废钢指数及废钢单耗外，铁钢比（生铁产量占粗钢产量的百分比）及电炉钢比（电炉钢产量占粗钢产量的百分比）也是表征一个国家废钢资源状况的指标。在废钢资源短缺的情况下，我国钢铁工业对铁矿石的依靠程度很高，只能以高炉－转炉流程为主。近年来，

我国铁矿石消耗量和生铁产量与粗钢产量保持一致的增长，且铁钢比一直保持在95%左右，常年居高不下，比世界56.7%的平均水平高出38.3%（见图14-7）。由于铁钢比每升高10%会使吨钢能耗（标准煤）上升约20kg/t，我国吨钢能耗（标准煤）因铁钢比一项便要高出世界平均水平76.6kg/t。

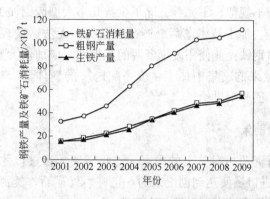

图14-7 我国钢铁产量及铁矿石消耗量的变化

我国电炉钢产量的增长幅度远远小于粗钢产量的增长幅度，电炉钢比很低（见图14-8）。如仅仅依靠国内废钢资源，电炉钢比不可能超过20%。如每年进口废钢500万吨，可使电炉钢比上升约4%；如进口1000万吨，则可上升约8%。当然，应考虑在大量进口废钢的情况下国际市场废钢价格的影响，而且必须解决电价高的问题，否则电炉钢的市场竞争力会受到影响。

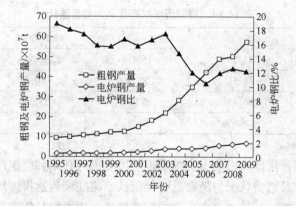

图14-8 我国粗钢产量、电炉钢产量及电炉钢比的变化

14.3.2.2 废钢加工设备落后

废钢的分选、切碎、打包、压块等加工处理，是提高入炉废钢质量、稳定化学成分、减少有害杂质危害的关键。世界先进产钢国的废钢加工设备已趋向于高效、节能、大型化发展，入炉废钢的机械加工率达95%以上。例如，美国等发达产钢国设有社会公用的专业废钢处理厂，由于具有专业化管理和处理技术，无论是在处理废钢质量上还是在成本上都具有竞争力。而我国废钢的加工绝大部分在钢铁厂内部的废钢处理车间进行，且主要通过人工和简单机械完成，机械加工量不足废钢回收量的3%。

为实现废钢的高效利用，应加快废钢加工处理设备的研发，使其趋于高效、节能、环保、自动化和大型化；同时，应积极推广废钢加工新工艺、新技术，提高废钢产品品质，以便适应"精品废钢"、"精料入炉"的发展要求，为钢铁工业提供优质炉料。

14.3.2.3　废钢市场缺乏科学管理

我国废钢市场管理不规范、不完善，除了少数几个大型废钢加工配送中心外，大部分企业规模小、分布散乱、加工技术落后、产品质量低，无法适应现代钢铁工业的生产需要。为改变现状，提高钢铁企业使用废钢资源的积极性，应加快大型废钢加工配送中心的建设，逐步实现"批量采购、集中加工、统一配送"的新体制，规范和完善废钢市场，稳定废钢供应渠道，保证废钢供给。

14.3.3　我国废钢利用前景

我国是一个铁矿石资源相对贫乏的国家，每年需要大量进口才能满足钢铁生产的需要，仅2009年铁矿石进口量便达到创纪录的6亿吨。铁矿石作为原生资源终有枯竭的时候，如何节制开采、科学调整资源配置势在必行。

我国历年的钢产量及消费量统计见表14-4。随着近些年钢铁工业的迅速发展，我国钢铁积蓄量不断增加，到2009年钢产量已达5.75亿吨，我国钢产量累计达到51亿吨，钢材表观消费量累计达52亿吨。我国2000年之后的钢产量及消费量占整个钢产量和消费量的60%以上，即我国绝大部分的钢材都是近10年间生产和消费的，这部分钢材还达不到回用周期；而2000年，特别是改革开放前，我国钢材的积蓄量非常低，这是我国社会废钢回收量远不能满足钢铁工业发展需要的根本原因。

表 14 -4　我国历年钢产量及消费量统计

时　间		1949~1980年	1981~2000年	2001~2009年	合　计
钢产量	万吨	43326	150489	316763	510578
	%	8.5	29.5	62.0	100
消费量	万吨	36647	152094	331259	520000
	%	7.0	29.2	63.8	100

虽然我国废钢积蓄量低从根本上制约了现阶段废钢的利用和废钢产业的发展，但按照目前我国的钢铁生产及消费状况，随着近些年钢铁产品陆续到达报废周期，我国废钢资源状况将会得到有效缓解。此外，未来当我国钢产量进入缓慢增长期或稳定期后，也将有利于废钢不足局面的改善。钢产量长期（10年以上）稳定后，废钢指数将上升到0.35左右，废钢资源将变得比较充足（接近日本现在的水平）。到那时，电炉钢比将有相当程度的增长，钢铁企业将逐渐减少对铁矿石的依赖，转炉多配废钢也可成为现实。

14.4　有色金属再生概述

有色金属是国民经济和国防建设的重要原材料，其应用范围随着国民经济建设和科学技术的发展而日益扩大，用量也相应增加，但原生的有色金属已不能满足人类不断增长的需要，造成严重的资源危机。因此，有效回收利用有色金属废料(有色金属冶炼、加工和消费过程中所产生的有色金属废料及残次品)和废件(报废的机械、设备、仪器、仪表及其他零件等)就显得特别重要。有色金属废料、废件有时统称为有色金属废料。有色金属再生是指有色金属废料和废件经过冶炼或其他处理工艺，产出有色金属或合金的过程。再生金属或合金称为再生有色金属(二次有色金属)或再生有色金属合金(二次有色金属合金)。

14.4.1 有色金属再生的意义

再生有色金属的原料品位高、杂质少、易于处理，其生产费用、基建投资、能源消耗及环保费用等均低于原生有色金属的相应费用。有色金属废料和废件的回收利用是变废为宝、一举多得，对于国民经济的持续、健康发展具有重要意义，具体如下：

(1) 扩大资源。按照现有的消耗水平，世界有色金属矿产资源难以满足人们的需求，而且矿产品位也越来越低。从现在起再过 100 年左右，绝大多数重要的不可再生资源或消耗殆尽，或变得极端昂贵。世界发达国家利用再生有色金属的比重在有色金属总产量中占 30%～52%。据统计，世界铜的消耗量有 1/3 来源于再生铜，再生铅占铅总消耗量的 40%～50%，再生铝占铝总消耗量的 29%。我国有色金属矿产资源人均占有量低，且品位逐年下降，再生有色金属的产量也占到有色金属总产量的 10%～15%，有色金属废料已构成有色金属生产的第二大资源。

(2) 提高效益。据统计，生产 1t 原生金属需采掘剥离的岩石总量为铜 250 多吨，铝 20 多吨，铅和锌 30 多吨。再生有色金属的生产费用大约只有原生有色金属生产费用的一半。在我国，生产 1t 再生铝比生产 1t 原生铝节约投资 87.5%，生产费用降低 40%～50%，经济效益显著。

(3) 节约能源。统计表明，再生铜的能耗只有原生铜的 18%，再生铝的能耗只有原生铝的 4.5%，再生铅的能耗只有原生铅的 27%，节约能源效果显著。

(4) 减少环境污染。原生有色金属的生产由于流程长、工艺复杂，生产过程中的废气、废水、废渣对环境的污染比较严重。而再生有色金属的生产工艺简单、流程短、有害杂质少，因而对环境的污染相对较轻，"三废"治理的费用也少。

14.4.2 再生有色金属的来源及特点

再生有色金属生产的原料是有色金属废料，其来源主要包括如下几方面：

(1) 工业部门中报废的机器、设备、金属构件及零部件等有色金属废件。

(2) 金属机械加工时产出的废料，如有色金属加工时产生的切屑、丝带和刨花、边角废料以及压力加工时产生的金属细碎物料。

(3) 交通及国防部门淘汰下来的废旧运输工具、装载工具、武器、弹丸等有色金属废料，如废旧的汽车和飞机、退役的船舶和军舰、废旧蓄电池以及军用的废旧有色金属物料等。

(4) 日常生活用具、工具制品及其他金属用品的废旧有色金属物料。

(5) 有色金属冶炼过程中产生的废料，如金属铸锭时产生的溅渣、飞末、氧化皮以及冶炼过程中产生的含有金属的炉渣、烟尘等。

再生有色金属原料与原生有色金属原料在性质上有很大差别，其特点可归纳如下：

（1）物理形态相差大。再生有色金属原料来源不一，物理形态差别较大，根据其物理规格可分为三个类型，即金属废件和板、块状废料，刨屑、带条和丝线状废料，粉末、渣灰和烟尘等细颗粒废料。

（2）化学成分变化大。例如，紫杂铜铜含量不小于95%；黄杂铜铜含量为60% ~ 70%；黄铜屑铜含量只有60%左右；铜灰铜含量变化更大，为6% ~ 30%；废杂铅物料中含锑、锡、铜等杂质的量为铅精矿中这些杂质量的5 ~ 10倍。

此外，许多有色金属废料的表面常黏附或涂有油脂。因此，有色金属的再生必须根据不同的原料和特点采用不同的工艺流程，这样才能达到最好的技术经济效益。

14.4.3　有色金属再生的一般方法

根据废料种类及其所含有色金属本身性质的差异，废料中有色金属的回收利用可以分为两种方式：一是将有色金属废料直接送冶炼厂冶炼成金属或合金；二是利用废料的有色金属生产各种化工产品，金属是以化合物的形式加以回收的。例如，铜、铝、铅及其合金的废料大都经过直接冶炼处理生产金属或合金，而含锌废料在某些国家却有75%的比例是用于生产氧化锌、立德粉（ZnS 与 BaSO$_4$ 结合的产物）或氯化锌等化工产品。通常，对于低品位的有色金属废料，根据其所含金属情况用来生产硫酸铜、碱式氯化铝、硫酸锌等化工产品。

根据有色金属废料的成分进行重炼主要应注意两个方面：一方面是要有足够的纯度，可以直接重熔，再经过精炼，得到所要求纯度的金属或合金；另一方面是对于金属和非金属杂质含量经常变化的废料需要经过多种处理过程，重点是对主要金属组元的回收。有色金属废料再生的一般处理流程如图14 – 9所示。

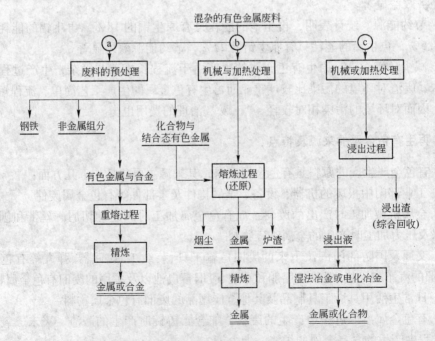

图14 – 9　有色金属废料再生的一般处理流程

将有色金属废料直接回炉重熔以生产各种合格的金属或合金产品，花费很少，可保证主要金属有较高的回收率，所含合金元素的综合利用程度也很高，是所有有色金属废料回收厂应该优先考虑的方法。为了充分利用该方法的优点，对于混杂的有色金属废料，应尽可能经过各种预处理得到有足够纯度的废料来进行重熔，即图 14-9 所示的方案ⓐ。有色金属废料的重熔可以在坩埚炉、反射炉或电炉内进行，越来越多的工厂采用电炉。

未经预处理或者难分拣的混杂有色金属废料，如果直接重熔，花费很高，可以用火法冶金(见图 14-9 方案ⓑ)或湿法冶金(见图 14-9 方案ⓒ)方法来处理，有时甚至要采用湿法与火法联合处理流程。采用火法冶金的预处理方法时，首先要经过机械破碎或压实成块(有时还要进行干燥、焙烧或煅烧)，制成具有适合尺寸、比表面积和堆积密度的料块。然后使其入炉在还原气氛下进行熔炼，生产成分均匀的粗金属或合金，进一步精炼可得到最终产品。熔炼过程可以在鼓风炉、反射炉、电炉或回转窑中进行。

品位较低的有色金属废料、渣料和烟尘，大都采用湿法冶金与电冶金的方法进行处理。

14.5 我国再生有色金属现状

在我国的有色金属生产中，铜、铝、铅和锌的产量占 10 种常用有色金属总产量的 90% 以上；而在再生有色金属产量中，这四种金属所占的比例则更大。下面以这四种金属为例分析我国再生有色金属概况。

14.5.1 再生铜

国内再生铜的生产原料主要是铜废件、铜合金生产或机械加工过程中的废料、铜渣及铜灰、废旧电线电缆、废电路板等。黄杂铜和紫杂铜是我国再生铜的主要原料，占铜原料的 90% 以上。近年来，通过废电路板回收生产的再生铜量也有一定的增长。

我国废杂铜的回收和再生起步较早，生产技术也比较成熟，目前已成为世界再生铜的主要生产国之一。然而，由于废杂铜资源较贫乏，无法满足需要，每年还需要大量进口(见表 14-5 及表 14-6)。

表 14-5 近年来我国再生有色金属产量   （万吨）

年 份	再生铜	再生铝	再生铅	再生锌	总产量
2002	88	130	17	4	239
2003	93	145	20	5	263
2004	116	166	24	8	314
2005	142	194	28	8.5	373
2006	168	235	39	11	453
2007	200	275	45	9.7	530
2008	190	260	70	8	530

表 14 – 6　近年来我国废有色金属进口量　　　　（万吨）

年　份	2002	2003	2004	2005	2006	2007	2008
含铜废料	308	316	396	482	494	558	558
含铝废料	45	65	120	168	177	209	215
含锌废料	5.1	6.7	7.0	7.6	7.2	4.2	0.6

传统的再生铜生产方法主要有两类：第一类是将废杂铜直接熔炼成不同牌号的铜合金或紫精铜，这类方法又称为直接利用，是再生铜的主要方法；第二类是先将废杂铜经火法处理产出阳极铜后，再进行电解精炼生产电解铜。第二类生产方法又主要分为以下三种方法：

（1）一段法。将分类过的杂铜直接在反射炉内精炼成阳极铜。

（2）二段法。将杂铜先经鼓风炉还原熔炼得到金属铜，再将金属铜在反射炉内精炼成阳极铜；或者杂铜先经转炉吹炼成次粗铜，次粗铜再在反射炉内精炼成阳极铜。

（3）三段法。将杂铜先在鼓风炉内还原熔炼成黑铜，黑铜继而在转炉内吹炼成次粗铜，次粗铜再在反射炉中精炼成阳极铜。

一段法适于处理成分不复杂的紫杂铜，二段法适用于锌含量高的黄杂铜和铅、锡含量高的青杂铜，三段法主要用于处理残渣或用于大规模生产的工厂。随着科技的进步，三种不同的技术针对不同的原料都取得了很大成功。

14.5.2　再生铝

与再生铜类似，近年来我国再生铝的产量和含铝废料的进口量逐年增长（见表 14 – 5 及表 14 – 6）。然而，我国原生铝产量居 10 种有色金属的首位，再生铝的产量相对较少。例如，2003 年再生铝产量为 145 万吨，只占当年铝总产量的 21%，低于国际平均水平（25%）。

我国的再生铝原料按物理形态分为如下三类：

（1）含铝废件和块状残料，包括用板材、线材、型材生产铝制品或铸造、锻造铝制品时的废件废料，如飞机和船舶废件、废易拉罐、牙膏皮、废铝电线电缆等；

（2）铝和铝合金机加工产生的废屑；

（3）熔炼铝和铝合金过程产生的浮渣、烟炉灰等。

与铜类似，废杂铝一般需进行预处理。再生铝及合金的生产一般采用火法，熔炼设备有坩埚炉、反射炉、竖炉、回转炉、电炉，选用何种工艺一般取决于原料性质、当地的能源结构（煤电、油和气等）以及拥有的技术等。废杂铝适于生产再生铝及合金，废杂灰料可生产硫酸铝、铝粉、碱式氯化铝，优质废铝可生产合金、铝线或铸件以及炼制 Al – Si – Fe 复合脱氧剂，废飞机铝合金可直接重熔再生。火法熔炼必须在熔剂覆盖层下进行，不仅可防止铝的氧化，还可起到除杂质的作用。常用的熔剂有氯化钠、氯化钾、冰晶石。

14.5.3　再生铅

我国再生铅的回收利用起步较早，原料来源较多，85% 以上来自废旧铅蓄电池。发达国家铅蓄电池使用寿命一般为 3 ~ 3.5 年，而我国只有 1.5 ~ 2 年，每年有 50 ~ 60 万吨废杂铅产自蓄电池行业。此外，少量铅废料还来自电缆包皮、耐酸器皿衬里、印刷合金、铅锡焊料及轴承合金等。

我国主要采用反射炉、鼓风炉和回转炉进行再生铅的生产。首先要对废蓄电池进行机械破碎分选以及脱硫等预处理。其工艺流程是：根据废蓄电池各组分密度与大小的不同，将其分为橡胶（塑料）、废酸、金属铅、铅膏等几大部分，然后分别进行回收利用。

14.5.4　再生锌

含锌废料的再生利用比铜、铝、铅都困难。在金属锌的几个主要应用领域，如冶金产品镀锌、干电池、氧化锌、铜材、压铸合金等，其废料中的锌都不容易回收，而且回收率较低，因而再生锌产量都比较少，统计更为困难。

国内再生锌专业工厂很少。目前用于生产再生锌的原料主要有热镀锌厂产生的浮渣和锅底渣、钢铁厂产生的含锌烟尘、废旧的锌和锌合金零件、废镀锌管以及旧电池等。

含锌废料生产再生锌的方法有火法和湿法两种，以火法为主。含锌废料（包括氧化物）可采用还原蒸馏法或还原挥发法富集于烟尘中。再生锌的冶炼设备有竖罐蒸馏炉、电热蒸馏炉等。

14.6　有色金属再生举例

14.6.1　废旧计算机及其配件中的铜

废旧计算机及其配件中含有大量的铜，其数量仅次于其中的铁。通常把此种废料中铜的回收放在贵金属的回收之后或与贵金属的回收同时进行。其回收工艺一般分为火法工艺和湿法工艺两类。

14.6.1.1　火法工艺

铜在计算机及其配件中通常作为电子元器件的基底材料或导电材料。对这些废料可直接采用火法熔炼（加入适量的造渣剂），去除熔融浮渣后直接浇注得到粗铜，然后用电解精炼或火法精炼的方法得到电解铜或无氧铜。然而在一般情况下，从废旧计算机及其配件回收的粗铜中杂质元素种类很多且含量差异较大，必须采用火法精炼工艺将其去除，其工艺过程如图 14 - 10 所示。

废铜料（经过分选处理）→ 熔铸（获得杂铜料）→ 火法精炼（获得铜阳极板）→ 电解精炼（获得阴极铜，即高纯铜）

图 14 - 10　废旧计算机及其配件中铜的再生工艺流程

一般铜熔体中存在的大多数杂质元素与氧的亲和力大于铜与氧的亲和力，且多数杂质的氧化物在铜熔体中的溶解度很小。当在铜熔体中通入空气或氧气时，由于熔体中的铜占绝大多数，铜发生氧化反应生成氧化亚铜的概率较大，反应如下：

$$4Cu + O_2 \Longrightarrow 2Cu_2O$$

生成的 Cu_2O 溶入铜液后，与铜液中的杂质元素发生下列置换反应：

$$Cu_2O + M \rightleftharpoons 2Cu + MO$$

生成的 MO 与熔剂造渣后被扒除。根据杂质在精炼过程中的行为，铜的火法精炼过程可粗略地分为四个阶段，即熔化扒渣期，高温蒸锌期，除铅、除锡期，精炼期（去除含量少但难以去除的杂质，如砷、锑等）。

铜的火法精炼工艺流程如下：

（1）熔化扒渣。待杂铜在炉中熔化后，将浮于铜液表面的熔融浮渣彻底扒除，去除杂铜中的大部分杂质氧化物。彻底的熔化扒渣能够使 ZnO、PbO、SnO、As_2O_3 和 Sb_2O_3 等杂质氧化物在后续的工序中更容易挥发去除，这是火法精炼的第一个关键工序。

（2）高温蒸锌。将经过熔化扒渣的铜液加热至 1150℃ 以上蒸锌。在除锌的最后阶段加入石英砂（约为炉料锌含量的 15%）用来造酸性渣，使残留的 ZnO 除去。扒渣结束时，铜样断面呈砖红色，主品位铜和镍的百分含量大于 96%。

（3）除铅、除锡。蒸锌结束后，在铜液表面铺洒一层焦炭，使残留于铜液中的锌彻底还原、挥发。然后鼓风氧化铅、锡，加入石英造渣剂（约为炉料铅含量的 50%）。扒渣结束后，铜样断面应有 1/3 的氧化紫斑，主品位铜和镍的百分含量大于 97.5%。

（4）精炼。精炼阶段的主要目的是除去 Sn、As、Sb 等难以除去的杂质。该阶段氧化风量应控制大些，炉温控制在 1150~1200℃。当铜样断面布满氧化紫斑并逐渐形成粒状结晶时，向炉内加入石英熔剂（约为炉料锑、砷总含量的 60%）造渣。扒渣结束后，铜样断面应出现短而致密的细柱状结晶。精炼期结束后，铜液中铜和镍的百分含量大于 98%。

14.6.1.2　湿法工艺

铜在一定条件下能够与硝酸、浓硫酸等无机氧化性酸作用，成为可溶性铜盐进入水溶液中。湿法回收工艺就是利用铜的这种特性，使之与其他不溶性物料分开。利用铜盐在一定酸度条件下能够生成氢氧化铜沉淀或将铜盐溶液直接电解，即可回收铜。

铜在硝酸、浓硫酸中的溶解反应如下：

$$3Cu + 8HNO_3 \rightleftharpoons 3Cu^{2+} + 6NO_3^- + 4H_2O + 2NO_{(g)}$$

$$Cu + 2H_2SO_4 \rightleftharpoons CuSO_4 + 2H_2O + SO_{2(g)}$$

电解反应如下：

阳极反应　　　　　　　$$4OH^- - 4e \rightleftharpoons 2H_2O + O_{2(g)}$$

阴极反应　　　　　　　$$Cu^{2+} + 2e \rightleftharpoons Cu$$

在有氧气存在的条件下，也可用氨水 - 氯化铵溶液浸取废旧计算机及其配件中的铜，有关反应如下：

$$2Cu + 4NH_4Cl + 4NH_3 \cdot H_2O + O_2 \rightleftharpoons 2Cu(NH_3)_4Cl_2 + 6H_2O$$

$$Cu(NH_3)_4Cl_2 + 2NaOH \rightleftharpoons Cu(OH)_{2(s)} + 2NaCl + 4NH_{3(g)}$$

其中第二个反应的平衡常数在常温下为 1.18×10^7，在常温下很容易进行，生成 $Cu(OH)_2$ 沉淀而与其他金属和杂质分离。氨水 - 氯化铵溶液浸取、电解提纯铜的工艺流程如图 14-11 所示。

14.6.2　废铝饮料罐中的铝

铝饮料罐具有重量轻、机械强度高、外观美等特点，其生产和回收逐年增加。据统

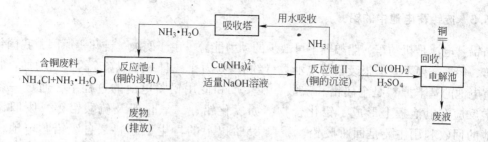

图 14 - 11　氨水 - 氯化铵溶液浸取、电解提纯铜的工艺流程

计，2009 年世界范围内的铝饮料罐有 63% 得到了回收再生处理。

如果废铝饮料罐被混杂到城市垃圾中，则需要从垃圾中分离。一般的分离过程是：切割大块垃圾→风选分离轻质可燃物→磁选分离废钢铁→筛选分离玻璃等易碎物→分离非金属。目前世界各国的垃圾分类回收制度不断推进，大量的废铝饮料罐未进入生活垃圾，而是被集中起来，便于回收处理。废铝饮料罐回收再生利用的工艺流程如图 14 - 12 所示。

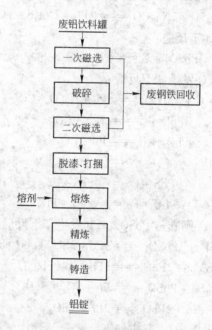

图 14 - 12　废铝饮料罐回收再生利用的工艺流程

将回收来的饮料罐进行磁选，除去混入的废钢铁。因为铁一旦进入熔池，分离极其困难，铁进入铝基体会降低铝的质量。破碎是为了脱漆及去除铝饮料罐内的残余液体，避免液体进入熔池而发生事故。

脱漆一般采用高温分离法，即将破碎的废铝饮料罐颗粒置于温度达到 500 ~ 600℃ 的环境中，通入含氧气体，从而将有机物漆层热分解，氧化性气氛能够燃烧掉残余碳。一般 10min 左右脱漆工艺即完成。

脱漆、打包后的废铝饮料罐一般在回转炉或侧井反射炉内进行熔炼。熔炼完毕后，进行脱气、去夹杂的精炼，之后浇注成合格的铝锭。

14.6.3　废铅蓄电池中的铅

铅蓄电池是机动车、船舶等不可缺少的动力能源。由于腐蚀、钝化等原因，我国每年从车、船上替换下来的报废铅蓄电池数量约有 30 万个，且每年以 7% 的速度增加。制造铅蓄电池的基本原料是金属铅和硫酸。在生产和使用铅蓄电池的过程中，通过一系列化学反应在电池板上形成了铅化合物，如氧化铅、二氧化铅及硫酸铅等。废旧铅蓄电池的回收利用主要是回收废铅。我国 85% 以上的再生铅原料来自废铅蓄电池，所以从废铅蓄电池中回收再生铅在我国铅工业中占有十分重要的地位和很高的经济价值。

14.6.3.1　废铅蓄电池的火法处理

火法处理废铅蓄电池主要是对铅的化合物进行还原熔炼，尽可能地将其中的铅还原出来。在处理过程中除了添加还原剂外，还要加入其他熔剂，如铁屑、碳酸钠、石灰石、石英和萤石等，主要反应如下：

$$2PbSO_4 + 3C + Na_2CO_3 =\!=\!= 2Pb + Na_2S_2O_3 + 4CO_2 \qquad (14-1)$$

$$2PbSO_4 + 5C + 2Na_2CO_3 =\!=\!= 2Pb + 2Na_2S + 7CO_2 \qquad (14-2)$$

$PbSO_4$ 与 C 也可能发生如下反应：

$$PbSO_4 + C =\!=\!= Pb + CO_2 + SO_2 \qquad (14-3)$$

物料中的 PbO、PbO_2 与 C 发生如下反应：

$$PbO + C + Na_2CO_3 =\!=\!= Pb + Na_2O + CO_2 + CO \qquad (14-4)$$

$$2PbO + C =\!=\!= 2Pb + CO_2 \qquad (14-5)$$

$$PbO_2 + C =\!=\!= Pb + CO_2 \qquad (14-6)$$

加入铁屑会发生如下反应：

$$PbS + Fe =\!=\!= FeS + Pb \qquad (14-7)$$

$$PbO + Fe =\!=\!= FeO + Pb \qquad (14-8)$$

物料中若有 As、Sb、Sn，则其与 $PbSO_4$、Pb 发生如下反应：

$$As(Sb)_2 + 3PbSO_4 =\!=\!= 3Pb + 3SO_3 + As(Sb)_2O_3 \qquad (14-9)$$

$$As(Sb)_2 + 3PbO =\!=\!= 3Pb + As(Sb)_2O_3 \qquad (14-10)$$

$$Sn + PbSO_4 =\!=\!= Pb + SO_2 + SnO_2 \qquad (14-11)$$

$$Sn + 2PbO =\!=\!= 2Pb + SnO_2 \qquad (14-12)$$

熔剂中 Na_2CO_3 要分解出 Na_2O，反应如下：

$$Na_2CO_3 =\!=\!= Na_2O + CO_2 \qquad (14-13)$$

分解出的 Na_2O 与反应(14-9)~(14-12)产生的砷、锑、锡的氧化物相应生成砷酸钠、锑酸钠和锡酸钠，进入渣中。加入的碳主要使 $PbSO_4$ 还原成 PbS，使 PbO、PbO_2 还原成金属铅。当有 Na_2CO_3 存在时，则可以将 $PbSO_4$、PbS 还原成 Pb。作为助熔剂的 Na_2CO_3 一部分用于造渣，一部分进入锍中。此外，熔炼炉内还有碳的氧化反应及铅、锑等氧化物被 CO 还原的反应。

国内外普遍采用反射炉熔炼，此法既可生产粗铅，也可生产铅合金。反射炉熔炼的优点是：操作简单，投资少，适应性强，可以处理粉状物料和块料，可借助炉内氧化气氛或所含氧化物进行铅的精炼。当向炉内加入煤、炭或焦屑时，还可进行铅的还原熔炼。反射炉熔炼的缺点是：生产率和热效率较低，且是间断作业，劳动条件较差。

14.6.3.2 废铅蓄电池的湿法处理

废铅蓄电池湿法处理流程如图 14 – 13 所示。首先将废铅蓄电池切割，放出硫酸，分出塑料壳、橡胶壳、加入石灰活化使蓄电池中的 SO_4^{2-} 转变成 $CaSO_4$，然后用氟硼酸在直流电作用下溶解 Pb 及 PbO，在氟硼酸溶液中进行电解沉积，电积条件如表 14 – 7 所示。

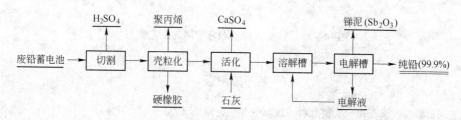

图 14 – 13 废铅蓄电池湿法处理流程

表 14 – 7 湿法处理流程的电积条件

HBF_4	Pb	H_3BO_3	Sb	添加剂苯酚酞
200g/L	40g/L	30g/L	2×10^{-6}	0.1g/L
阳极电流密度	阴极电流密度		温　度	槽电压
800A/m²	400A/m²		40℃	2.7V

废铅蓄电池的火法处理和湿法处理各有其优缺点。火法处理的优点在于：流程短，设备投资少，处理量较大，适用于各型工厂；其缺点是：回收率较低，污染大，环保难达标。湿法处理的优点在于环境污染小、回收率高，但其流程长、设备投入大，不适宜小厂处理。这两种处理方法都应从污染小、回收率高、有经济效益和社会效益等方面考虑，根据厂家的具体情况确定合理的流程和处理方法，以达到综合利用的目的。

14.6.4 热镀锌渣中的锌

热镀锌渣是锌废料的重要来源之一。我国从事热镀锌的企业超过千家，年耗锌量约12 万吨，锌的利用率仅为 40% ~ 60%，每年约有 6 万吨锌进入锌渣(含锌 93% ~ 95%)和锌灰(含锌 60% ~ 80%)。目前从锌渣、锌灰中回收锌的方法很多，但大多存在设备复杂、能耗较高等缺点。我国某研究所对此进行了综合利用研究，提出了如图 14 – 14 所示的工艺流程。该法主要是在锌渣熔化液中加入适量的铝，铝会迅速与铁形成金属间化合物，并以渣的形态上浮至熔液表面除去。铁的脱除率约为 90%。

该工艺设备简单、操作方便、投资小、建成快，特别适合中小型热镀锌厂。锌的回收率达 95%，70% 以上的锌可返回热镀工艺使用。回收锌的铁含量达国标 3 ~ 4 级标准，$ZnCl_2$ 可直接返回作涂熔剂使用，$ZnSO_4 \cdot 7H_2O$ 达到工业标准。

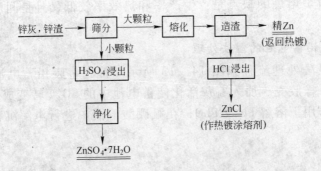

图 14 – 14　锌灰、锌渣综合利用的工艺流程

复习思考题

14 – 1　废钢资源按其来源可分为哪几种，废钢资源化有何意义？

14 – 2　在研究废钢资源问题时特别注重折旧废钢的原因是什么，我国及美国、日本等发达国家的折旧废钢各有何特点？

14 – 3　废钢为何被形象地称为"第二矿业"，如何衡量一个国家第二矿业的兴旺程度？

14 – 4　为实现废钢资源化对废钢质量有哪些要求，废钢的加工处理一般包括哪些步骤？

14 – 5　短流程为何被称为"静脉"再生流程，它与"动脉"提取流程相比有何特点？

14 – 6　简述我国废钢利用的现状、面临的问题并展望其前景。

14 – 7　简述有色金属再生的意义及一般方法。

14 – 8　简述再生有色金属的来源及特点。

14 – 9　以常用的四种有色金属为例，简析我国再生有色金属的概况。

14 – 10　举例说明有色金属再生工艺流程。

参 考 文 献

[1] 王文忠. 复合矿综合利用[M]. 沈阳：东北大学出版社，1994.

[2] 傅崇说. 有色冶金原理[M]. 北京：冶金工业出版社，1993.

[3] 董一诚. 冶金资源综合利用[M]. 北京：冶金工业出版社，1988.

[4] 孙成林. 浅谈我国有色金属矿产资源综合利用现状[J]. 有色矿冶，2005，21（7）：170～171.

[5] 杨辉艳，庞保成，刘畅. 我国有色金属矿产资源的综合利用浅议[J]. 科技经济市场，2008，10：138～139.

[6] 《矿产资源综合利用手册》编写组. 矿产资源综合利用手册[M]. 北京：科学出版社，2000.

[7] 刘宝顺，李克庆，袁怀雨. 矿产经济学[M]. 北京：冶金工业出版社，2009.

[8] 关凤峻，杨福田，等. 矿产资源综合开发利用评价理论与方法[M]. 北京：地质出版社，1992.

[9] 秦德先，刘春学. 矿产资源经济学[M]. 北京：科学出版社，2002.

[10] 张建廷，陈碧. 攀西钒钛磁铁矿主要元素赋存状态及回收利用[J]. 矿产保护与利用，2008，（5）：38～41.

[11] 张国杰，孙艳红. 我国钒钛资源综合利用现状与发展探讨[J]. 北方钒钛，2011，（1）：25～27.

[12] 谭其尤，陈波，张裕书，等. 攀西地区钒钛磁铁矿资源特点与综合回收利用现状[J]. 矿产综合利用，2011，（6）：6～9.

[13] 曹磊，刘长武，刘树新，等. 攀西地区钒钛资源战略开发问题探讨[J]. 国土资源科技管理，2010，27（5）：28～33.

[14] 张冬清，李运刚，张颖异. 国内外钒钛资源及其利用研究现状[J]. 四川有色金属，2011，（2）：1～6.

[15] 付自碧. 钒钛磁铁矿提钒工艺发展历程及趋势[J]. 中国有色冶金，2011，（6）：29～33.

[16] 邓君，薛逊，刘功国. 攀钢钒钛磁铁矿资源综合利用现状与发展[J]. 材料与冶金学报，2007，6（2）：83～86.

[17] 潘竞业. 攀西钒钛磁铁矿高炉中钛渣冶炼的体会[J]. 四川冶金，2007，29（3）：4～6.

[18] 李柱凯，刘云. 高钛渣复合微粉的应用研究[J]. 四川建筑科学研究，2010，36（2）：244～247.

[19] 王宏民，盛世雄. 攀钢高钛型钒钛磁铁矿高炉冶炼十年[J]. 钢铁钒钛，1980，（2）：4～16.

[20] 黄道鑫. 提钒炼钢[M]. 北京：冶金工业出版社，2002.

[21] 杨绍利. 钒钛材料[M]. 北京：冶金工业出版社，2007.

[22] 邱竹贤. 有色金属冶金学[M]. 北京：冶金工业出版社，1988.

[23] 华一新. 有色冶金概论[M]. 北京：冶金工业出版社，2007.

[24] 徐刚，刘松利. 人造金红石生产路线的探讨[J]. 重庆工业高等专科学校学报，2004，19（2）：12～14.

[25] 杨艳华，雷霆，米家蓉. 富钛料的制备方法和发展建议[J]. 云南冶金，2006，35（1）：41～44.

[26] 齐小鸣. 钒资源前景看好——国内外钒的资源、生产和市场预测[J]. 世界有色金属，2008，（5）：38～41.

[27] 李俐. 白云鄂博铁矿矿产资源的现状及其开发利用前景[J]. 包钢科技，2003，29（2）：1～7.

[28] 孙国龙，吴胜利，郝志忠，等. 包钢高炉特殊矿强化冶炼综合技术[J]. 钢铁，2007，42（11）：21～26.

[29] 季文东，马祥，黄雅彬. 提高包钢6#高炉入炉自产矿比例的措施[J]. 包钢科技，2012，38（2）：10～11.

[30] 王兴红. 包钢白云鄂博铁矿生产发展问题浅析[J]. 内蒙古科技与经济，2005，（21）：9～10.

[31] 程建忠，侯运炳，车丽萍. 白云鄂博矿床稀土资源的合理开发及综合利用[J]. 稀土，2007，28

（1）：70～74.

[32] 赵海燕. 包钢发展与白云鄂博矿产资源保护的思考[J]. 矿产保护与利用, 2007, (4)：9～12.

[33] 马鹏起, 高永生, 徐来自. 包头白云鄂博资源的综合利用与环境保护[J]. 决策咨询通讯, 2009, (2)：88～91.

[34] 秦鹏渊, 刘敬国. 对白云铁矿富钾板岩资源开发利用的几点建议[J]. 包钢科技, 2007, 33 (4)：20～21.

[35] 林东鲁, 李春龙, 邬虎林. 白云鄂博特殊矿采选冶工艺攻关与技术进步[M]. 北京：冶金工业出版社, 2007.

[36] 黄礼煌. 稀土提取技术[M]. 北京：冶金工业出版社, 2006.

[37] 吴炳乾. 稀土冶金学[M]. 湖南：中南工业大学出版社, 1997.

[38] 许并社, 李明照. 有色金属冶金1200问[M]. 北京：化学工业出版社, 2008.

[39] 谢刚, 俞小花, 李永刚. 有色金属矿物及其冶炼方法[M]. 北京：科学出版社, 2011.

[40] 张丽清, 刘素兰, 朱建新, 等. 硼铁矿资源综合利用研究现状与进展[J]. 矿产综合利用, 2000, 3：34～36.

[41] 张显鹏, 郎建峰, 崔传孟, 等. 低品位硼铁矿在高炉冶炼过程中的综合利用[J]. 钢铁, 1995, (12)：9～11.

[42] 郎建峰, 艾志, 张显鹏. "高炉法" 综合开发硼铁矿工艺中铁硼分离基本原理及工艺特点[J]. 矿产综合利用, 1996, (3)：1～3.

[43] 杨卉凡, 李琦, 王秋霞. 铁硼矿的综合利用新工艺研究[J]. 中国资源综合利用, 2002, (9)：12～15.

[44] 刘然, 薛向欣, 姜涛, 等. 硼铁矿综合利用概况与展望[J]. 矿产综合利用, 2006, (2)：33～36.

[45] 冯本和, 田全生. 配加硼泥提高烧结矿质量的研究[J]. 烧结球团, 1994, (3)：15～19.

[46] 李殷泰, 毕诗文, 段振瀛, 等. 关于广西贵港三水铝石型铝土矿综合利用工艺方案的探讨[J]. 轻金属, 1992, (9)：6～14.

[47] 唐向琪, 陈谦德. 贵港式三水铝石矿综合利用方案比较[J]. 轻金属, 1995, (2)：1～6.

[48] 王瑞湖, 李梅. 桂中高铁三水铝土矿成矿特征、资源总量预测与开发前景[J]. 桂林理工大学学报, 2011, 31 (2)：169～176.

[49] 郭斌, 庄源益. 清洁生产工艺[M]. 北京：化学工业出版社, 2003.

[50] 金适. 清洁生产与循环经济[M]. 北京：气象出版社, 2007.

[51] 马建立, 郭斌, 赵由才. 绿色冶金与清洁生产[M]. 北京：冶金工业出版社, 2007.

[52] 那宝奎. 绿色钢铁和环境管理[M]. 北京：冶金工业出版社, 2009.

[53] 联合国环境规划署工业与环境中心和国际钢铁协会. 钢铁工业与环境技术和管理问题[M]. 国际钢铁协会 INFOTERRA 中国国家联络点译. 北京：中国环境科学出版社, 1998.

[54] 杨洁. 钢铁产业发展循环经济的途径[J]. 河北理工大学学报(社会科学版), 2009, 9 (6)：43～44.

[55] 李烈军. 钢铁业发展循环经济的主要途径[J]. 冶金丛刊, 2009 (1)：36～40.

[56] 周少华. 钢铁企业发展循环经济研究[J]. 北京市经济管理干部学院学报, 2012, 27, (1)：74～77.

[57] 包菊芳, 诸圣国. 我国钢铁产业循环经济发展模式研究[J]. 科技和产业, 2007, 7 (10)：1～4.

[58] 林涤凡. 钢铁企业发展循环经济与实施清洁生产的探讨[J]. 天津冶金, 2006, (2)：27～29.

[59] 王海澜. 以循环经济为理念的首钢曹妃甸钢铁基地[J]. 循环经济, 2006, (6)：30～31.

[60] 侯万荣, 李体刚, 赵淑华, 等. 我国矿产资源综合利用现状及对策[J]. 采矿技术, 2006, 6 (3)：63～66.

[61] 宋守志, 钟勇, 邢军. 矿产资源综合利用现状与发展的研究[J]. 金属矿山, 2006, (11): 1~4.

[62] 杨慧芬, 张强. 固体废物资源化[M]. 北京: 化学工业出版社, 2004.

[63] 王绍文, 梁富智, 王纪曾. 固体废弃物资源化技术与应用[M]. 北京: 冶金工业出版社, 2003.

[64] 赵由才, 等. 实用环境工程手册(固体废物污染控制与资源化)[M]. 北京: 化学工业出版社, 2002.

[65] 王海风, 张春霞, 齐渊洪, 等. 高炉渣处理技术的现状和新的发展趋势[J]. 钢铁, 2007, 42 (6): 83~87.

[66] 戴晓天, 齐渊洪, 张春霞, 等. 高炉渣急冷干式粒化处理工艺分析. 钢铁研究学报, 2007, 19 (5): 14~19.

[67] 杨光义, 孙庆亮, 李志锋. 高炉渣处理技术进展[J]. 莱钢科技, 2009, (1): 5~8.

[68] 吕晓芳. 高炉渣处理、回收利用技术的现状与进展[J]. 南方金属, 2010, (6): 14~18.

[69] 王海风, 张春霞, 齐渊洪. 高炉渣处理和热能回收的现状及发展方向[J]. 中国冶金, 2007, 17 (6): 53~58.

[70] 牟勇, 周龙义, 汤志强. 高炉炉渣处理的环保、节水与增效[C] //中国金属学会. 中国钢铁年会论文集. 北京: 冶金工业出版社, 2003: 594~597.

[71] 严定鎏, 郭培民, 齐渊洪. 高炉渣干法粒化技术的分析[J]. 钢铁研究学报, 2008, 20, (6): 11~13.

[72] 韩伟, 黄雪梅. 炼铁高炉渣处理方法及发展趋势[J]. 柳钢科技, 2007, (4): 7~9.

[73] 朱晓丽, 周美茹. 水淬高炉矿渣综合利用途径[J]. 中国资源综合利用, 2005, (7): 8~10.

[74] 胡俊鸽, 赵小燕, 张东丽. 高炉渣资源化新技术的发展[J]. 鞍钢技术, 2009, (4): 11~15.

[75] 程福安, 魏瑞丽, 李辉. 粒化高炉矿渣资源化利用的技术现状[J]. 西安建筑科技大学学报, 2010, 42 (3): 446~450.

[76] 孙鹏, 车玉满, 郭天永, 等. 高炉渣综合利用现状与展望[J]. 鞍钢技术, 2008, (3): 6~9.

[77] 石磊. 浅谈钢渣的处理与综合利用[J]. 中国资源综合利用, 2011, 29 (3): 29~32.

[78] 金强, 徐锦引, 高卫波. 宝钢新型钢渣处理工艺及其资源化利用技术[J]. 宝钢技术, 2005, (3): 12~15.

[79] 叶平, 陈广言, 刘玉兰, 等. 钢渣综合利用途径及处理工艺的选择[J]. 安徽冶金, 2006, (3): 42~46.

[80] 王向锋, 于淑娟, 侯洪宇, 等. 鞍钢钢渣综合利用现状及其发展方向[J]. 鞍钢技术, 2009, (3): 11~14.

[81] 王玮, 赵庆社, 陈利兵. 莱钢钢渣处理工艺及其资源化利用技术[J]. 莱钢科技, 2009, (3): 8~11.

[82] 郭艳玲, 余淑娟. 10mm 以下粒化钢渣的加工回收新工艺[J]. 冶金丛刊, 2010, (1): 31~33.

[83] 朱跃刚, 陆明弟, 程勇, 等. 我国钢渣资源化利用的研究进展[J]. 中国废钢铁, 2007, (4): 25~29.

[84] 王少宁, 龙跃, 张玉柱, 等. 钢渣处理方法的比较分析及综合利用[J]. 炼钢, 2010, 26 (2): 75~78.

[85] 李灿华. 我国钢渣资源化利用趋势分析[J]. 武钢技术, 2010, 48 (4): 51~54.

[86] 叶志平, 何国伟. 硫酸渣资源化及其以废治废技术研究[J]. 华南师范大学学报, 2010, 2: 72~75.

[87] 李振飞, 文书明, 周兴龙. 我国硫铁矿加工业现状及硫铁矿烧渣利用综述[J]. 国外金属矿选矿, 2006, 6: 10~12.

[88] 牛冬杰, 孙晓杰, 赵由才. 工业固体废弃物处理与资源化[M]. 北京: 冶金工业出版社, 2007.

[89] 高晔. 硫铁矿烧渣资源综合利用的研究与实践[J]. 硫酸工业, 2008, 5: 23～28.

[90] 朱红, 商平. 硫铁矿烧渣在环境治理中的应用[J]. 天津化工, 2007, 21 (3): 24～26.

[91] 佘雪峰, 薛庆国, 王静松, 等. 钢铁厂含锌粉尘综合利用及相关处理工艺比较[J]. 炼铁, 2010, 29 (4): 56～62.

[92] 王全利. 含铁尘泥的综合利用[J]. 宝钢科技, 2002, 28 (6): 75～77.

[93] 郭玉华, 张春霞, 樊波, 等. 钢铁企业含锌尘泥资源化利用途径分析评价[J]. 环境工程, 2010, 28 (4): 83～87.

[94] 彭开玉, 周云, 李辽沙, 等. 冶金含锌尘泥资源化的现状与展望[J]. 中国资源综合利用, 2005, (6): 8～12.

[95] 彭开玉, 周云, 王世俊, 等. 钢铁厂高锌含铁尘泥二次利用的发展趋势[J]. 安徽工业大学学报, 2006, 23 (2): 127～131.

[96] 乐颂光, 鲁君乐, 何静. 再生有色金属生产[M]. 修订版. 长沙: 中南大学出版社, 2006.

[97] 潘旭方. 冶金行业含铁尘泥合理循环利用技术[J]. 现代矿业, 2010, (5): 57～59.

[98] 邱显冰. 冶金含铁尘泥的基本特征与再资源化[J]. 安徽冶金科技职业学院学报, 2004, 14 (3): 54～56.

[99] 李鸿江, 刘清, 赵由才. 冶金过程固体废物处理与资源化[M]. 北京: 冶金工业出版社, 2007.

[100] 石磊, 陈荣欢, 王如意. 钢铁工业含铁尘泥的资源化利用现状与发展方向[J]. 中国资源综合利用, 2008, 26 (2): 12～15.

[101] 董宝利, 孙丽君, 王静. 炼铁厂含锌尘泥中铁、锌、碳分离技术探讨[J]. 山东冶金, 2011, 33 (6): 1～3.

[102] 李京社, 朱经涛, 杨宏博, 等. 中国电炉炼钢粉尘处理现状[J]. 河南冶金, 2011, 19 (4): 1～4.

[103] 刘天齐. 三废处理工程技术手册 (废气卷) [M]. 北京: 化学工业出版社, 1999.

[104] 李光强, 朱诚意. 钢铁冶金的环保与节能[M]. 北京: 冶金工业出版社, 2006.

[105] 赵由才, 等. 冶金过程废气污染控制与资源化[M]. 北京: 化学工业出版社, 2007.

[106] 杨飏. 氮氧化物减排技术与烟气脱硝工程[M]. 北京: 冶金工业出版社, 2007.

[107] 闫平科, 王来贵. 二氧化碳的捕集及资源化研究进展[J]. 中国非金属矿工业导刊, 2011, (6): 4～6.

[108] 李新春, 孙永斌. 二氧化碳捕集现状和展望[J]. 能源技术经济, 2010, 22 (4): 21～26.

[109] 侯建鹏, 朱云涛, 唐燕萍. 烟气脱硝技术的研究[J]. 电力环境保护, 2007, 23 (3): 24～27.

[110] 严艳丽, 魏玺群. NO_x 的脱除及回收技术[J]. 低温与特气, 2000, 18 (4): 24～30.

[111] 曹玉龙, 汪为民. MEROS 脱硫技术在马钢烧结系统的成功运用[J]. 冶金动力, 2011, (6): 93～103.

[112] 谭志东, 陈建中. 烧结烟气应用电子束脱硫脱硝技术之利弊[J]. 工业安全与环保, 2005, 31 (6): 1～3.

[113] 朱廷钰. 烧结烟气净化技术[M]. 北京: 化学工业出版社, 2009.

[114] 张春霞, 王海风, 齐渊洪. 烧结烟气污染物脱除的进展[J]. 钢铁, 2010, 45 (12): 1～11.

[115] 廖继勇, 储太山, 刘昌齐, 等. 烧结烟气脱硫脱硝技术的发展与应用前景[J]. 烧结球团, 2008, 33 (4): 1～5.

[116] 左海滨, 张涛, 张建良, 等. 活性炭脱硫技术在烧结烟气脱硫中的应用[J]. 冶金能源, 2012, 31 (3): 56～59.

[117] 张琦, 蔡九菊, 吴复忠. 高炉煤气在冶金工业的应用研究[J]. 工业炉, 2007, 29 (1): 9～12.

[118] 李克兵, 陈健. 焦炉煤气和转炉煤气综合利用新技术[J]. 化工进展, 2010, 29: 325～327.

[119] 丁全贺, 耿云峰. 高炉煤气回收利用技术开发与应用[J]. 中国石油和化工, 2010, (12): 39~40.

[120] 张琦, 蔡九菊, 王建军. 钢铁联合企业煤气综合利用研究[C] //中国金属学会. 中国钢铁年会论文集. 北京: 冶金工业出版社, 2005: 535~539.

[121] 张振国, 包向军, 廖洪强, 等. 焦炉煤气综合利用技术[J]. 工业加热, 2008, 37 (6): 1~4.

[122] 李昊堃, 沙永志. 焦炉煤气利用途径分析[J]. 冶金能源, 2010, 29 (6): 37~40.

[123] 姚维学, 付再华, 刘同飞. 焦炉煤气的综合利用[J]. 河北化工, 2009, 32 (12): 34~36.

[124] 刘进林, 赵忆农, 赵秀梅. 高炉煤气余压透平发电技术的应用[J]. 华东电力, 2001, (8): 51~52.

[125] 石伟. 高炉煤气余压回收途径探讨[J]. 钢铁技术, 2006, (3): 44~46.

[126] 欧伏岭, 谢宝木. 钢铁企业煤气资源综合利用措施初探[J]. 冶金管理, 2008, (6): 54~56.

[127] 王萌, 苏艺. 钢铁工业节能减排技术及其在国内的应用[J]. 环境工程, 2010, 28 (2): 59~62.

[128] 刘树利. 谈钢铁工业的节能减排[J]. 山西能源与节能, 2010, (5): 12~14.

[129] 李艳青, 李志峰, 王梅, 等. 冶金企业节能减排生产技术浅析[J]. 冶金丛刊, 2008, (1): 47~50.

[130] 郦秀萍, 张春霞, 周继程, 等. 钢铁行业发展面临的挑战及节能减排技术应用[J]. 电力需求侧管理, 2011, 13 (3): 4~9.

[131] 张国亭. 钢铁业节能减排必要性分析[J]. 科技致富向导, 2008, (12): 25.

[132] 刘浏. 中国转炉"负能炼钢"技术的发展与展望[J]. 中国冶金, 2009, 19 (11): 33~39.

[133] 李宝东, 李鹏元, 杜蒙, 等. 烧结余热发电现状及存在问题的分析[J]. 冶金能源, 2012, 31 (3): 49~52.

[134] 朱飞. 钢铁厂烧结冷却机低温余热发电技术开发及应用[J]. 中国水运, 2011, 11 (5): 76~78.

[135] 周翔. 我国烧结余热发电现状及有关发展建议[J]. 烧结球团, 2012, 37 (1): 57~59.

[136] 张卫亮, 马忠民, 周海平, 等. 烧结工艺余热回收利用技术研究[J]. 有色冶金节能, 2011, (1): 47~50.

[137] 高晔明. 高炉煤气联合循环发电在太钢的应用研究[J]. 冶金动力, 2009, (5): 52~56.

[138] 韩颖, 李廉水, 孙宁. 中国钢铁工业二氧化碳排放研究[J]. 南京信息工程大学学报, 2011, 3 (1): 53~57.

[139] 上官方钦, 郦秀萍, 张春霞. 钢铁生产主要节能措施及其 CO_2 减排潜力分析[J]. 冶金能源, 2009, 28 (1): 3~7.

[140] 王绍文, 钱雷, 邹元龙. 钢铁工业废水资源回用技术与应用[M]. 北京: 冶金工业出版社, 2008.

[141] 钱小青, 葛丽英, 赵由才. 冶金过程废水处理与利用[M]. 北京: 冶金工业出版社, 2008.

[142] 北京水环境技术与设备研究中心, 等. 三废处理工程技术手册 (废水卷) [M]. 北京: 化学工业出版社, 2000.

[143] 贺建忠, 郝志强, 刘育萍. 生化酚氰废水处理工艺及生产管理[J]. 煤炭科学技术, 2007, 35 (10): 64~66.

[144] 刘晓涛, 王春艳. 焦化废水处理技术浅析[J]. 污染防治技术, 2008, 21 (3): 8~10.

[145] 韩磊. 焦化行业酚氰废水处理工艺现状浅析[J]. 干旱环境监测, 2007, 21 (3): 169~172.

[146] 张建国, 刘维广. 加快废钢利用促进钢铁工业节能减排[J]. 中国废钢铁, 2011, (6): 31~36.

[147] 陆钟武. 论钢铁工业的废钢资源[J]. 钢铁, 2002, 37 (4): 66~70.

[148] 徐曙光, 曹新元. 我国废钢的利用现状与分析[J]. 矿产资源, 2006, (8): 25~28.

[149] 周建男. 废钢及废钢处理技术概述[J]. 中国废钢铁, 2009, (1): 23~29.

[150] 李致平, 冯璐. 美、日、中三国废钢利用现状研究[J]. 安徽工业大学学报, 2011, 28 (6): 17~21.

[151] 宋立杰, 赵由才. 冶金企业废弃生产设备设施处理与利用[M]. 北京: 冶金工业出版社, 2009.

[152] 彭容秋. 再生有色金属冶金[M]. 沈阳: 东北大学出版社, 1994.

[153] 屠海令, 赵国权, 郭青蔚. 有色金属冶金、材料、再生与环保[M]. 北京: 化学工业出版社, 2003.

[154] 陈津, 赵晶, 张猛. 金属回收与再生技术[M]. 北京: 化学工业出版社, 2011.

[155] 和晓才. 废铅蓄电池的处理[J]. 云南钢铁, 2002, 31 (2): 38~40.

[156] 马志军. 废旧铅酸蓄电池的回收利用与环保[J]. 南通职业大学学报, 2005, 19 (4): 80~81.

[157] 傅欣, 贡佩芸, 傅毅诚. 废铅蓄电池的综合回收利用研究[J]. 再生资源研究, 2007, (4): 25~27.

[158] 王明玉, 隋智通, 涂赣峰. 我国废旧金属的回收再生与利用[J]. 中国资源综合利用, 2005, (2): 10~13.

[159] 韩冰. 我国再生有色金属回收利用现状及问题[J]. 再生资源与循环经济, 2009, 2 (11): 1~4.

冶金工业出版社部分图书推荐

书　名	作　者	定价（元）
物理化学（第3版）（国规教材）	王淑兰　主编	35.00
传输原理（本科教材）	朱光俊　主编	42.00
冶金工程概论（本科教材）	杜长坤　主编	35.00
钢铁冶金原燃料及辅助材料（本科教材）	储满生　主编	59.00
矿产资源开发利用与规划（本科教材）	邢立亭　主编	40.00
现代冶金工艺学——钢铁冶金卷（国规教材）	朱苗勇　主编	49.00
炼铁学（本科教材）	梁中渝　主编	45.00
炼钢学（本科教材）	雷　亚　等编	42.00
炼铁厂设计原理（本科教材）	万　新　主编	38.00
炼钢厂设计原理（本科教材）	王令福　主编	29.00
轧钢厂设计原理（本科教材）	阳　辉　主编	46.00
炉外精炼教程（本科教材）	高泽平　主编	40.00
连续铸钢（本科教材）	贺道中　主编	30.00
重金属冶金学（本科教材）	翟秀静　主编	49.00
冶金资源综合利用（本科教材）	张朝晖　主编	46.00
冶金设备（本科教材）	朱　云　主编	49.80
冶金设备课程设计（本科教材）	朱　云　主编	19.00
冶金设备及自动化（本科教材）	王立萍　等编	29.00
冶金企业环境保护（本科教材）	马红周　主编	23.00
冶金专业英语（高职高专教材）	侯向东　主编	28.00
冶金原理（高职高专教材）	卢宇飞　主编	36.00
冶金生产概论（高职高专教材）	王明海　主编	45.00
炼铁工艺及设备（高职高专教材）	郑金星　等编	49.00
炼钢工艺及设备（高职高专教材）	郑金星　等编	49.00
高炉冶炼操作与控制（高职高专教材）	侯向东　主编	49.00
转炉炼钢操作与控制（高职高专教材）	李　荣　等编	39.00
连续铸钢操作与控制（高职高专教材）	冯　捷　等编	39.00
铁合金生产工艺与设备（高职高专教材）	刘　卫　主编	39.00
稀土冶金技术（高职高专教材）	石　富　主编	36.00
钢铁生产过程的脱磷	董元篪　等编著	28.00
金属矿山尾矿综合利用与资源化	张锦瑞　编著	16.00
现行冶金固废综合利用标准汇编	冶金信息标准研究院　编	150.00
工业废水处理工程实例	张学洪　编著	28.00
冶金过程废气污染控制与资源化	唐　平　编著	40.00